U0309389

航天科技图书出版基金资助出版

空中发射运载火箭技术

杨小龙　著

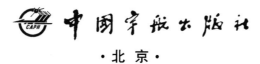

中国宇航出版社

·北京·

图书在版编目（ＣＩＰ）数据

空中发射运载火箭技术 / 杨小龙著． -- 北京 ：中
国宇航出版社，2023.6
ISBN 978-7-5159-2131-0

Ⅰ．①空… Ⅱ．①杨… Ⅲ．①运载火箭-空中发射
Ⅳ．①V475.1

中国国家版本馆CIP数据核字(2022)第189579号

责任编辑　张丹丹　　　封面设计　王晓武

出　版
发　行　　中国宇航出版社

社　址　北京市阜成路 8 号　邮　编　100830
　　　　　（010）68768548

网　址　www.caphbook.com

经　销　新华书店

发行部　（010）68767386　　（010）68371900
　　　　　（010）68767382　　（010）88100613（传真）

零售店　读者服务部　　　　（010）68371105

承　印　北京中科印刷有限公司

版　次　2023 年 6 月第 1 版
　　　　　2023 年 6 月第 1 次印刷

规　格　787 × 1092

开　本　1/16

印　张　13.75　　　　　彩插　31 面

字　数　343 千字

书　号　978 - 7 - 5159 - 2131 - 0

定　价　98.00 元

航天科技图书出版基金简介

航天科技图书出版基金是由中国航天科技集团公司于 2007 年设立的，旨在鼓励航天科技人员著书立说，不断积累和传承航天科技知识，为航天事业提供知识储备和技术支持，繁荣航天科技图书出版工作，促进航天事业又好又快地发展。基金资助项目由航天科技图书出版基金评审委员会审定，由中国宇航出版社出版。

申请出版基金资助的项目包括航天基础理论著作，航天工程技术著作，航天科技工具书，航天型号管理经验与管理思想集萃，世界航天各学科前沿技术发展译著以及有代表性的科研生产、经营管理译著，向社会公众普及航天知识、宣传航天文化的优秀读物等。出版基金每年评审 1～2 次，资助 20～30 项。

欢迎广大作者积极申请航天科技图书出版基金。可以登录中国航天科技国际交流中心网站，点击"通知公告"专栏查询详情并下载基金申请表；也可以通过电话、信函索取申报指南和基金申请表。

网址：http：//www.ccastic.spacechina.com

电话：(010) 68767205，68767805

前　　言

仰望浩瀚星空，运载火箭的能力有多大，探索宇宙的舞台就有多大。相对于地面发射运载火箭，空中发射运载火箭因其一定的初始高度和初始速度而具有优势，为运载火箭的发射提供了更大的灵活性和机动性，是航天器进入空间的一条重要途径。

本书是对国内外空中发射运载火箭研制经验和成果的归纳总结，也包含了个人的思考及体会，希望能对未来空中发射运载火箭的研制提供借鉴。如果把发射平台也当作多级火箭中的一级，载机就是空射运载火箭可重复使用的"零级"。这个"零级"的设计在本书中没有讨论。可以设想一下，若这个"零级"采用不同的动力体制、不同的飞行模式以及与火箭进行一体化的设计，则可以衍生出不同种类新的可重复使用进入空间的手段。

第 1 章简要介绍了国外空中发射运载火箭的情况，对空中发射运载火箭的特点进行了分析。第 2 章讨论了空中发射运载火箭不同于地面发射的使用剖面、外部环境及其可能带来的影响。第 3 章从运载火箭总体设计的角度，对载机挂载约束、火箭总体规模、投放分离和安全性、一级飞行大过载问题、气动弹性问题、电磁兼容性和疲劳强度设计等方面进行了讨论分析。第 4 章讨论了空中发射时导航基准传递对准方法，对运载火箭气动布局进行了讨论，简要总结了控制系统设计时对不确定性因素的描述处理方法和设计方法，提出了空气舵系统设计上应关注的问题。最后讨论了故障情况下的一些处置方法。第 5 章分析了挂机飞行面临的各种载荷环境条件，特别是对疲劳载荷及其条件设计进行了讨论，对典型结构设计进行了介绍。第 6 章介绍了地面试验的内涵和分类，提出了仿真试验也应系统地纳入研制流程的构想。根据空中发射的运载火箭全寿命周期使用剖面，给出了相应的地面试验策划方法。最后用几个实例对仿真试验和实物试验的结果进行了对比分析。第 7 章对现有运载火箭的研制流程进行了讨论，对研制风险的识别和控制方法进行了讨论，提出了基于一些新技术的研制流程改进设想。

本书的撰写始于三年前，数易其稿，期间不断学习，认识也不断加深。感恩工作中遇到的每一个人及其给予的每一次帮助，至今仍在我心中熠熠发光，伴我成长。特别感谢在北京、陕西、甘肃和河南多地曾一起工作的战友，共同的事业和责任把我们聚在一起。此外也感谢家人多年来默默的陪伴和支持。

特别感谢北京宇航系统工程研究所聂蓉梅研究员审阅了全书，北京宇航系统工程研究所李紫光高工对第 5 章进行了补充修改，中国运载火箭技术研究院王雪梅研究员，北京宇航系统工程研究所吴振宇高工、于煜斌研究员和中国宇航出版社张丹丹对本书的出版提供了很多帮助，在此一并表示诚挚的感谢。

由于个人水平有限，书中难免有不妥之处，敬请读者批评指正。

2023 年 6 月

目　　录

第 1 章　绪论 ··· 1

1.1　为什么要空中发射运载火箭 ··· 1

1.2　国外空中发射运载火箭发展情况 ···································· 3

1.3　空中发射运载火箭的特点 ··· 10

1.4　本书主要内容 ··· 10

参考文献 ·· 11

第 2 章　空中发射面临环境 ··· 13

2.1　外部大气环境 ··· 13

2.1.1　标准大气和参考大气 ··· 13

2.1.2　气候极值 ··· 16

2.1.3　可能的实际环境 ·· 18

2.2　电磁环境 ··· 28

2.2.1　电磁兼容性要求 ·· 28

2.2.2　静电环境 ··· 28

2.2.3　雷电环境 ··· 29

2.3　载荷和力学环境 ··· 33

2.3.1　使用剖面 ··· 33

2.3.2　挂机飞行的载荷 ·· 35

2.3.3　疲劳载荷 ··· 38

2.3.4　挂机飞行的力学环境 ··· 39

参考文献 ·· 40

第 3 章　载机约束下总体设计 ··· 41

3.1　载机挂载约束 ··· 41

3.1.1　组合体质量、质心设计 ·· 41

3.1.2　几何相容性 ·· 42

3.1.3　机箭接口 ··· 43

3.1.4　关于带飞时间和反复起降次数 ·································· 44

3.2　火箭总体规模 ··· 49

3.2.1　火箭级数的选择 ·· 49

3.2.2　火箭直径的选择 ·· 51

3.2.3　飞行弹道的定性讨论 ··· 52

3.3　投放分离和安全性 ·· 54

3.3.1　分离设计六要素 ·· 54

　　　3.3.2　时序设计和起控条件 ·· 55
　3.4　一级飞行关注的问题 ··· 61
　　　3.4.1　一级大攻角拉起带来的法向过载影响 ······································ 61
　　　3.4.2　一级飞行尾部的力热环境及影响 ··· 67
　3.5　气动弹性问题 ·· 71
　　　3.5.1　静气动弹性问题 ··· 72
　　　3.5.2　动气动弹性问题 ··· 72
　3.6　电磁兼容性 ··· 76
　　　3.6.1　电磁兼容性设计和试验 ·· 76
　　　3.6.2　系统级电磁兼容性量化设计 ··· 76
　　　3.6.3　火箭的雷电防护 ··· 78
　3.7　疲劳强度设计 ·· 82
　　　3.7.1　疲劳强度设计方法 ·· 84
　　　3.7.2　抗疲劳设计和疲劳载荷谱 ··· 87
　参考文献 ·· 88
第4章　气动布局及控制技术 ··· 90
　4.1　参考坐标系 ··· 90
　4.2　发射条件 ·· 91
　4.3　初始对准 ·· 93
　　　4.3.1　初始对准方法 ·· 93
　　　4.3.2　传递对准方案 ·· 94
　4.4　气动布局及控制 ··· 97
　4.5　不确定性条件下的控制系统设计 ··· 102
　　　4.5.1　不确定性描述和分析 ··· 103
　　　4.5.2　经典的控制系统设计 ··· 106
　　　4.5.3　现代鲁棒设计方法 ·· 109
　　　4.5.4　基于概率的设计方法 ··· 111
　4.6　空气舵系统设计的几个关注点 ··· 113
　　　4.6.1　空气舵伺服系统动特性 ·· 114
　　　4.6.2　舵面"两心两线"的关系 ··· 115
　　　4.6.3　对舵面反操纵的再认识 ·· 115
　4.7　故障情况下的处理 ·· 121
　　　4.7.1　姿控喷管故障示例 ·· 121
　　　4.7.2　推力异常情况下的轨迹重新规划 ·· 129
　参考文献 ·· 129
第5章　挂机载荷环境和结构设计 ·· 132
　5.1　挂机载荷 ·· 132
　　　5.1.1　挂机静载荷和动载荷 ··· 132
　　　5.1.2　挂机疲劳载荷 ·· 139

　　5.2　力学环境条件 ·· 143
　　　　5.2.1　随机振动试验条件设计 ····························· 143
　　　　5.2.2　冲击试验条件设计 ································· 145
　　　　5.2.3　加速度试验条件设计 ····························· 146
　　　　5.2.4　噪声试验条件设计 ································· 147
　　5.3　典型结构设计 ·· 148
　　　　5.3.1　端框连接结构 ····································· 148
　　　　5.3.2　吊耳连接结构 ····································· 152
　　参考文献 ·· 161
第6章　地面试验和天地一致性 ······································ 163
　　6.1　地面试验内涵和分类 ······································ 163
　　　　6.1.1　地面试验内涵 ····································· 163
　　　　6.1.2　地面试验分类 ····································· 164
　　6.2　地面试验设计 ·· 165
　　　　6.2.1　地面试验项目设计 ································· 165
　　　　6.2.2　地面试验设计原则 ································· 167
　　　　6.2.3　试验技术状态控制 ································· 167
　　　　6.2.4　地面试验条件覆盖性 ····························· 167
　　　　6.2.5　测试及试验边界条件真实性 ····················· 168
　　　　6.2.6　虚拟试验的正确性 ································· 168
　　6.3　典型地面试验 ·· 169
　　　　6.3.1　全箭模态试验 ····································· 169
　　　　6.3.2　空气舵系统动特性试验 ························· 170
　　　　6.3.3　全箭伺服弹性试验 ····························· 172
　　　　6.3.4　模拟挂机状态振动试验 ························· 175
　　　　6.3.5　级间热分离试验 ································· 176
　　　　6.3.6　分离环境下电连接器分离运动虚拟试验 ········· 185
　　参考文献 ·· 190
第7章　研制流程及风险控制 ·· 191
　　7.1　对研制流程的再认识 ······································ 191
　　7.2　全寿命周期风险识别和控制 ································ 192
　　　　7.2.1　风险识别线索 ····································· 193
　　　　7.2.2　风险识别和控制实例 ····························· 199
　　7.3　新技术与研制流程改进 ···································· 202
　　　　7.3.1　基于模型的系统工程方法 ······················· 202
　　　　7.3.2　运载火箭基于模型的系统工程 ··················· 203
　　　　7.3.3　数字孪生 ··· 205
　　　　7.3.4　多物理场耦合仿真 ································· 207
　　参考文献 ·· 208

第 1 章 绪 论

相对于地面发射，空中发射运载火箭的优势是具有一定的初始高度、初始速度。如果把发射平台也当作多级运载火箭的一级，载机就是空中发射运载火箭可重复使用的"零级"，在同样的有效载荷条件下，运载火箭的规模可以更小。与地面发射相比，通过飞机载送的方式不受发射场限制，受天气影响小，同时，可以自由选择发射时间和倾角。因此，这种空中发射方式提供了更大的灵活性和机动性，具有快速响应、机动灵活、发射成本相对较低的特点，是航天器进入空间的一条重要途径。

1.1 为什么要空中发射运载火箭

将有效载荷送入 200km 高的地球轨道，需要达到的最小速度约为 7779m/s。考虑到发射时的各种速度损失，运载火箭需要提供的速度要大于这个值。

如果不考虑攻角的影响，运载火箭沿速度方向的运动可以表达为

$$\frac{\mathrm{d}V}{\mathrm{d}t} = \frac{F}{m} - \frac{D}{m} - g\sin\theta \qquad (1-1)$$

式中　　F ——运载火箭所提供的推力；

　　　　D ——运载火箭飞行时遇到的阻力；

　　　　m ——运载火箭的质量；

　　　　θ ——运载火箭飞行瞬时的当地弹道倾角。

将式（1-1）积分，于是

$$\int_0^{t_k} \frac{\mathrm{d}V}{\mathrm{d}t}\mathrm{d}t = \int_0^{t_k} \frac{F}{m}\mathrm{d}t - \int_0^{t_k} \frac{D}{m}\mathrm{d}t - \int_0^{t_k} g\sin\theta\,\mathrm{d}t \qquad (1-2)$$

式（1-2）中，t_k 表示发动机工作结束的时间点，等号右边的第一项是发动机推力贡献的速度增量，后两项则是飞行过程中的速度损失。在这些损失当中，飞行时的大气阻力是导致速度损失的主要因素之一，即

$$\Delta V_a = \int_0^{t_k} \frac{D}{m}\mathrm{d}t$$

阻力和质量随运载火箭的飞行而发生变化。飞行中的阻力与大气密度成正比，大气密度随高度的增加而变小。所以，运载火箭越快穿越大气层，越能减小阻力造成的速度损失。

由地球引力导致的速度损失是另外一项，为

$$\Delta V_g = \int_0^{t_k} g\sin\theta\,\mathrm{d}t$$

若能减小运载火箭轨迹的当地弹道倾角，则可以将由于重力导致的速度损失减小。

垂直上升的弹道可以使运载火箭尽快穿过大气以使阻力损失最小，但这样会导致重力

损失的增加。在飞行轨迹上若能减小当地弹道倾角，则可以将由于重力导致的速度损失减小。然而过早地将运载火箭拉平，虽然可以减少重力损失，但运载火箭会在稠密的大气中停留更长的时间，导致阻力损失增加。因此，需要在飞行轨迹的设计上找到一个折中方案。

当然，还要考虑由飞行操纵导致的损失，如由于喷管摆动导致发动机推力线的方向和期望的飞行速度方向不完全一致造成的速度损失。因此，工程设计上，需要采取合适的方式，使飞行过程中综合速度损失最小。

另外，在地球的不同纬度发射，对速度的贡献也不同。例如在赤道上发射，由于地球自转贡献的速度，可以有 463m/s 的速度增量。

空中发射运载火箭可以减小运载火箭本身需要提供的速度，或者说，同样规模的运载火箭在空中发射时可以提供更大的速度。载机的速度贡献是其中之一。将式（1-2）积分可知

$$V_{t_k} - V_0 = \int_0^{t_k} \frac{F}{m} \mathrm{d}t - \int_0^{t_k} \frac{D}{m} \mathrm{d}t - \int_0^{t_k} g\sin\theta \mathrm{d}t$$

因此

$$V_{t_k} = V_0 + \int_0^{t_k} \frac{F}{m} \mathrm{d}t - \int_0^{t_k} \frac{D}{m} \mathrm{d}t - \int_0^{t_k} g\sin\theta \mathrm{d}t \qquad (1-3)$$

式中　　V_{t_k} ——发动机工作结束时的速度；

　　　　V_0 ——初速度带来的速度贡献，在地面发射时为 0。

比如，通常的亚声速载机至少可以贡献 180m/s 的初始速度，而发射高度也减少了重力和阻力的损失。发射高度也为火箭发动机提高性能提供了较好的外部条件，合理设计的发动机可以发挥更好的推力性能。除此之外，理论研究和实践表明，一架亚声速载机以 25°的正倾角投放，可以为运载火箭带来非常可观的速度贡献，倾角再大带来的效果就不明显了。当然，这样的使用对载机的性能和操纵也提出了更高的要求。

空中发射运载火箭在设计上仍有许多具体问题需要考虑。参考文献 [2] 的研究表明，运载火箭的规模越小，高度带来的速度增量越明显，百吨以上的运载火箭由发射高度带来的优势减小得很快，这是由于大型火箭有较大的质阻比。而且，固体运载火箭和液体运载火箭相比，固体运载火箭空中发射速度增量明显高于液体运载火箭，这是由于固体运载火箭加速快，投放高度越高，越能减小由于阻力导致的速度损失，如图 1-1 所示。

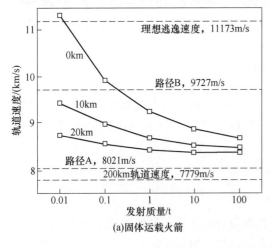

(a)固体运载火箭

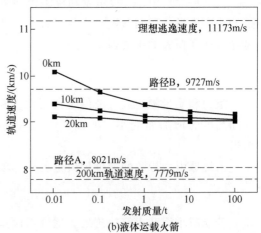

(b)液体运载火箭

图 1-1　运载火箭入轨速度增量比较

如果需要,载机可以机动到有利的发射纬度进行发射。普遍认为,空中发射具备快速响应的特性。该特性是否对考虑快速部署星座的需求有更大的优势,一直以来并没有进行详细的量化分析。比如,可以设定一个具体的任务:需要对 N 个目标点开展观测详查,要求重访周期为 X 分钟,需要设计何种星座,以及如何在最短的时间内完成卫星部署。有研究者做过估计,载机同时从东南、东北两个方向进行入轨部署,每架次飞机的间隔为6h,使用 12 架飞机则可以实现在 16h 内完成 10 个轨道面 30 颗卫星星座的完全部署。同样的任务,若采用 4 枚火箭通过地面发射进行星座部署,通过速度脉冲实现轨道相位或者轨道面的调整,则依据推进剂耗量的不同,周期从 15 天到 100 天不等。

1.2 国外空中发射运载火箭发展情况

空中发射运载火箭一般有背负式、内装式、吊挂式、拖曳式和利用气球发射五种方式。

如图 1-2 所示,背负式是将运载火箭固定于载机的背部,发射时依靠气动力将其与载机分离。背负式可以发射规模较大的运载火箭,但对载机的改动可能也大,同时会带来组合体的阻力损失,从而损失一定运载能力。另外,其分离过程相对运动复杂,易发生箭机的碰撞。为了可靠分离,可能需要载机有一定的俯冲机动。

图 1-2 背负式空射发射

如图 1-3 所示,内装式是将运载火箭置于载机的舱内,发射时机舱打开,将运载火箭推出,实现与载机的分离。采用内装式空中发射的方式,相比其他空中发射方式安全性高,运载火箭在舱内的环境好,无须对载机进行大的改装,对载机结构和气动影响最小,是一种成本低、可快速发射小型运载火箭的方式。但由于箭机分离过程的特殊性,火箭出舱后有很大姿态角速度,这种方式同样面临复杂的箭机分离过程。考虑到载机的安全,火箭需要在远离载机一定距离后点火发射,分离过程存在无控段,分离以后火箭要采取稳定伞或其他的(如反作用力控制)方式进行稳定和姿态控制,以便为火箭发动机点火创造合适的条件。

典型的采用内装式发射的运载火箭有美国的 QuickReach 两级液体空射火箭,其全长30m,以 C-17A 运输机为平台,利用重力辅助运载火箭出舱,出舱后采用稳定伞进行火箭点火前的调姿和稳定控制,投放高度约为 9km,投放速度为马赫数 $Ma=0.6$,具备将

图 1-3　内装式空射发射

450kg 卫星送入近地轨道的能力。截至目前，QuickReach 运载火箭已完成了发动机地面点火试车、级间分离、空中投放等试验工作，关键技术已经突破，具备进一步开展后续研制的条件。QuickReach 运载火箭空投试验场景如图 1-4 所示。

图 1-4　QuickReach 运载火箭空投试验

如图 1-5 所示，吊挂式是将运载火箭挂在载机的机翼下或腹部，一般采用重力投放方式。发射时启动载机上的连接分离机构，实施对运载火箭的投放。采用这种方式箭机分离相对简单，但受制于载机，运载能力有一定的限制。截至目前，吊挂式空中发射是唯一成功投入商业应用的发射方式。

为解决吊挂式发射运载能力受限制的问题，超大双机身形式的新型特种专用飞机横空出世。图 1-6 所示的是世界上最大的平流层发射（Stratolaunch）载机，质量约 5.89×10^5 kg，配备了六台波音 747 飞机的同款发动机，翼展达到 117m，可以发射百吨级运载火箭，具备将 6000kg 的卫星送入低地球轨道的能力。2019 年 4 月载机已完成首飞。图 1-7 所示是平流层飞机发射的几种运载器方案。

拖曳式和气球发射方式都是将运载火箭通过钢索带至高空发射的方式。拖曳式由载机将运载火箭拖曳至一定高度，然后切断钢索使运载火箭和载机分离。拖曳式最早在 1942 年由德国人提出，这种方式的优点是箭机分离简单，对载机的改动也不大，它最大的问题是运载能力有限。同时，在拖曳的过程中，运载火箭在载机后面的位置保持和控制也是一

图 1-5　吊挂式空中发射

图 1-6　起飞中的平流层发射载机

图 1-7　平流层飞机发射的几种运载器方案

个难点。类似地，气球发射方式是由气球将运载火箭带至一定高度分离，气球方式的运载能力取决于气球的大小。由于气球的操控能力有限，因此对发射时的天气条件有很高的要求。

　　如图 1-8 所示，拖曳式的典型方案有 Kelly 空间技术公司设计的 Astroliner 运载火箭，该运载火箭全长 36.9m，翼展 42.7m，起飞质量 2×10^5 kg，可将 4500kg 的有效载荷送入 200km 的低地球轨道。火箭一级使用三台 NK-33 发动机，二级使用 RD-461 发动机。发射时由一架波音-747 飞机拖曳至 6km 的高度投放，之后火箭点火。火箭的一级工作完成后，利用气动力控制返回地面，可重复使用，随后二级继续工作，将有效载荷送入轨道。

图 1-8　拖曳式空中发射

下面是两个典型的空中发射运载火箭的例子。

（1）飞马座空射运载火箭

美国飞马座空射运载火箭是世界上较早投入商业运营的空射运载火箭，如图 1-9 所示。其由美国轨道科学公司研制，采用"吊挂式"重力发射方式，有基本型和 XL 型两个型号，主要任务是将小型卫星送入低地球轨道。飞马座基本型于 1990 年 4 月首飞成功，飞马座-XL 于 1996 年 3 月首飞成功。

图 1-9　飞马座空射运载火箭

飞马座-XL 为有翼三级固体运载火箭，翼展 6.7m，火箭起飞质量约 23130kg，全长 16.9m，直径 1.27m，投放高度约为 12km，投放速度为马赫数 $Ma=0.8$，200km 低地球轨道运载能力为 443kg，200km 极地轨道的运载能力为 375kg。

飞马座-XL 空射运载火箭典型飞行弹道如图 1-10 所示。从典型的飞行时序来看（见表 1-1），箭机分离后 5s 一级发动机点火，此时箭机的纵向距离约 100m。一级工作时间约为 71s，比基本型时间缩短约 6s。一级结束后达到了 54km 的高度，之后是约 12s 的无动力滑行段，使高度继续爬升到 70km，此时二级发动机点火。对照基本型，这个无动力滑行的时间加长了约 4s。二级发动机工作约 73s，三级发动机工作约 69s。二级和三级之间有 432s 左右的滑行。根据参考文献 [8]，火箭投放后即开始大攻角拉起，到离机 5s 火箭一级发动机点火时，攻角达到 12°，点火后 4s 速度跨越声速，一级拉起时最大攻角 20°，一级完全依靠三个空气舵控制姿态爬升到 54km 的高度。全程既要减小由于阻力导致的速度损失，又要尽可能利用重力进行转弯，同时减小法向过载，这种时序的编排可以说是经过了充分的优化。

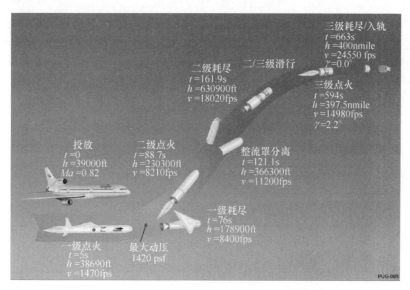

图 1-10　飞马座-XL 空射运载火箭典型飞行弹道

"飞马座-XL"最近的一次发射在 2021 年 6 月 13 日，为美国太空军发射了 TacRL-2（Tactically Responsive Launch-2）空间态势感知卫星，该任务的成功标志着美国军方在快速发射战术卫星技术方面又向前迈进了一步。

表 1-1　飞马座-XL 典型飞行时序

	时间/s	高度/km	速度/（m/s）
投放	0	11.89	241.90
一级点火	5	11.79	270.00①
一级耗尽	76	54.27	2560.32

续表

	时间/s	高度/km	速度/（m/s）
二级点火	88.7	70.20	2502.41
整流罩分离	121.1	111.65	3413.76
二级耗尽	161.9	192.30	5492.50
三级点火	594	736.65	4565.90
三级耗尽	663	741.28	7482.84

① 文献［7］一级点火时速度有误。

（2）发射者一号（LauncherOne）

发射者一号（LauncherOne）是全球首个采用空中发射方式的液体运载火箭，于2021年1月发射成功。发射者一号为两级液体运载火箭，500km 高度 SSO 的运载能力为300kg，由维京轨道公司研制。载机为一架经过特殊改造过的波音 747-400 型飞机，携带火箭爬升至约 10.67km 的高空，然后以超过 25°的倾角拉起，把挂载在机翼下的火箭投放出去。发射实况如图 1-11 和图 1-12 所示。这种以超过 25°倾角拉起的投放形式，无疑赋予了火箭更好的初始条件，对提高运载能力有很大的帮助。

图 1-11　发射者一号与载机脱离瞬间

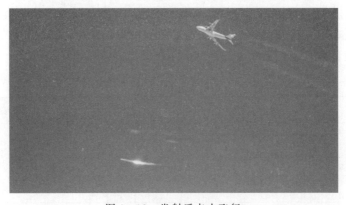

图 1-12　发射后点火飞行

发射者一号外形如图 1-13 所示，火箭全长 21.336m，质量约 25900kg。箭体结构采用复合材料。一子级直径 1.8m，采用一台牛顿三号泵压式液氧煤油发动机，真空推力约为 327kN，一子级设置有自主安全控制系统。二子级直径 1.5m，采用一台牛顿四号泵压式液氧煤油发动机，真空推力约为 22kN，具备多次启动能力。发射者一号火箭典型飞行时序如图 1-14 所示。火箭脱离载机约 5s 后，一级发动机点火工作 3min，一级分离；二级发动机接下来工作近 6min。之后经 22min 滑行后，二级二次点火工作 15s，把有效载荷部署到高度近 500km 的轨道。

由于使用液氧氧化剂，发射者一号火箭在脱离载机到点火飞行的过程中，有明显的排放预冷动作，如图 1-15 所示，这与固体空射型火箭有明显不同。

图 1-13　发射者一号火箭外形图

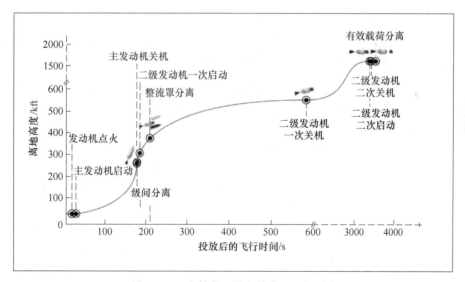

图 1-14　发射者一号火箭典型飞行时序

图 1-15　火箭脱离载机（左）、排放预冷（中）、点火（右）过程

1.3　空中发射运载火箭的特点

与陆基发射方式相比，空中发射不受地理条件的限制，机动性好、使用灵活，可以从不同的机场起飞，灵活地选择发射地点，也可避免发射时遭受不利气象条件的影响；由于发射在空中进行，可简化靶场建设，靶场设备简单；另外，可以通过低纬度发射提高运载能力和更多进入轨道的选择，使用相对灵活。

特别指出，空中发射相对于陆基发射能够以较小的规模实现较强的运载能力。载机可以给运载火箭提供一定的初始高度和初始速度，同时，由于高空大气密度低，火箭所受气动阻力减小；另一方面，在高空工作的火箭发动机可获得更高的性能，推力损失小，这两方面均有利于运载能力的增加。此外，还可以通过适当控制投放时的姿态，尽可能有效利用载机给予火箭的初始姿态，同样有增大运载能力的作用。载机平台作为运载火箭系统的一部分，可以重复使用，也可降低单位有效载荷的发射费用。

当然，空中发射方式依赖于载机平台，与地面发射方式相比，载机的能力限制了运载火箭的规模和发射方式，新的环境条件和投放后姿态调整、大攻角快速拉起的飞行模式给运载火箭的设计带来一系列新挑战，存在着许多需要关注的特点和难点。

地面发射的运载火箭通常是一次性使用。而空中发射运载火箭，由于挂机飞行的缘故，已经不是传统意义上的一次性使用，不仅要经历传统意义上自主飞行的一次性短时间、大载荷，还要经历长时间的挂机飞行、恶劣的挂飞环境以及高周甚至低周疲劳载荷的作用。在实际情况下，空中发射的运载火箭某些舱段的结构设计载荷已经出现在挂机飞行段。加之可能的多次起降，空中发射运载火箭不是简单地把成熟的陆基发射运载火箭直接挂机就能实现的。在设计上，要从传统的一次性使用向多次使用的理念转变，之前成熟的设计经验和由此可能带来的设计惯性，简单地、不加鉴别地直接应用到空中发射运载火箭的设计上也是危险的。

国外在研制空中发射的运载火箭方面，有许多教训值得借鉴。比如，发射者一号在首次飞行时，火箭成功释放后一级发动机点火，一级发动机工作不久后飞行出现异常。飞行失利的原因是输送低温液氧到一级燃烧室的高压管路出现了破损，在没有氧化剂供应的情况下，发动机停止工作导致失利。同时，首飞任务失利分析还表明，在飞行环境适应性、火箭与载机的分离、火箭点火等关键动作上还存在薄弱环节。再如，2001 年飞马座发射 X - 43A 高速飞行器，投放后约 11.5s，由于大攻角飞行情况下气动弹性不稳定导致飞行失利。这些在挂机情况下机箭耦合导致的颤振、抖振问题也常有发生，需特别予以关注，并进行全面的分析和试验验证。此外，空中发射的外挂火箭，其长时间低温、低气压环境以及温度交变应力产生的效应对发动机、电子设备及减振器的影响也需引起重视。

1.4　本书主要内容

随着航天、航空技术的提升，可以充分发挥航空飞行器在大气层内飞行的技术优势和航天飞行器在大气层外的技术优势，发展新型的空中发射运载火箭系统。空中发射运载火箭技术可以借鉴陆基发射的许多成熟技术和经验，但同时会面临许多陆基发射不曾遇到的新问题，新的环境、新的发射平台也带来了新的挑战。

本书介绍了空中发射运载火箭研制面临的新约束、新环境和新条件，分析并提出了在总体、分离、气动、控制、环境以及地面试验等方面应考虑的主要问题，为研究人员了解和开展相关的研发工作提供借鉴和参考。

全书共分为 7 章。

第 1 章绪论。本章简要总结了国外空中发射运载火箭的情况，分析并归纳了空中发射运载火箭的特点。

第 2 章空中发射面临环境。本章从空中发射运载火箭不同于地面发射的使用剖面入手，分析了空中发射面临的外部大气环境、电磁环境、挂飞载荷、力学环境及其可能带来的影响。

第 3 章载机约束下总体设计。本章从运载火箭总体设计的角度，讨论分析了载机约束条件、火箭总体规模、投放分离和安全性、一级大攻角飞行大过载、气动弹性、电磁兼容性和疲劳强度设计等方面的问题。

第 4 章气动布局及控制技术。本章在介绍坐标系定义和发射条件等基本概念的基础上，提出了空中发射时导航基准的传递对准方案。本章对运载火箭的气动布局进行了探讨，提出了不确定性因素的描述处理方法和控制系统设计方法。对空气舵系统设计上应关注的问题进行了分析。最后提出了一些故障情况下的系统设计方法。

第 5 章挂机载荷环境和结构设计。本章对挂机飞行面临的各种载荷环境条件进行了讨论分析，特别是对疲劳载荷及其条件设计进行了讨论，对典型的结构设计进行了介绍。

第 6 章地面试验和天地一致性。本章介绍了地面试验的内涵和分类，提出了仿真试验也应系统纳入研制流程的构想。根据空中发射运载火箭全寿命周期使用剖面，介绍了地面试验的策划方法以及一些典型的地面试验项目。最后用几个实例对仿真试验和实物试验的结果进行了对比分析。

第 7 章研制流程及风险控制。本章对现有运载火箭的研制流程进行了讨论，对研制风险的识别和控制方法进行了讨论，提出了基于模型的系统工程（MBSE）、数字孪生和多物理场耦合仿真等新技术的研制流程改进设想。

参 考 文 献

[1] MARTI SARIGUL - KLIJN, NESRIN SARIGUL - KLIJN. A study of air launch methods for RLVs [R]. AIAA 2001 - 4619.

[2] JOHN C WHITEHEAD. Air launch trajectories to earth orbit [R]. AIAA 2006 - 4785.

[3] 雷凯，王小军. 背驮式空射火箭分离技术 [J]. 导弹与航天运载技术，2005 (5)：52 - 56.

[4] MARTI SARIGUL - KLIJN, NESRIN SARIGUL - KLIJN, GARY C. HUDSON, BEVIN MCKIN-NEY, LYLE MENZEL AND ERIC GRABOW. Trade studies for air launching a small launch vehicle from a cargo aircraft [R]. AIAA 2005 - 0621.

[5] MARTI SARIGUL - KLIJN, NESRIN SARIGUL - KLIJN, GARY C. HUDSON and LIVINGSTON HOLDER. Gravity air launching of earth - to - orbit space vehicles [R]. AIAA 2006 - 7256.

[6] DEBRA FACKTOR LEPORE, JOSEPH PADAVANO. Air - launch's quickreach small launch vehicle：operationally responsive access to space [C]. SSC06 - IX - 41, 15th Annual AIAA/USU Confer-

ence on Small Satellites，2006.

［7］ PEGASUS USER'S GUIDE，Release 6. 0 ［M］. ［s. l.］：Orbital Sciences Corporation，2007.

［8］ DANIEL ROVNER. GN&C for pegasus air - launched space booster：design and first flight results ［R］. SAE 911105，1991.

［9］ 王晓青. 空射运载火箭多学科设计优化研究 ［D］. 中国运载火箭技术研究院，2009.

［10］ 刘琳，王小军，刘靖东. 国外空射运载火箭现状分析及启示 ［J］. 中国航天，2019（7）：16 -22.

第2章　空中发射面临环境

相对于地面发射，空中发射运载火箭的研制可以借鉴许多陆基发射的技术、经验和产品。同时，空中发射运载火箭也会面临之前不曾遇到的新问题。图 2-1 是运载火箭挂机飞行到发射的使用剖面示意图，可以看出，作为发射平台的载机给运载火箭带来了不同于地面发射的使用新剖面、外界新环境和新条件，这些都会给空中发射带来新的挑战。

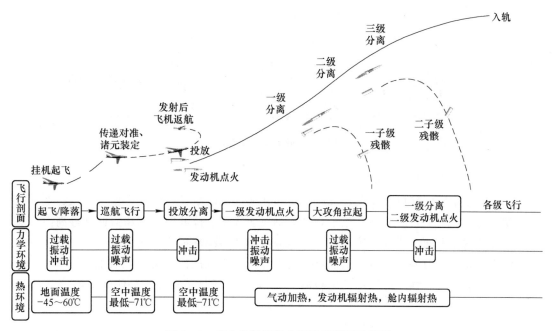

图 2-1　空中发射运载火箭使用剖面示意图

2.1　外部大气环境

2.1.1　标准大气和参考大气

用于运载火箭设计、分析和试验的标准大气，通常参考 GJB 365.1—1987《北半球标准大气（-2～80 公里）》的规定，该标准等同于 ISO2533—1975《标准大气》。标准中假设空气为没有水蒸气和灰尘的理想气体。另外一个标准是 GJB 366.1—1987《航空与航天用参考大气（0～80 公里）》，该标准等同于 ISO5878—1982《航空与航天用参考大气》。两个国军标在用于计算大气特征参数的物理量的数值上是一样的，只是在计算海平面自由落体标准加速度时，标准大气是取自由落体标准加速度朗伯方程在纬度为 45°32′33″上的值，而参考大气则考虑了不同季节和不同纬度的结果。

航空飞机根据对应的不同测量基准面,在同一垂直高度位置处有不同的定义,在特定的场合关注不同的高度。如图 2-2 所示,飞机起飞、进场着陆时,需要知道飞机相对机场的高度;在巡航飞行中,要使用气压高度,以免在飞行中由于使用的高度不一致导致意外发生;在军用飞机执行轰炸、摄像任务时,需要知道几何高度;等等。下面介绍这些高度的概念。

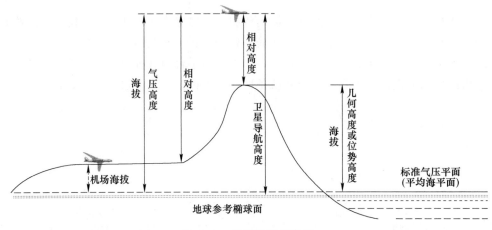

图 2-2 高度定义示意图

(1) 位势高度和几何高度

在国军标中应用到位势高度、气压高度和几何高度的定义。位势高度、气压高度和几何高度在物理意义上有所不同,三个高度分别对应等重力位势面、等压力面和等高面,基准面均是平均海平面,所以位势高度、气压高度和几何高度都是海拔高度。

位势也就是重力势,是指某给定点空气微粒相对于基准面的势能,我们用 Φ 来表示。当沿着等势能面的法线方向移动一个距离 $\mathrm{d}h$ 时,重力所做的功等于势能的变化

$$\mathrm{d}\Phi = g(h)\mathrm{d}h$$

对上面的式子积分,得到重力势

$$\Phi = \int_0^h g(h)\mathrm{d}h \tag{2-1}$$

用重力势除以参考平面的标准重力加速度 g_0,得到一个高度 H,即为位势高度或称重力势高度

$$H = \frac{\Phi}{g_0} = \frac{1}{g_0}\int_0^h g(h)\mathrm{d}h \tag{2-2}$$

为了得到位势高度和几何高度的关系,我们首先看重力加速度 g 和几何高度 h 之间的关系。在忽略离心加速度的情况下,有

$$g = g_0\left(\frac{r}{r+h}\right)^2 \tag{2-3}$$

这里,r 是地球标称半径 (6356.766km)。由此可以得到位势高度 H 和几何高度 h 的关系

$$H = \frac{rh}{r+h} \tag{2-4}$$

或

$$h = \frac{rH}{r - H} \tag{2-5}$$

位势高度和几何高度的误差小于 0.7%，在运载火箭设计时一般可以认为位势高度和几何高度一样，不会对设计造成本质上的影响，但气压高度和几何高度的误差可达 20%。

（2）气压高度

气压高度又称压力高度，这是航空器设计和试验最常用的高度。气压高度通过大气机测量空速管静压室内感受的压力，按照标准大气表中高度与压力的对应关系获得，标准气压高度则是所有航线飞行飞机的共同基准。静压为无限远处来流静止时的压力，动压是空气流动时产生的压力，二者之和为总压。大气机测量要求应符合 GJB 1190A—2012《军用飞机大气数据系统通用规范》。

在标准大气条件下，相对湿度为零，定义温度为 288.2K、气压为 101.325kPa、密度为 $1.225\mathrm{kg/m^3}$ 时为标准海平面，此时的标准气压高度为零。

在高度 11000m 以下的对流层，其气压高度与气压的关系为

$$H = \frac{T_0}{\tau} \left[1 - \left(\frac{p_s}{p_0} \right)^{\tau R} \right] \tag{2-6}$$

式中　H ——输出的气压高度（m）；

　　　T_0 ——标准海平面温度（K）；

　　　τ ——对流层内大气温度的垂直梯度（6.5℃/km）；

　　　p_s ——所测高度的静压（kPa）；

　　　p_0 ——标准海平面的气压（101.325kPa）；

　　　R ——气体常数。

在高度 11000~20000m 的同温层，温度基本维持在 -56.5℃，其气压高度与气压的关系为

$$H = \frac{R \cdot T_0}{g_0} \cdot \ln \left(\frac{p_0}{p_s} \right) \tag{2-7}$$

式中　g_0 —— 标准重力加速度（9.80665m/s²）。

相应的马赫数 Ma 可由下式解算获得

当 $Ma \leqslant 1$ 时

$$p_t = p_s \left(1 + \frac{k-1}{2} Ma^2 \right) \frac{k}{k-1} \tag{2-8}$$

当 $Ma > 1$ 时

$$p_t = \frac{k-1}{2} Ma^2 p_s \left[\frac{(k+1)Ma^2}{4kMa^2 - 2(k-1)} \right]^{\frac{1}{k-1}} \tag{2-9}$$

式中　p_t ——所测高度大气总压；

　　　k ——绝热指数常数。

（3）卫星导航定位系统的高度

卫星导航定位系统测量给出的航空器高度，是航空器相对于地球参考椭球面的高度，

这个高度只与相对地球的空间位置有关。地球参考椭球面的规定可参见参考文献［5］。卫星导航定位系统测量给出的航空器高度与大气机给出的气压高度不一样，气压高度并不代表准确的高度，只代表了当时当地实际的气压水平，同一个卫星导航定位系统给出的高度在低温、高温条件下对应的气压高度也不一样，实际的飞行结果表明二者的偏差为 300～500m。

（4）其他高度

指示高度：又称仪表高度，是指飞机飞行中气压高度表的指示数值，其原理同气压高度，但数值中含有测量系统的仪表误差、延时误差等。

密度高度：根据测量的大气静压和大气静温计算出的大气密度，再由标准大气表查得的高度。螺旋桨飞机实测性能向标准大气条件换算时经常用到此高度。

温度高度：根据测出的静温，由标准大气表查得的高度。当温度低于−56.5℃时，温度高度没有意义。

2.1.2　气候极值

我们在设计时不仅要用到标准大气，有时也需要关注到一些气候极值的情况。GJB 1172.1—1991《军用设备气候极值——总则》指出，气候极值是指在一定时空范围内和一定风险概率条件下气候要素的最高值或最低值。根据这个定义，气候要素的极值与出现的地区、面积风险率、出现的时间风险率及暴露期有关。标准中也特别说明，在空中各高度上的气候极值，一般不出现在相同的时间和地点，它是极值条件的一个包络，所以为了出现概率极低和出现面积极小的气候要素，在设计上是否需采取相应的措施和采取何种措施应该综合权衡。即使是按照极值考虑，飞行当日高空极值低温也只是出现在一定时段内，温度是逐时变化的，可以根据统计的数据细化高空低温环境数据。

航空领域通常参考 HB 5652.1—1981《气候极值——大气温度极值》的要求，取一定概率下的数据作为设计依据。如表 2-1 给出的是 HB 5652.1—1981《气候极值——大气温度极值》提供的 0～30km 高低温极值的标准数据。

表 2-1　0～30km 高低温极值的标准数据

高度/km	0	1	2	3	4	5	6	7	8	9	10	11	12	13	14	15
最高记录值/℃	58	41	32	25.5	19	13.5	8	2	−4	−8.5	−13	−17.5	−22	−26	−30	−32.5
1%极值/℃	49	40	30	23.5	17	11.5	6	0.5	−5	−9	−13	−17.5	−22	−26	−30	−33.5
5%极值/℃	46	39	29	21.5	14	9	4	−1	−6	−11.5	−17	−20.5	−24	−29.5	−35	−37
10%极值/℃	45	38	28	20.5	13	8	3	−3	−9	−14	−19	−24.5	−30	−33	−35	−37.5
20%极值/℃		34	27	19.5	12	6	0	−5.5	−11	−15.5	−20	−25.5	−31	−35.5	−40	−40
最低记录值/℃	−68	−54	−47	−50	−53	−57	−61	−64.5	−68	−71	−74	−77	−80	−78.5	−77	−82

续表

高度/km	0	1	2	3	4	5	6	7	8	9	10	11	12	13	14	15
1%极值/℃	−61	−53	−41	−44.5	−48	−52	−56	−61	−66	−70	−74	−73.5	−73	−74	−75	−80.5
5%极值/℃	−57	−51	−36	−40	−44	−49	−54	−58.5	−63	−66	−69	−69.5	−70	−71.5	−73	−78.5
10%极值/℃	−54	−50	−34	−38	−42	−47.5	−53	−58	−63	−65	−67	−67.5	−68	−70	−72	−77.5
20%极值/℃	−51	−49	−31	−35.5	−40	−45.5	−51	−56	−61	−63	−65	−66	−67	−68.5	−70	−76

高度/km	16	17	18	19	20	21	22	23	24	25	26	27	28	29	30	
最高记录值/℃	−35	−35	−35	−34	−33	−33.5	−34	−33.5	−33	−32	−31	−31.5	−32	−30	−28	
1%极值/℃	−37	−37	−37	−37	−37	−37	−37	−37	−37	−35.5	−34	−33	−32	−31	−30	
5%极值/℃	−39	−38.5	−38	−38	−38	−38	−38	−38	−38	−37.5	−37	−35.5	−34	−32.5	−31	
10%极值/℃	−39	−39	−39	−39	−39	−38.5	−38	−38.5	−39	−38	−37	−36	−35	−33.5	−32	
20%极值/℃	−40	−40	−40	−40	−40	−39.5	−39	−39	−39	−38.5	−38	−37	−36	−34.5	−33	
最低记录值/℃	−87	−87.5	−88	−86.5	−85	−85	−85	−85.5	−86	−85	−84	−83.5	−83	−82	−81	
1%极值/℃	−86	−86	−86	−85	−84	−84	−84	−84.5	−85	−84.5	−84	−83.5	−83	−81.5	−80	
5%极值/℃	−84	−84	−84	−83.5	−83	−83	−83	−83	−83	−83	−83	−82	−81	−80	−79	
10%极值/℃	−83	−82.5	−82	−81.5	−81	−81.5	−82	−82	−82	−81.5	−81	−80	−79	−78.5	−78	
20%极值/℃	−82	−81	−82	−79.5	−79	−79.5	−80	−80	−80	−79.5	−79	−78	−77	−76.5	−76	

飞机和机载设备根据需要可选不同的概率组合作为设计的依据。表 2 - 2 所示是按照 GJB 1172—1991《军用设备气候极值》形成的一种常见概率组合下的设计条件。

表 2 - 2 某典型概率组合下的极值标准数据

高度/km	高温生存/℃	低温生存/℃	高温工作/℃	低温工作/℃
1	40.0	−38.4	38.8	−38.4
2	34.7	−40.2	32.3	−40.2
4	23.1	−49.4	21.7	−49.4
6	−0.1	−56.6	−0.3	−56.6
8	−4.8	−66.6	−9.4	−66.6
10	−13.3	−71.0	−19.8	−71.0

高度/km	高温生存/℃	低温生存/℃	高温工作/℃	低温工作/℃
	GJB 1172.12（极值）	GJB 1172.12（极值）	GJB 1172.12（概率1%）	GJB 1172.12（极值）

高度/km	高气压/kPa	低气压/kPa	高密度/(kg/m³)	低密度/(kg/m³)
1	930	871	1.333	0.985
2	815	764	1.151	0.901
4	641	575	0.892	0.730
6	502	425	0.698	0.618
8	390	312	0.548	0.488
10	300	228	0.435	0.356
	GJB 1172.16（概率1%）	GJB 1172.16（概率1%）	GJB 1172.17（概率1%）	GJB 1172.17（概率1%）

2.1.3　可能的实际环境

空中发射的运载火箭需要反复经历高低温交变、长时间低温和低气压环境。地面待机阶段的自然环境温度可能面临−45℃低温或60℃高温环境（这是平均意义上的条件，实际中可能出现更低的低温和更高的高温情况）。挂机飞行过程中，按照标准大气给出的11km高度的最低环境温度约−55℃，在这个高度下，极值气候条件给出的环境温度约为−71℃。这个高度的气压很低，仅为地面的22%。统计我国年平均相对湿度，在飞行高度5500～9000m（对应气压约300～500hPa），大气环境平均相对湿度在30%以下，且高度越高，相对湿度越低。一般来说，综合考虑温度、湿度和高度的环境要更真实一些。如一些设备在地面经历高温、高湿环境后再进行低温试验会出现结冰的现象。而高空的低温和低气压在现实情况下是同时存在的，设备从高温高湿的地面到低温低气压的高空，低气压条件不容忽略。在这个条件下，低气压的"抽吸"作用会使得出现上述结冰现象的概率降低。尽管如此，这种现象在实际中还是可能存在的，应该在设计时加以考虑。

（1）实际的温度环境

载机外挂火箭在大气的对流层内巡航飞行时，大气温度随着海拔的增加而降低，地表温度为常温，在挂飞11km高度下大气温度可低至−55℃以下。如图2-3和图2-4所示是不同季节下实测的高度与来流静温的变化关系。图2-3中飞行的最大气压高度为11000m，外界来流静温最低约为−55℃。图2-4中飞行的最大气压高度为9000m，外界来流静温最低约为−53℃。

当载机以亚声速飞行时，外部的低温气流对火箭产生强迫对流作用，导致火箭表面温度持续降低，进而内部热量持续向外散失，使得火箭舱内温度也持续下降，从而产生了长航时低温挂飞环境。火箭上仪器设备必须针对该低温环境进行适应性设计。

挂飞过程中会产生气动热，气动热有两个来源：一个是流向箭体的气流在端头受阻滞而变热；另一个是气流由于黏性作用在贴近箭体表面受阻滞而变热。当气流流过箭体表面时，由于黏滞性作用使得箭体壁面气流速度为零。贴近壁面气体附面层的温度称为恢复温度。恢复温度由环境温度和飞行速度决定。如果要计算火箭从外壁到内部的温度变化，需要将表面换热系数作为第二类边界条件，计算动态温度变化过程。

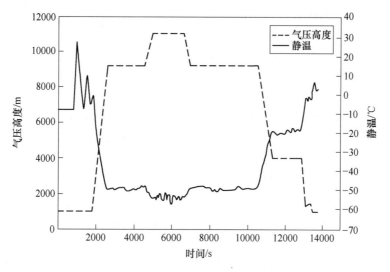

图 2 - 3　高度和温度变化曲线 I

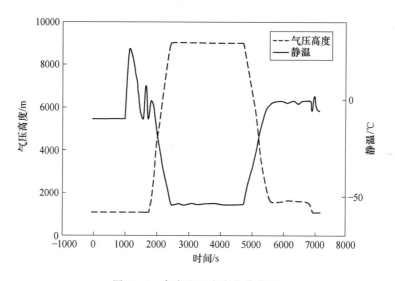

图 2 - 4　高度和温度变化曲线 II

针对长航时挂飞低温环境问题，可以从火箭箭体外部换热、壳体导热、箭体内部换热等环节入手，建立亚声速条件下箭体外部强迫对流换热关系式和舱体内部空气自然对流换热关系式，再结合壳体导热和舱内气体传热简化模型，通过舱体内外耦合传热计算方法，对挂飞情况下舱体内、外瞬态传热过程进行分析，以给出各种飞行条件（高度、速度）下舱内低温环境，为仪器、设备的低温环境适应性设计和考核提供支撑。

具体的计算方法为：

1）根据箭体参数和当前时刻的环境参数，计算当前时刻壳体外表面与外部低温大气之间的强迫对流换热热流密度。

采用式（2 - 10），计算得到当前时刻的箭体外表面传热系数 h_{out}

$$h_{out} = 0.23 \left[\log(Re) \right]^{-2.584} \rho V c_{p\infty} \qquad (2 - 10)$$

式中　Re——当地雷诺数；

　　　　V——机箭组合体或火箭的飞行速度；

　　　$c_{p\infty}$——大气比定压热容；

　　　　ρ——大气密度。

不同飞行高度对应的大气密度、大气温度和比热容可以根据参考文献［1］获得。

根据计算得到的当前时刻的箭体外表面传热系数 h_{out}，采用式（2-11），计算得到当前时刻的火箭壳体外表面与外部低温大气之间的强迫对流换热热流密度 Q_{out}

$$Q_{out} = h_{out}(T_{out} - T_\infty) \tag{2-11}$$

式中　T_{out}——箭体壳体外表面温度；

　　　　T_∞——外部大气温度。

2）根据箭体参数和当前时刻的环境参数，计算壳体内表面与舱内空气之间的自然对流换热热流密度。

当前时刻的壳体内表面与舱内空气之间的自然对流换热热流密度的计算流程如下：

根据式（2-12），计算得到当前时刻的箭体内表面传热系数 h_{in}

$$h_{in} = C\left[(\beta g(T_{in} - T_{air})D^2 Pr/\nu^2)\right]^n \lambda_{air}/D \tag{2-12}$$

式中　g——重力加速度；

　　　　β——空气热膨胀系数；

　　　T_{in}——箭体壳体内表面温度；

　　　T_{air}——舱内空气温度；

　　　　D——火箭直径；

　　　Pr——空气普朗特数；

　　　　ν——空气黏度；

　　　λ_{air}——舱内空气热导率；

　　　　C——经验常数，取值为：0.135～1.18；

　　　　n——经验指数，取值为：$\dfrac{1}{8}\sim\dfrac{1}{3}$。

3）根据当前时刻壳体外表面与外部低温大气之间的强迫对流换热热流密度、壳体内表面与舱内空气之间的自然对流换热热流密度，计算得到当前时刻的壳体温度和舱内空气温度。

根据当前时刻的箭体内表面传热系数 h_{in}，采用式（2-13），计算得到当前时刻的壳体内表面与舱内空气之间的自然对流换热热流密度 Q_{in}。

$$Q_{in} = h_{in}(T_{in} - T_{air}) \tag{2-13}$$

根据当前时刻的火箭壳体外表面与外部低温大气之间的强迫对流换热热流密度和火箭壳体内表面与舱内空气之间的自然对流换热热流密度，计算得到当前时刻的火箭壳体温度和舱内空气温度。

在上述计算中，对于壳体内部导热，忽略其轴向、周向的细微差异，简化为一维热传导方程计算其内部温度；对于舱内空气，视为零维均匀介质，其温度随着与舱壁间的换热而变化。这两者的温度随着时间而变化。

可以确定热传导方程和边界条件。

确定热传导方程：

$$\rho_{\mathrm{m}} c_{p\mathrm{m}} \frac{\partial T}{\partial t} = \lambda \frac{\partial^2 T}{\partial x^2} \tag{2-14}$$

$$\frac{\mathrm{d} T_{\mathrm{air}}}{\mathrm{d} t} = \frac{S_{\mathrm{in}} Q_{\mathrm{in}}}{\rho_{\mathrm{air}} Vol_{\mathrm{air}}} \tag{2-15}$$

式中　　T ——壳体内各位置处温度；

$\quad\quad\rho_{\mathrm{m}}$ ——火箭壳体材料密度；

$\quad\quad c_{p\mathrm{m}}$ ——火箭壳体材料比热容；

$\quad\quad t$ ——当前时刻；

$\quad\quad\lambda$ ——壳体的热导率；

$\quad\quad x$ ——壳体从内到外不同位置的径向厚度坐标；

$\quad\quad S_{\mathrm{in}}$ ——壳体内表面面积；

$\quad\quad\rho_{\mathrm{air}}$ ——舱内空气密度；

$\quad Vol_{\mathrm{air}}$ ——舱内空气体积。

确定边界条件：

$$\begin{cases} \left.\dfrac{\partial T}{\partial x}\right|_{x=x_{\max}} = \dfrac{Q_{\mathrm{out}}}{\lambda} \\[3mm] \left.\dfrac{\partial T}{\partial x}\right|_{x=0} = \dfrac{Q_{\mathrm{in}}}{\lambda} \end{cases} \tag{2-16}$$

式中　　$x=0$ ——壳体内表面的径向厚度坐标（零点）；

$\quad\quad x_{\max}$ ——壳体外表面的径向厚度坐标。

将式（2-11）所示的外部强迫换热过程、式（2-13）所示的内部换热过程与式（2-14）～式（2-16）联立求解，即可获得当前时刻壳体不同厚度位置处温度 $T(x)$ 和舱内空气温度 T_{air}。

4）若挂飞未结束，则根据箭体参数和下一时刻的环境参数，计算得到下一时刻的火箭壳体温度和舱内空气温度，直至挂飞结束。

这个方法可以对各种飞行条件和大气温度下的挂飞低温环境进行快速设计和评估，弥补了极限大气条件难以模拟实现、实际载机飞行条件难以达到极限边界等不足，从而用工程分析的方法对设计边界进行有效评估。该方法经多次载机挂飞试验验证，证明壳体壁温和舱内空气温度遥测结果与本方法的计算结果相吻合

对于经过一定时间挂飞接近热平衡后的表面壳体温度，可以按照下式来估算

$$T_r = T_0 \theta \left[1 + r(\gamma-1) \frac{Ma^2}{2} \right] \tag{2-17}$$

式中　　T_r ——箭体附面层恢复温度（K）；

$\quad\quad T_0$ ——海平面温度（K）；

$\quad\quad\theta$ ——温度海拔变化率；

$\quad\quad r$ ——附面层温度恢复系数，取为 0.87；

$\quad\quad\gamma$ ——大气比热比，取为 1.4；

$\quad\quad Ma$ ——飞行马赫数。

GJB 899A—2009《可靠性鉴定和验收试验》给出一个简化后的公式（2-18），这个估算方法经过实证，还是相当准确的。

$$T_r = (1 + 0.178Ma^2)T_0 \qquad (2-18)$$

这里需要注意的是，式（2-18）中的 T_0 是经过折算后所在高度的大气温度（单位为 K）。比如，高度 11km 时外界来流温度为 -55℃（即 T_0 为 218K），飞行马赫数 Ma 为 0.78，用上述公式计算出壁面的恢复温度为 -31℃，和挂飞情况还是非常接近的。

挂飞过程中，舱段内气体气压、内外表面温度与飞行轨迹密切相关。在舱段非气密设计的情况下，舱段内的气压直接反映的就是外界大气压力，而外界大气温度、舱壁温度、舱内气体温度有较大差异。一般来说，火箭在实际挂飞使用过程中，经历从停机坪—起飞—挂飞—落地的过程，舱壁温度和舱内空气温度也会随着挂飞时间缓慢下降，到趋于平衡，再到回升。比如，某火箭舱体防热层外壁、壳体外壁、壳体内壁温度及其与来流温度随时间变化过程如图 2-5 所示。外界来流温度最低约 -47℃，防热层外壁温最低值为 -27.01℃，防热层外壁温明显高于来流温度；壳体外壁温最低值为 -26.85℃，壳体内壁温最低值为 -26.26℃。由于是金属壳体，内外壁温度差异不大。可以看出壁面的温度变化较为迅速，随着飞机上升、下降而降低、升高；舱内空气温度的变化则存在一定的迟滞。舱壁温度和舱内空气温度随着挂飞时间的增加缓慢下降，直到趋于平衡。

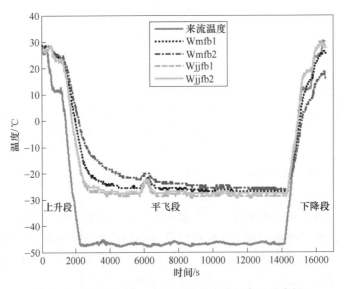

图 2-5　舱壁面（内、外）温度及来流温度（见彩插）

图 2-6 为火箭外壁两个热流传感器的测量结果。可以看出，在飞机爬升阶段和平飞初期外壁面为负热流，即火箭壳体被冷却，这是由于上升时火箭壳体壁面温度高于环境温度而放热的缘故；在飞机平飞阶段，火箭外壁面热流在零值附近略微变化，即火箭壁面温度与环境温度基本保持平衡；在飞机下降阶段（10780～13460s），外壁面热流为正值，即火箭壳体被加热，这是由于下降时壳体壁面温度低于环境温度而吸热的缘故。整个的变化过程符合物理规律。上升过程中热流最大值约为 -2.15kW/m²，下降过程中热流最大值约为 3kW/m²。

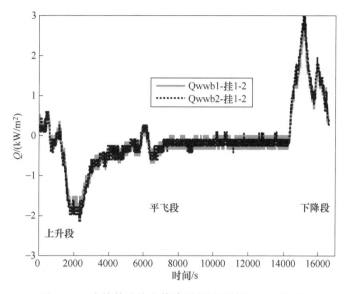

图 2-6　火箭外壁热流传感器的测量结果（见彩插）

图 2-7 为两次挂飞过程中火箭舱内空气温度的比较。可以看出，无论是温度的最低值还是温度变化过程，火箭舱内气体温度同样与飞机飞行高度直接相关。从这次具体的挂飞过程看，需要平飞到 8000～10000s 后舱内气体温度才逐渐接近平衡。

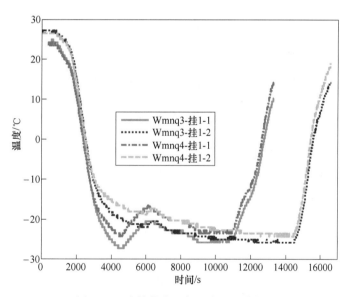

图 2-7　火箭舱内空气温度（见彩插）

（2）温度、湿度、高度的综合影响

空气是混合气体，由氮气、氧气、二氧化碳、水蒸气和其他惰性气体组成。除水蒸气外，其他气体组分成分相对稳定，因此实际上的空气可以看作干空气和水蒸气的混合物（即湿空气），两者都可以按理想气体进行分析。湿空气中水的形态转变可以由湿空气中水的分压与水的三相图（图 2-8）中饱和蒸气气压比较确定。在一定气压和温度情况下，水不同相态之间可以相互转换：

1）水蒸气凝结变成液态水，水蒸气凝华直接变成固态冰霜；

2）液态水可蒸发为水蒸气，液态水可凝固成固态冰霜；

3）固态冰霜可融化成液态水，固态冰霜可升华成水蒸气。

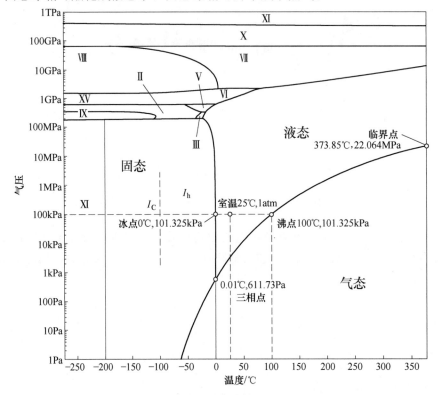

图 2-8　水的三相图

在实际使用中存在火箭在地面高温、高湿的条件待机，然后随载机起飞、巡航飞行、落地、再起飞的循环剖面。我们考虑一个比较极端的情况：火箭地面经历 60℃、95％的高温高湿环境 1 小时，随载机起飞后处于低温低气压环境，载机降落后再起飞，如此循环。在升空的过程中，环境气压逐渐降低。一般来说，火箭的舱段不是气密设计的，可以认为随飞行高度的增加，舱内气压随环境气压变化而同步变化，所以要考虑舱内空腔内气压的变化。

已知湿空气初始气压、初始温度、相对湿度，根据空气气体常数、相对分子质量、容积等可计算出含水质量，利用道尔顿分压定律可计算出湿空气中的水蒸气分压，将此分压与对应温度下的饱和水蒸气气压比较，小于时则为不饱和湿空气（蒸气过热）。

当温度降低但仍高于 0℃时，湿空气水蒸气分压不变、饱和水蒸气气压降低，当两者相等时开始有水蒸气析出水滴，利用两种状态的水蒸气质量比较可获得析出的水量。

当温度降低至 0℃以下时，饱和湿空气水蒸气继续析出但直接凝华为冰霜，已析出的液态水开始凝固为冰霜。当温度升高时则过程反之。分析计算时，做如下假设：

1）舱内空气容积：约 $2.1 \times 10^8 \text{mm}^3$；

2）舱内某装置内部空腔空气容积：约 154800mm^3；

3）舱内空气初始温度：60℃；

4）舱内空气初始压力：101.3kPa；

5）舱内空气初始相对湿度：95%；

6）舱内空气升温、降温速率：均为1℃/min；

7）非气密产品金属表面温度升温、降温速率均为0.5℃/min。

计算工况如图 2-9 所示，具体为：

A 状态：处于地面，环境温度60℃，湿度95%，环境压力101kPa；

B 状态：到达巡航高度，舱内空气温度45℃，环境压力44kPa；

C 状态：巡航高度飞行，舱内空气温度0℃，环境压力44kPa；

D 状态：巡航高度飞行，舱内空气温度−40℃，环境压力44kPa；

E 状态：回到地面，舱内空气温度−25℃，湿度95%，环境压力101kPa；

F 状态：处于地面，舱内空气温度60℃，湿度95%，环境压力101kPa；

G 状态：与 A 同状态，下一个循环的开始。

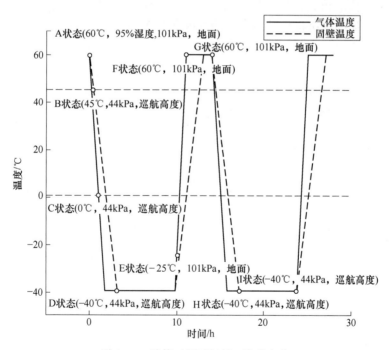

图 2-9　计算工况下气压、温度变化

气体从裂口或微孔泄漏的速度与其流动状态有关，可以利用经验公式（2-19）计算泄漏量。计算时需要判断泄漏气体属于声速还是亚声速流动。若为声速流动，则为临界流，亚声速流动则为次临界流或非临界流。

$$Q = Y C_d A p \sqrt{\frac{M\gamma}{RT}\left(\frac{2}{\gamma+1}\right)^{\frac{\gamma+1}{\gamma-1}}} \qquad (2-19)$$

式中　　Q ——泄漏速度（kg/s）；

　　　　Y ——流出系数，临界流时 Y 取 1.0，非临界流时 Y 由式（2-20）计算得到

$$Y = \sqrt{\left[\frac{p_0}{p}\right]^{\frac{2}{\gamma}} \cdot \left[1 - \left(\frac{p_0}{p}\right)^{\frac{\gamma-1}{\gamma}}\right] \cdot \left(\frac{1}{\gamma-1}\right) \cdot \left(\frac{\gamma+1}{2}\right)^{\frac{\gamma+1}{\gamma-1}}} \tag{2-20}$$

当式（2-21）成立时，气体流动属于声速流动（临界流）。

$$\frac{p_0}{p} \leqslant \left(\frac{2}{\gamma+1}\right)^{\frac{\gamma}{\gamma-1}} \tag{2-21}$$

当式（2-22）成立时，气体流动为亚声速流动（非临界流）。

$$\frac{p_0}{p} > \left(\frac{2}{\gamma+1}\right)^{\frac{\gamma}{\gamma-1}} \tag{2-22}$$

式中　　p_0 ——环境气压（Pa）；

　　　　p ——空腔内气压（Pa）；

　　　　C_d ——气体泄漏系数，当泄漏口为圆形时取 1.0，为矩形时取 0.9；

　　　　A ——泄漏口的面积（m²）；

　　　　M ——气体的相对分子质量；

　　　　γ ——气体的绝热指数，即定压热容和定容热容之比；

　　　　R ——气体常数 [J/(mol·K)]；

　　　　T ——气体温度（K）。

从 A 到 G 为一次循环。从图 2-10 可以看出，A 状态到 C 状态，空气中的水蒸气逐渐析出变为水，在 C 状态时液态水量最多，之后开始转化成固态冰，到 D 状态时液态水全部转化为固态冰。当回到地面 E 状态时，由于产品温度和舱内空气温度仍低于零度，空气中的水蒸气直接凝华为冰，此时形成的固态冰的量最大。到 G 状态时，全部固态冰变成液态水，对应空腔中的最大水量约为 0.019g。经过一次循环，回到地面时这些水会以液态水的形式存在，若无法排出则累积进入下一个循环。当多次重复 n 次后，最大可能水量可能是一次循环的 n 倍，而

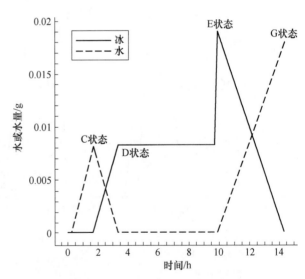

图 2-10　单次循环水量变化趋势

这个量的水会在高空低温情况下以固态冰的形式存在，在产品内部特别是机构类的产品上应格外关注这个问题。当然，在自然界可能会单独出现高于 60℃ 的高温和高于 95% 的高湿情况，但高温温度 60℃、相对湿度 95% 的环境，不论是在自然界，还是在设备实际使用的诱发环境中都不大可能同时出现。因为一般来说，空气温度升高时，相对湿度会下

降。无论如何，这个理论分析的结果还是有实际意义的，即地面高温高湿的状态还是可能出现的，因此应考虑设备空腔有积水泄放的措施，这个方式在航空产品上不稀奇，但针对空中发射的运载火箭需特别予以关注。

地面试验同样面临类似的情况。比如，低温工作试验分为降温过程、低温温度保持过程和升温恢复过程三个阶段。

在降温过程中，低温的空气经气流风道吹出经过产品表面，试验箱内空气温度和产品表面开始降温。当温度降至露点温度以下时，试验箱中湿空气开始不断凝露，而对于腔体式产品（如伺服作动器），产品内部降温速度低于产品表面，产品内部凝露晚于产品外部。

产品低温温度保持过程，不会形成新的凝露现象。

升温恢复过程是产品内部凝露最多的过程。随着试验箱内空气温度的不断升高，试验产品的温度也不断升高，但由于试验产品有热容，其温度不能立刻跟随空气温度上升，试验箱内的产品与试验箱内空气的温差加大。由于产品温度低于露点温度，进入产品内部的湿空气开始凝露，随着试验箱内温度不断升高及外部空气不断进入试验箱内，试验箱内的水蒸气含量不断增加，产品内部凝露不断发生，直到产品内壁温度高于露点温度后不再凝露。

产品的高低温循环试验的情况类似，一般分为降温过程，低温温度保持过程，升温过程和高温温度保持过程四个阶段。在降温过程中，低温的空气经气流风道吹出经过产品表面，经过对流换热，产品表面开始降温。此时对于腔体式产品，产品表面降温速率大于产品内部，当产品内部湿空气温度在产品内壁降低至露点温度以下时，产品内部形成凝露现象。低温保温过程，不会在此过程形成新的凝露现象。升温过程中，湿热空气经过产品表面，由于产品的热容大，产品温度仍在露点温度以下，温度上升滞后于空气温度，产品的表面和内部均会出现凝露现象。

地面试验时，我们通常用温度-湿度-高度试验模拟飞机升降期间非控温、非增压舱内设备遇到的环境条件。当飞机在高空飞行时，一些弹性密封的设备处于低温，密封件可能会硬化收缩而损坏，设备内部的气压就随设备舱内气压的降低而降低；当飞机返回湿热的地面时，产品表面温度因低于空气温度而结冰结霜，随着设备舱内温度和气压的回升，湿热空气中的水分以及设备表面冰霜融化产生的水就会被"压"入设备内部，从而产生积水现象。这样反复多次，积水就会变得严重。不密封但带有壳盖的设备如果没有排水孔，也会发生积水现象。因此，温度-湿度-高度试验主要考核那些装有弹性密封的机载设备和其他带壳盖的不密封的机载设备，以检验它们在低温低气压和高温高湿的交替作用下，是否会发生密封失效、壳体内积聚冷凝水，进而影响产品的性能。

需要注意以下几点：

1）温度-湿度-高度试验不是真正意义上的三综合试验，而是低温、低气压和高温、高湿两个二综合试验组合起来的循环试验。

2）温度-湿度-高度试验模拟的是飞机升降期间的非控温、非增压舱内设备遇到的环境条件。

3）温度-湿度-高度试验适用于装在飞机中没有温度控制和非增压舱内的电子设备和其他设备。主要用于设计成熟的、非气密密封设备和其他带壳盖的设备。

4）当用一个试验箱进行温度-湿度-高度试验难度较大时，可以采用两箱法，即用一般的低温、低气压试验箱和湿热试验箱进行试验。

5）温度-湿度-高度试验是一种加速试验，其试验条件对某些受试设备来说可能过于严酷，在实际使用中可以不完全套用这些条件，而是根据设备本身的平台环境条件对试验条件进行剪裁。

2.2　电磁环境

电磁环境是指在一定频率变化范围内电磁能力随时间空间分布的情况。具体针对运载火箭来说，也就是火箭及其系统、单机在执行任务的工作环境中可能遭遇的各种传导型和辐射型电磁发射的环境。GJB 1389A—2005《系统电磁兼容性要求》指出，电磁环境效应是电磁环境对电子电气系统、设备、装置的运行能力的影响，包括电磁兼容性、电磁干扰、电磁易损性、电磁脉冲、电子对抗、电磁辐射对装备和易挥发物质的危害，以及雷电和沉积静电等自然效应。

2.2.1　电磁兼容性要求

按照 GJB 72A—2002《电磁干扰和电磁兼容性术语》的规定，电磁兼容性是指设备、分系统、系统在预定的电磁环境中运行时，可按照规定的安全裕度实现设计的工作性能，且不因电磁干扰而受损或产生不可接受的降级；设备、分系统、系统在预设的电磁环境中正常工作且不会给环境或其他设备带来不可接受的电磁干扰。换句话说，满足电磁兼容性设计要求的设备、分系统、系统应具有两方面的能力：一是在预期的电磁环境中能正常工作，不出现性能降低或故障；二是对所在的电磁环境不是一个污染源。所以，电磁兼容是所有使用电磁频谱工作设备、装备和系统的一种能力。这种能力保证它们在既定的工作条件下，不因电磁发射或响应而造成不能接受的或者未预知的性能降级。

空中发射的火箭面临更复杂的电磁环境问题。一方面，火箭系统需要通过设计和试验验证，确保火箭系统自身满足规定的电磁兼容性要求，使其在预定的工作环境中不因电磁干扰而受损或产生不可接受的性能降级，其中包括火箭系统内部电磁兼容性要求、系统对外部电磁环境的适应性要求、雷电防护要求、静电防护要求和电磁辐射的危害防护等要求。另一方面，火箭系统不能给载机平台环境带来不可接受的电磁干扰，这就需要考虑载机与火箭结合后各设备、分系统和系统的电磁环境问题，确保火箭与载机之间的电磁环境的兼容。

GJB 1389A—2005《系统电磁兼容性要求》从系统级层面提出了系统电磁兼容性总要求。只有以充分掌握组成系统的各分系统和设备的电磁干扰特性为基础，才能优化得到系统内的电磁兼容性。电磁兼容必须通过设计、测试、评估，才能解决电子信息系统之间相互兼容工作的问题，保证各类设备、装备和系统的性能发挥和安全使用。

2.2.2　静电环境

GJB 1389A—2005《系统电磁兼容性要求》在静电电荷控制一章中规定，系统应控制和消除由沉积静电效益、液体流动、空气流动、废气流动、人员活动、运载工具（包括发射前的状态）和空间飞行器运动，以及其他电荷产生机理引起的静电电荷积累，以避免点燃燃料和危害军械，防止人员的电击危害和电子产品的性能降低或损坏。符合性应通过试验、分析、检查或其组合来验证。

静电的产生包含正、负电荷分离的整个过程。在一定条件下，当电荷积累得足够多时，能够产生电荷放电现象，因而对敏感的仪器、电子仪表、控制系统设备造成危害。火箭在生产、运输和使用过程中产生静电的主要途径包括感应带电（施加外部电场）、摩擦起电（不同结构的材料表面相互接触、摩擦）和地面火箭发动机运转时高温气流产生的电离。在进行构件焊接、各类带电试验、壳体运输、工位间转运的电气设备会产生静电，雷雨天气也可能会产生感应带电。火箭发射以及在大气层中飞行时的静电充电机制有三种，即火箭与云层中的冰晶等各种粒子碰撞摩擦引起的沉积充电、近地面大气电位梯度引起的火箭感应电荷充电和火箭发动机喷流的静电充电。

固体火箭发动机工作过程中的喷流会发生电离，因而在火箭的单机或元器件上可能会形成静电。伴随着固体火箭发动机的工作，喷流电离导致不断的静电积累使得单机或元器件间产生高电位差，可能是许多事故发生的原因。固体火箭发动机喷流电离和大气放电与火箭损坏有一定的关系。火箭在地球大气层飞行时，甚至在没有云层时也可能会发生一定概率的大气层放电现象。原因是地球表面静电场的强度约为 $100\mathrm{V/m}$，它随着与地球表面距离的增大变小，并按照指数规律变化。在 $100\mathrm{km}$ 的高度上静电场的强度约为 $10^{-5}\mathrm{V/m}$。当然，这么小的静电场不会引起放电。但是以固体推进剂发动机为动力的火箭飞行时，由于在发动机工作时形成了一条由燃烧后电离的气体产物组成的尾迹，地球的静电场将发生巨大变化。从地球静电场作用角度看，火箭-尾迹系统等价于一根处于该静电场的巨大导线。此等价导线的静电场强度，也就使火箭附近的静电场强度显著增大。

存在云层和火箭喷流电离的情况下，这两个因素的叠加会加强局部电场强度，使放电的概率显著增大。火箭电离和放电概率之间的关系目前研究还很少，尚没有足够的统计数据。

火箭和周围介质相互作用，可能导致壳体电荷的转移和放电，从而引起交变电场的干扰。当飞机在云层中飞行时，最大干扰功率能达到数十千瓦，可能使飞机完全与外界失去所有波段上的无线电联系。大气外部电场的强度和飞机静电产生的电场值能够达到约 $100\mathrm{kV/m}$。当然，由于没有统计数据，获得这些数据是很困难的。据国外有关文献报道，以固体推进剂发动机为动力的火箭在云层中飞行时发生类似情况的概率不小于飞机。

传统上，由于火箭的控制系统电气设备对电源品质要求更高，相较而言更加灵敏，所以允许的最大干扰电场强度值可能会更小，这就要求必须采取专门的保护措施。航空领域通常采用飞机或产品外壳表面涂覆导电层的方法，同时采用各种放电器以便把飞机或产品表面的电荷传输给周围空间的方案。这些放电器分为两类：一种是被动放电器，放电器输送电流大小取决于飞机或产品表面可能的累积电荷数；另一种是主动放电器，放电器输送电流大小取决于辅助电源的功率。

2.2.3 雷电环境

雷电是发生于大气中的一种瞬态大电流、高电压、强电磁辐射的强放电现象。当发生雷电放电时，整个雷电放电的物理发展经历五个阶段：预击穿阶段、先导形成阶段、先导连接阶段、首次回击阶段（主放电阶段）以及后续多次回击阶段。从雷电电磁效应破坏性的角度看，对航天系统影响最大的雷电放电是首次回击阶段产生的影响。典型雷电放电物理发展过程如图 2-11 所示。

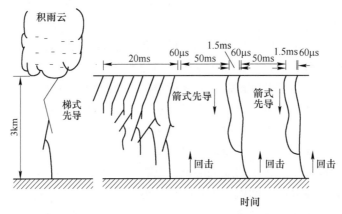

图 2-11　典型雷电放电（云地闪）物理发展过程

雷电可分为直击雷、感应雷、诱发雷和滚地雷等几种。其中直击雷、感应雷和诱发雷对航天系统的威胁较大。

直击雷是雷电直接击中目标的雷电过程。对航天系统来讲，直击雷是指雷击电流在火箭产品和发射平台上直接流动时造成的危害，或产生雷电现象时的电弧效应。雷击中的熔灼、爆炸、结构变形或损坏等都是直击雷造成的。

感应雷是雷击过程中由雷电流的电磁感应所产生的过电压、过电流、火花放电等现象，雷电放电瞬间形成的电磁脉冲场会进入火箭内部，在电路及线缆中产生感应电压（可达数千伏），从而损坏电气电子设备，造成设备故障。

诱发雷是在自然状态无雷电发生的情况下，当火箭接近或穿越带电云层时，诱发出来的雷击现象。火箭高速穿越带电云层，将会使大气等电位面发生巨大变化，使得电荷区域尖端处电场突变。因此，即使此时没有自然雷电，也可产生诱发雷。

雷电磁脉冲（LEMP）和核电磁脉冲（NEMP）在表现形式上都属于高强度电磁脉冲（HEMP），其产生的破坏效应也基本类似，分为直接效应和间接效应。雷电磁脉冲破坏的直接效应体现在：

1）高电压效应：受强电磁脉冲影响后产生的高电压能破坏目标结构并使电子元件失效，形成击穿、穿孔、破裂和变形。

2）大电流效应：产生很大的机械应力，导致结构件弯曲、变形甚至破裂。

3）电荷积累效应：大电流将持续在局部产生巨大的热量，将金属烧蚀、熔化。

雷电磁脉冲破坏的间接效应体现在：

1）电场和磁场的穿透效应：雷电磁脉冲作用后在系统附近产生电磁场进入系统内部，产生感应电压、电流，从而损坏系统内部电子设备。

2）射频干扰和电磁脉冲效应：雷电磁脉冲作用后将产生低频、高频和甚高频电磁辐射与核电磁脉冲相近，易对系统内部的电子器件产生损害。

由于受到雷电磁脉冲效应作用，可能导致：

1）高压击穿：电磁能接收后可转化为高电压或大电流，可引起接点、部件或回路间击穿；

　　2）器件烧毁：包括半导体器件的烧蚀、连线熔断等；

　　3）微波加温：微波可使金属、含水介质加温，导致电子设备内的器件不能正常工作；

　　4）浪涌冲击：脉冲高电压、大电流进入电气系统及电子设备，浪涌可使器件烧毁；

　　5）瞬时干扰：当进入的功率较低，不足以导致永久性损伤时，也能产生瞬时损伤，出现干扰。

　　GJB 1389A—2005《系统电磁兼容性要求》在雷电一章中规定，对于雷电的直接效应和间接效应，系统都应满足其工作性能的要求。当在暴露状态下，经受一个邻近的雷击以后，或贮存条件下经受一个直接雷击以后，产品应满足其工作性能要求。在经受暴露条件下的直接雷击期间和以后，产品应保证安全。直接效应雷电环境如图 2-12 所示。对于由直接雷击引起的间接效应分别如图 2-13 和表 2-3 所示。邻近雷电冲击环境见表 2-4。符合性应通过系统、分系统、设备和部件（如结构件和天线罩）级的试验、分析或其组合来验证。

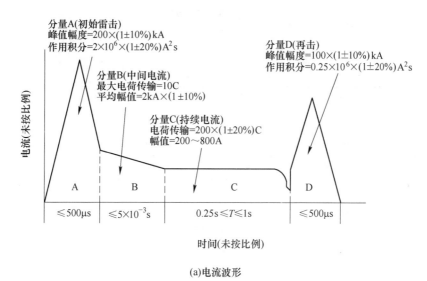

(a)电流波形

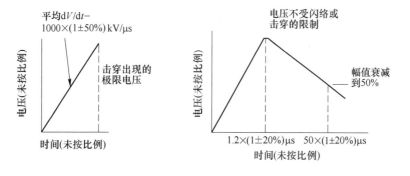

(b)电压波形

图 2-12　直接效应雷电环境

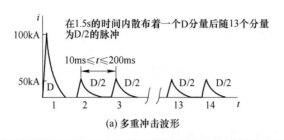

(a) 多重冲击波形

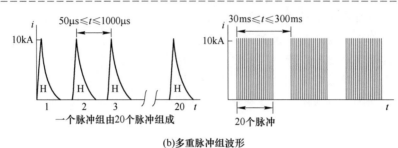

(b)多重脉冲组波形

图 2-13 由直接雷击引起的间接效应环境

表 2-3 间接效应波形

电流分量	说　明	电流分量 $i(t)$ 的相关参数		
		I_0/A	$\alpha/\mathrm{s^{-1}}$	$\beta/\mathrm{s^{-1}}$
A	严酷雷击	218810	11354	647265
B	中间电流	11300	700	2000
C	持续电流	0.5s 时 400	不适用	不适用
D	再　击	109405	22708	1294530
D/2	多重雷击	54703	22708	1294530
H	多重脉冲组	10572	187191	19105100

注：电流分量 $i(t) = I_0(\mathrm{e}^{-\alpha t} - \mathrm{e}^{-\beta t})$，$i$—电流，A；$t$—时间，s。

表 2-4 邻近雷电冲击环境

10m 处的电磁场变化率	电磁场变化率值
磁场变化率	$2.2 \times 10^9\,\mathrm{A/m/s}$
电场变化率	$6.8 \times 10^{11}\,\mathrm{V/m/s}$

　　我国航天领域雷电防护工作起步较晚，曾对部分运载火箭型号开展过雷电试验，主要研究了雷电间接效应的影响，并根据研究结果和型号需求制定了 GJB 1804—1993《运载火箭雷电防护》。此标准借鉴了 MIL-STD-1757 和 GJB 2639—1996《军用飞机雷电防护》，对防雷设计提出了一些具体要求，主要涉及场地防雷、气象防雷方法，也提出了火箭系统防雷设计要求。各型号防雷具体设计要求虽然略有不同，但差别不大，主要在于处理搭接、接地电阻的区别。

空中发射的运载火箭，无论在日常运输、转移过程中，还是在挂机飞行、自主飞行阶段，均有遭遇雷电电磁环境的可能，特别是挂机飞行阶段遭遇雷电的可能性更大，相对陆基发射对雷电防护的要求也更加严苛。被动地规避可能发生的雷击，是国内外发射运载火箭时普遍采用的手段。而真正的关键是要将雷电防护设计纳入运载火箭的研制流程！在分析型号自身使用特点、结构特点、可能经历的雷电电磁环境基础上，通过仿真预测、设计指标分解和防护措施设计，实现雷电防护的正向设计，做到心中有数，并最终通过雷电试验对其防护效果进行验证，以达到指标的闭环。

2.3　载荷和力学环境

2.3.1　使用剖面

空中发射运载火箭全寿命周期剖面包括地面使用剖面和空中飞行剖面，图 2-14 和图 2-15 分别给出了火箭典型的地面使用和空中使用流程，具体可分解为交付和贮存、挂机飞行及自主飞行几个主要阶段。

（1）交付和贮存

出厂交付时，火箭以整装或散装状态装入贮运包装箱经陆路（铁路、公路）、空中或海上运输至贮存库。该过程中涉及的环节包括：起吊、停放、陆路、空中或海上运输、转运等。其中，涉及载荷和力学环境相关的动作包括：

起吊、停放：在总装厂或其他场合的转载过程，面临过载环境。

转运、运输：由经公路运输或铁路运输运至转运站，再经公路运输运至贮存库的过程，面临振动、冲击环境。

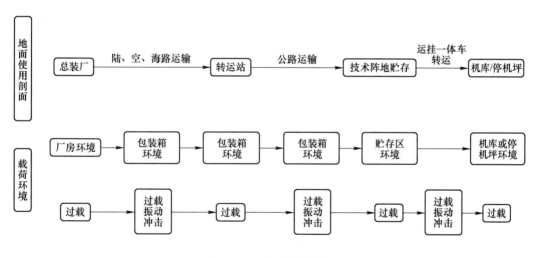

图 2-14　地面使用流程

（2）挂机飞行

该过程中涉及的环节包括：吊挂、待机、起飞、巡航、着陆、卸载、投放等。整个挂机及飞行过程中与载荷和力学环境相关的流程及操作如下：

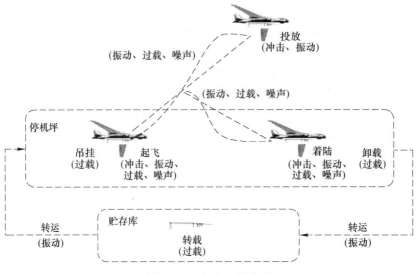

图 2-15　空中使用流程

转载：接到任务命令后，完成火箭的测试，并转载到运挂一体车上的过程，面临过载环境。

转运：由运挂一体车运输至机场停机坪的过程，面临振动、冲击环境。

吊挂：将运载火箭挂装于载机上的过程，面临过载环境。

待机：完成挂机状态自检后，载机在停机坪上等待起飞命令的过程，面临过载环境。

起飞：接到起飞命令后，载机挂箭起飞的过程，面临冲击、振动、过载、噪声等环境。

巡航：运载火箭随载机在空中飞行的过程，面临振动、噪声、过载环境。

着陆：接到返航命令后，载机返航并着陆的过程，面临冲击、振动、过载、噪声等环境。

卸载：载机安全着陆后，运挂一体车卸载的过程，面临过载环境。

转运：运载火箭由运挂一体车运输至贮存库的过程，面临振动、冲击环境。

转载：将运载火箭转载至停放支架上，面临过载环境。

投放：载机在飞行中接到发射命令，完成运载火箭的自检测试、实施发射的过程，面临冲击、振动等环境。

（3）自主飞行

根据飞行时序，与载荷和力学环境相关的动作有：

发动机点火和工作：面临发动机点火冲击、振动、噪声和过载环境。

各级分离：面临级间分离和有效载荷分离的冲击。

对于地面使用流程，空基发射的运载火箭和陆基发射的基本一致，但空中使用流程有较大的不同。国军标给出了详细的翼挂小型火箭的环境设计方法，且通过了若干型号的验证，但其是否适用于翼挂或机腹外挂大型火箭需要进一步验证。在设计初期无相关数据和经验参考时，首选国军标给出的方法，待获得测量数据后，再修订完善载荷环境设计条件。不同挂载方式、不同载机和不同规模的火箭，其挂机环境条件需要不断积累经验、持续研究。

2.3.2　挂机飞行的载荷

陆基发射的运载火箭主要面临的设计载荷是自主飞行阶段的短时间大量级载荷。与陆基发射不同，空中发射的火箭，除了考虑传统意义上的自主飞行阶段的载荷外，还要承受载机起飞、空中机动、着落、滑行以及投放过程中产生的载荷，且规模越大，所经历的载荷可能越严酷。对于火箭的某些舱段，挂飞飞行或着陆时承受的载荷量级有时比自主飞行要大，构成真正的设计条件；而从频次上讲，挂机之后的反复起飞、巡航飞行和着陆过程中的长时间、重复性载荷，也是之前陆基发射火箭没有遇到过的。

根据挂机飞行和投放后自主飞行工况载荷的比较，即可确定火箭各个舱段的设计条件。比如，典型的自主飞行与挂机载荷条件对比如图 2-16 所示。从图中可以看出，火箭各部段的载荷设计工况中，头部载荷的设计工况在自主飞行阶段，而发动机、级间段的设计工况发生在挂机飞行段。

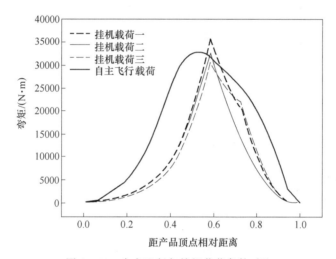

图 2-16　自主飞行与挂机载荷条件对比

在挂机飞行情况下，需要考虑由于载机机动带来的过载条件和飞行过程中突风造成的动载；着陆载荷对于不同的飞机、不同的火箭也有所不同。机载内装式火箭通过载机内部的支撑和导轨固定在机舱，外挂式火箭通过专用挂架或通用挂架挂载于飞机外部（通常为机腹下或机翼下），且为保证分离的同步性，一般为两个吊耳连接。内装式火箭挂飞时由于不直接暴露在来流中，主要承受惯性载荷，载荷的大小与载机的飞行过载、火箭与载机的连接方式有关，但在开舱投放时应考虑由此带来的气动载荷。外挂式火箭除承受惯性载荷之外，还需要承受来自外部来流的气动载荷。通常，外挂式火箭的载荷情况较内装式更加严酷。

由于吊挂点的约束问题，造成火箭前吊点距离火箭实际尖点的距离太大，形成一个较大的悬臂，火箭箭体截面载荷及吊挂点处的集中载荷较以往陆基发射运载火箭就更为恶劣；火箭规模越大，箭体本身的弹性影响越不可忽略。一般情况下，自由状态一阶弹性模态频率在 10Hz 以下，挂机状态下一阶刚体模态频率约 5Hz，在挂机段动态激励的情况下，箭体自身的频率会被激起，在引起不同部位载荷弹性放大的同时，也加重了载荷的重复次数。

　　几个典型挂机飞行和分离投放试验实测过载结果如下：图 2-17 是地面滑跑段所测到的过载曲线。在各种动态激励的情况下，火箭的弹性模态被激起，且箭体头部的过载较箭体质心的过载放大约 3～4 倍。图 2-18 是挂飞过程中典型测点的功率谱密度曲线。对挂机飞行过程中不同时段的过载测量数据进行谱分析，可以看到挂机飞行过程中火箭始终存在较大量级的低频振动，且频率成分主要集中在挂机状态的前几阶频率。

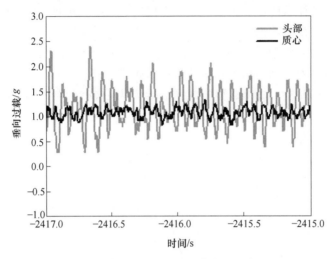

图 2-17　地面滑跑段过载曲线（见彩插）

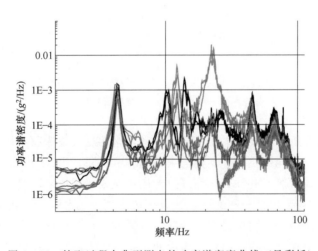

图 2-18　挂飞过程中典型测点的功率谱密度曲线（见彩插）

　　图 2-19 是投放时刻箭体各典型测点的过载曲线，由于脱钩以后约束解除，激起了火箭的低阶弯曲频率，方向主要沿箭体 Y 向，持续时间约 2～3s，量值约 6g。投放引起的冲击脉宽约 10ms。这个纵向的加速度从量值上还是很大的，一般来说有效载荷（如卫星）的设计需考虑承受轴向的加速度，横法向的加速度一般都认为比较小，但从飞马座的实际飞行结果看，有效载荷也不得不承受各个方向的加速度载荷。参考文献 ［16］ 的研究表明，通过较为精细的有限元仿真，选择适当的止动板压紧力，可以在满足止动要求的前提

下将释放时刻引起的法向加速度降低。

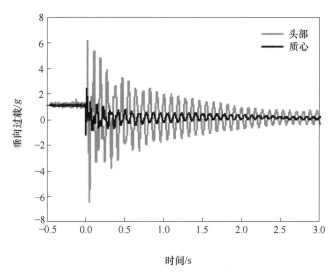

图 2 - 19　投放段过载曲线（见彩插）

　　通常，运载火箭自主飞行载荷可以通过理论分析和试验比较准确地获得。然而，挂机情况下两体流场的准确预测非常困难。除整体的动载荷和动响应外，还需要格外关注外挂引起的局部动载荷和动响应的问题。由于运载器模型和载机模型大小和比例的问题，风洞试验缩比模型尺度小，局部结构细节难以真实模拟，风洞试验也无法给出精确的数据。工程上，常常遇到的问题是舵面非定常气动载荷预示不准的情况。对于外挂火箭，无论是大型或小型，无论是机腹外挂还是机翼外挂，由于载机、火箭结合部位的狭长空间气流的压缩或复杂凸起物，都可能会导致流动分离特性加剧，气流脉动会引起局部动载荷的变化。比如，图 2 - 20 所示是某机腹外挂火箭面临的非定常流场情况，在火箭尾部的非定常气动激励非常显著，可能会导致与局部结构系统发生耦合。

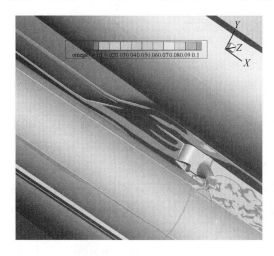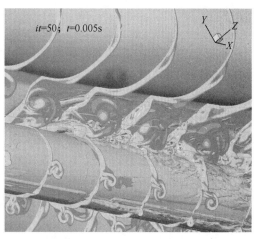

图 2 - 20　挂飞状态非定常流场（见彩插）

2.3.3 疲劳载荷

疲劳载荷也是动载荷的一种，之所以单独把这部分拿出来，是因为空中发射火箭区别于传统陆基发射的火箭，要经历长时间空中挂载、多次起降的重复使用环境。对于大型火箭而言，其一阶弹性模态频率比较低，在挂机过程中可能出现更为恶劣的低频环境，多次重复使用下存在疲劳问题。

空中发射火箭面临的长时间挂飞、多次起降问题，与飞机几万到几十万飞行小时的时间相比，介于传统意义的静强度问题和传统意义的疲劳问题之间。仅依据传统的静强度设计、静力试验进行评价显然是不够的。实践表明，按照静载量级考虑一定的分散系数重复加载不出现问题，不等于在疲劳载荷的作用下依然安全，也就是说静载的反复加载和疲劳载荷不等价。疲劳载荷的量级可能不是很大，但按照疲劳谱加载，试验后的结果有时却出乎意料。图 2-21 所示为某结构的一个金属端框，经静载的有限元分析（有限元对静载下的应力应变分析还是相当准确的），其应力水平并不高，试验之前其材料成分、组织及热处理状态经过确认也未见任何异常。考虑与静载试验同样的分散系数制定疲劳载荷谱，进行疲劳载荷试验后，变截面倒角根部发生开裂，导致疲劳破坏的因素很多，具体可见 3.7 节。

图 2-21 某金属结构疲劳破坏示意

根据 GJB 67.6A—2008《重复载荷、耐久性和损伤容限》，飞机设计使用的疲劳载荷谱具体包含的内容如图 2-22 所示。参考飞机的设计，火箭在进行疲劳载荷设计时，疲劳载荷谱输入条件为载机方提供的火箭质心处疲劳载荷谱。由于载机在提供质心疲劳载荷谱时将火箭视作刚体，因此在转换为箭体各部段疲劳载荷谱时，重点是如何合理地将火箭弹性引起的重复次数和放大倍数计入载荷谱中。考虑箭体弹性的疲劳载荷谱，从本质上仍然是静态疲劳载荷谱。按照 MIL810 中的规定，利用飞行实测的振动响应谱统计作为动态疲劳强度试验考核是必不可少的强度验证项目。因此，针对火箭挂机长时间低频振动的特点，应深入研究使用静态疲劳载荷谱或振动响应谱进行考核的充分性和合理性。

工程研制早期，在缺乏实测数据，且无载机方设计输入疲劳载荷谱的情况下，可以暂时按照参考文献 [17] 中推荐的统计数据和统计方法进行疲劳载荷谱估算，供结构设计参考使用。

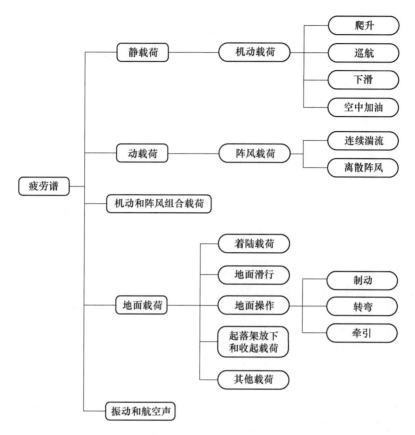

图 2 - 22　重复载荷分类

2.3.4　挂机飞行的力学环境

地面使用阶段、挂机飞行阶段和自主飞行阶段的力学环境包含：随机振动、冲击、噪声和过载。

挂机飞行中的振动环境主要来源包括：喷气发动机噪声、火箭表面的气动湍流、载机和火箭局部气动力等。

挂机飞行中的冲击环境主要包括：载机起飞、投放和着陆，以及挂机飞行中遇到的一些其他冲击激励等。这类冲击的特点是量级低、频率低，但次数多。

挂飞过程中的噪声主要有由地面飞机发动机开机、飞机起飞、挂飞过程中发动机喷流引起的噪声，一般量级较小，这些均应在使用剖面和实际条件制定时加以考虑。

挂飞过程中的过载，主要是飞机机动过程中的加速度。需要根据火箭质心处过载情况进行核算，应覆盖挂机飞行段各工况下火箭各部段最大预示加速度。

在缺乏实测力学环境数据的条件下，可根据火箭所经历的各项力学环境剖面，参考GJB 150A—2009 和其他机载火箭设计经验，制定各项力学环境试验条件。

自主飞行阶段的力学环境的条件制定方法相对比较成熟，这里不再详述。

参 考 文 献

[1] 北半球标准大气（−2～80公里）：GJB 365.1—1987［S］. 北京：国防科学技术工业委员会，1987.

[2] 航空与航天用参考大气（0～80公里）：GJB 366.1—1987［S］. 北京：国防科学技术工业委员会，1987.

[3] 气候极值大气温度极值：HB 5652.1—1981［S］. 北京：第三机械工业部，1981.

[4] 军用飞机大气数据系统通用规范：GJB 1190A—2012［S］. 北京：总装备部军标出版发行部，2012.

[5] 2000 中国大地测量系统：GJB 6304—2008［S］. 北京：国防科学技术工业委员会，2008.

[6] 军用设备气候极值总则：GJB 1172.1—1991［S］. 北京：国防科学技术工业委员会，1991.

[7] 可靠性鉴定和验收试验：GJB 899A—2009［S］. 北京：总装备部军标出版发行部，2009.

[8] 傅耘. 浅析 GJB 150.19 温度湿度高度试验［J］. 环境技术，1999（4）：26 − 30.

[9] 李颖，杨喜存，单军勇. 低温环境试验条件恢复的防凝露问题［J］. 装备环境工程，2013，10（5）：112 − 115.

[10] 程建，刘钰，张瀚文，冯盟蛟，顾伟玲，张珩. 航天组件级单机热循环试验过程防凝露试验技术探讨［J］. 环境试验，2020（6）：26 − 29.

[11] 系统电磁兼容性要求：GJB 1389A—2005［S］. 北京：国防科学技术工业委员会，2005.

[12] 合肥航太物理技术有限公司. 航空器雷电防护技术［M］. 北京：航空工业出版社，2013.

[13] 系统电磁兼容性要求：GJB 3590—1999［S］. 北京：国防科学技术工业委员会，1999.

[14] 运载火箭雷电防护：GJB 1804—1993［S］. 北京：国防科学技术工业委员会，1993.

[15] 军用飞机雷电防护：GJB 2639—1996［S］. 北京：国防科学技术工业委员会，1996.

[16] CARYL L JOHNSON. Determination of drop transient forcing functions for the Pegasus launch Vehicle［R］. AIAA 1994—1703.

[17] 重复载荷、耐久性和损伤容限：GJB 67.6A—2008［S］. 北京：国防科学技术工业委员会，2008.

[18] 军用装备实验室环境试验方法：GJB 150A—2009［S］. 北京：总装备部军标出版发行部，2009.

[19] Technologies for future precision strike missile systems［R］. RTO - EN - 008，2001.

[20] 黄寿康，等. 流体动力·弹道·载荷·环境［M］. 北京：宇航出版社，1991.

第3章　载机约束下总体设计

空中发射运载火箭是航空技术和航天技术的结合，因而空中发射运载火箭有其特殊性。载机的强约束和安全性是首先要考虑的问题。受到载机平台和发射方式的限制，挂载的尺寸、规模、质量、气动外形、火箭质心和挂载位置关系都是必须要考虑的约束条件。运载火箭挂载飞行过程中，外挂火箭与载机气动特性的相互耦合，与外部力、热、电磁环境的相互影响，反复多次起降与长时间外挂可能带来的疲劳问题，是空中发射最显著的特点。在投放时，要考虑运载火箭与载机分离过程的稳定性及安全性，以及分离对运载火箭与载机气动特性的影响；投放后，由于火箭是在一定高度和速度下水平点火后大攻角拉起，其弹道设计与地面发射的火箭不同，火箭的结构特性、气动特性、发动机内弹道特性与火箭弹道特性紧密耦合，需要用系统工程的方法综合权衡，找出工程上的可行解。

3.1　载机挂载约束

3.1.1　组合体质量、质心设计

空中发射运载火箭系统的研制，需考虑机载最大起飞质量和最大着陆质量的约束。载机-火箭组合体起飞质量应不超过最大起飞质量的限制，带载着陆状态也要满足最大着陆质量的约束条件。某载机最大起飞、着陆质量的构成见表3-1。

表 3-1　某载机最大起飞、着陆质量构成

空机质量		(1)
可用挂载质量		(2)——火箭质量
基本装载	机组	(3)
	滑油	(4)
	液氧	(5)
	测试设备	(6)
载油量（含余油）		(7)
最大着陆质量		(1) ＋ (2) ＋ (3) ＋ (4) ＋ (5) ＋ (6) ＋余油
最大起飞质量		(1) ＋ (2) ＋ (3) ＋ (4) ＋ (5) ＋ (6) ＋ (7)

根据燃油消耗顺序，可以计算出组合体在整个飞行过程中质心的变化，如图3-1和图3-2所示。从图中可以看出，载机-火箭组合体满载起飞正常实施发射或带箭着陆情况下，质心变化满足原载机飞机的质心变化范围要求（该型载机质心变化要求在18.4%～32.3%的平均气动弦的范围内）。

3.1.2　几何相容性

外部吊挂式通常将火箭挂在载机机腹下部或飞机机翼下，火箭挂机后需保证载机在静止时的安全性，也要考虑载机-火箭组合体起飞、着陆最大迎角条件下，以及载机爆胎等极限情况下的安全性，如图 3 - 3 所示。按照 GJB 479—1988《机载悬挂物的地面适配及相容性试验程序》的要求：

"无论飞机处于静止、起飞或着陆姿态，任何瘪轮和支柱全压缩的最坏情况下，最小地面间隙应不小于 75 mm，使用阻拦钢索着陆的飞机，此间隙不应小于 150 mm，对于设计在粗糙地面起落的飞机为 150 mm。对于直升机，当其以最大允许总重处于静止状态时，要求飞机与地面之间具有最小 150 mm 间隙。"

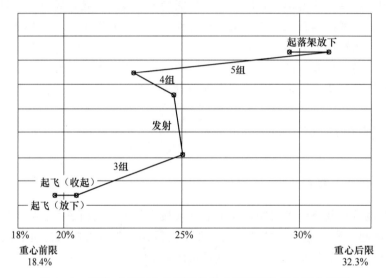

图 3 - 1　载机-火箭组合体正常发射火箭前后的质心变化范围

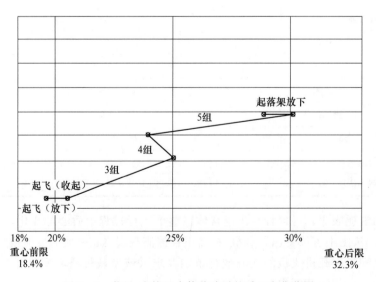

图 3 - 2　载机-火箭组合体着陆时的质心变化范围

在保证几何相容性的同时，设计方案应尽可能保证飞机携火箭着陆时，其着陆迎角与原载机的着陆迎角基本相同。这样做的目的是使得载机携火箭返航时，飞机的着陆接地速度、着陆时起落架所受的撞击载荷、着陆滑跑距离等参数与原载机以最大着陆质量着陆时的参数基本一样，尽可能不对飞行员的驾驶技术和载机的着陆系统提出其他特殊要求。这个要求对内装式和背驼式发射火箭同样适用。

根据上述要求，若进行机腹挂箭，根据机腹离地面高度和载机要求的最大包络，可以选择合适的箭体规模，以同时满足运载能力需求和挂机约束的要求。

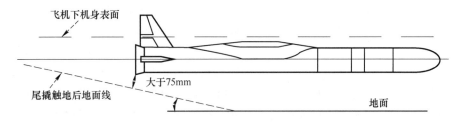

图 3-3　载机-火箭组合体离地间隙示意图

3.1.3　机箭接口

载机和运载火箭的接口主要涉及机械和电气接口。机箭接口的设计一般参照 GJB 1C—2006《机载悬挂物和悬挂装置接合部位的通用设计准则》、GJB 1188A—1999《飞机/悬挂物电气连接系统接口要求》、GJB 5279—2004《飞机与悬挂装置/悬挂物流体接口通用要求》，按照 GJB 1063A《机载悬挂装置试验方法》进行相应的试验验证，以确认满足载机的机械接口和电气接口要求。

由于运载火箭规模较大，外挂时一般不采用滑轨式，而采用吊耳式。按照 GJB 1C—2006《机载悬挂物和悬挂装置接合部位的通用设计准则》规定，其悬挂物质量分为五级，对应最高一级的承重范围不小于 5700kg，吊距最大 1420mm，见表 3-2。一般要求火箭的质心位于两个吊耳连接线的中心位置，以保证投放时火箭的姿态和载机的安全，具体的要求应与载机协调确定。原则上，应采用标准规定的挂架，但若运载火箭的质量超过一定范围，应考虑设计专门的挂架，后续应及时补充修订和完善相关标准。特殊的情况下可考虑辅助支撑，为火箭减重、降载设计创造更好的环境条件。随着技术的发展，也应研发其他新型的吊挂投放方案。

表 3-2　吊耳式悬挂物的质量级与吊耳配置

质量级	质量范围/kg	吊耳数	吊耳间距/mm
Ⅰ	10～50	2	355.6
Ⅱ	51～700	2	355.6 或 762
Ⅲ	701～1600	2	762
Ⅳ	1601～5700	(2)	762 或 1420
Ⅴ	＞5700	(2)	762 或 1420

注：括号内数据供参考。

GJB 1188A—1999《飞机/悬挂物电气连接系统接口要求》规定了载机与火箭的电气接口。由于标准制定得相对较早，出于技术的发展和新型号研制的需要，可能有增加相应供电及信息传递芯线的情况，应及时修订标准，补充相应需求。总的原则是，载机与火箭电气连接的连接器数量和单个连接器芯线数量尽可能少，以简化操作、提高可靠性，减少投放时的干扰。为满足特殊环境的需要，如抗强电磁脉冲，电连接器的选型及电缆应满足相关要求。电连接器的布置一般应在前吊耳、后吊耳之间，最终位置根据实际结构约束与载机协调确定。电连接器的使用次数也应有相关要求并确保满足。由于挂机后载机和火箭之间的空间狭小，插接是否到位的标识也要格外明晰。电连接器在箭上的安装，其紧固件的安装方式、材料、规格的选择应与反复接插使用的次数以及需要使用的工具相匹配。

火箭投放前的供电由载机提供。原则上应按照国军标规定的供电品质为火箭供电，目前可参照的是 GJB 181—1986《飞机供电特性及对用电设备的要求》。由于行业的传统习惯和标准规范要求不一致，直接按照上述国军标的供电要求，运载火箭电气系统的设计是无法适应的。为满足自身用电品质的要求，就必须要在载机和火箭之间设计一个电源变换装置，电源变换装置的输入为载机按照国军标提供供电，其输出要满足火箭用电功率和品质的需求。作为空中发射可重复使用的"零"级，从经济性、可重复使用和维修性等方面考虑，电源变换装置可以安装在载机上以与载机供电电源适配，若火箭的运载能力、空间尺寸允许，也可以放置在火箭上。

3.1.4 关于带飞时间和反复起降次数

空中发射的火箭必须经历和适应载机可能的长时间带飞和反复起降，由此带给火箭的影响也是多方面的，在设计上要考虑全面，试验条件上要覆盖，分析验证要充分。

（1）对导航精度的影响

挂飞时间增加，采用惯性导航模式的载机导航精度将会变得恶劣，从而使火箭面临更恶劣的初始导航误差，进而影响火箭最终的精度指标要求。载机能够保持导航精度的最长时间，是载机惯性导航系统水平的反映，有条件的情况下可进行卫星或天文导航的修正。

（2）环境适应性和可靠性

长时间带飞和反复起降最直接的影响反映在火箭各系统对长时间的低温、高低温交变的温度环境，以及对挂飞低频振动力学环境的适应性和在这些环境下的工作可靠性，对产品寿命的影响下一节再讨论。

根据需要经历的温度环境，箭上设备、材料的选择就要考虑适应长时间外挂低温环境温度的要求。比如，对温度环境比较敏感的有效载荷，需要设计相应的温控系统；对于不能满足低温使用要求或在低温下特性不满足要求的液体发动机，也应采取主动加温或被动隔热的温控措施；箭上电气单机设备可能需要采取更严格的元器件温度筛选或在载机起飞前提前加电等措施。

对于采用的各种结构、壳体材料、推进剂、绝热层、粘接界面力学性能也应进行测试试验，确保安全可靠。比如，常用的 D406A 钢低温力学性能见表 3-3。从表中可以看出，D406A 钢在 −71℃ 下的力学性能，相比 −55℃，延伸率有所下降，强度性能略有提高。

火箭采用的固体发动机在长时间带飞和反复起降的使用过程中会面临冷热循环、热冲击、振动、湿度变化等各种形式的恶劣环境，对其结构完整性是很大的考验。由于装药与壳体的热膨胀系数相差很大，低温载荷以及多次起降引起的低温、高温循环变化，会在药柱内部发生热应变而产生裂纹，热应力和应变造成的结构完整性问题可能会由于温度的循环变化、持续加载而恶化，进而导致结构破坏。需要加强这类循环热载荷对发动机药柱结构的影响以及损伤机理的基础性研究，并积累相关数据。

表 3-3　钢材料低温力学性能

材料	试件子样	−71℃			−55℃		
		σ_b/MPa	$\sigma_{0.2}$/MPa	δ（%）	σ_b/MPa	$\sigma_{0.2}$/MPa	δ（%）
30Si2CrMnMoVE（D406A 钢）	1	1846.58	1600.62	6.46	1889.68	1605.63	7.58
	2	1902.11	1597.81	7.24	1870.70	1584.77	8.04
	3	1920.59	1681.26	8.80	1872.27	1596.78	9.05
	4	1903.32	1720.85	8.52	1885.53	1644.26	8.71
	5	1894.19	1573.61	8.58	1891.43	1647.24	7.81
	平均值	1893.36	1634.83	7.92	1881.92	1615.74	8.24

采用固体发动机时，固体发动机的柔性接头材料选择、推进剂装药本身的低温环境适应性均需充分考虑并进行相关的分析、试验验证。为满足运载能力的要求，给固体发动机提出了高装填比和高装填药型结构设计的要求，同时要求发动机经历恶劣挂飞环境条件后可靠点火，这对推进剂性能和药柱完整性设计提出了很高的要求。需要特别关注高装填比药柱在经历长时间低温后应力、应变的水平，开展相应的优化设计、数值计算和试验研究。

载机最长留空时间直接影响发动机的性能及偏差。长时间低温环境，使得固体发动机低温情况下的内弹道参数相比标温状态发生较大的变化。长时间低温条件使得固体发动机低温下的推力显著减小，工作时间显著增长，内弹道特性发生的变化将对火箭运载能力造成较大影响。同时，不同投放条件和射程条件下的偏差弹道和攻摆角数据也将进行相应调整，姿控网络设计也要适应不同内弹道参数和极限偏差等情况，相应地也带来火箭自主飞行阶段载荷和热环境的变化。

对不同工况下燃烧室药柱的温度场、应变场的仿真计算表明，挂飞时长增加对燃烧室温度、应力应变的影响最为显著，温度和应变变化幅度更大。药柱靠近壳体的外表面温度变化最为剧烈，越靠近药柱内部，温度变化幅度越小。挂飞时间越长，循环次数越多，药柱整体温度越低，药柱的应力水平越高，应变越大。根据仿真分析结果，在−55℃条件下经历长时间的挂机飞行后，发动机内孔应力为常温挂机飞行的几倍。对比不同部位的温度曲线以及药柱内孔的应力、应变曲线发现，随着循环次数增加，各变量都有所增大，当循环达到一定次数后，各变量都逐渐趋于稳定，在一定范围内呈周期性波动。

低温情况下需关注伺服能力和低温下负载力矩的匹配问题。低温情况下固体发动机摆动喷管的负载力矩增大。特别是柔性喷管，其非金属橡胶材料的低温特性与常温特性有较大差异。低温下伺服作动器传动机构摩擦力矩也会增大，低温下的伺服位置特性、暂态特性也会发生变化。伺服作动器的传动机构中的滚珠丝杠、齿轮减速器等均采用金属材质，滚珠丝杠通过增大钢球直径减小间隙实现预紧，常温下滚珠和滚道之间为微量过盈配合；在低温下由于热胀冷缩作用，滚珠丝杠的滚珠和滚道之间的过盈量会变大，使得丝杠预紧力矩增大，从而导致作动器传动机构摩擦力矩增大，作动器运动所需的伺服电机输出力矩相应增大。低温环境下轴承钢 GCr15 摩擦副的性能研究表明，由于低温下材料剪切强度增大，粘着力升高导致摩擦系数增大。GCr15 - DLC 镀膜和 GCr15 - GCr15 两种摩擦副的摩擦系数均随着温度的降低而增大，如图 3 - 4 所示。

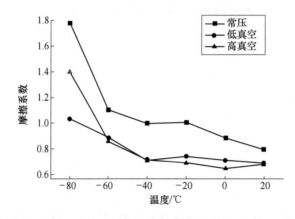

图 3 - 4　不同气压下 GCr15 摩擦副摩擦系数随温度变化曲线

　　低温情况下润滑脂的性能也会下降。机电作动器轴承和传动机构使用低温润滑脂进行润滑，若润滑脂在低温下特性变差，会增加作动器的摩擦力矩。低温转矩是衡量润滑脂低温性能的重要指标。低温条件下转矩越小，低温转矩性能越好。如长城公司 7112 润滑脂，使用温度范围为 -70～180℃，其启动转矩随温度变化情况如图 3 - 5 所示，温度越低，启动转矩越大。

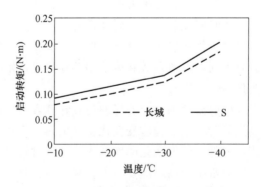

图 3 - 5　润滑脂的启动转矩随温度变化曲线

　　（3）对使用寿命的影响

　　挂飞时间和反复起降次数可以衡量空基外挂火箭的能力，既可反映火箭的挂飞可靠性指标，也可反映火箭的寿命指标。火箭的挂飞可靠性是由一次带飞时间×挂飞次数所得的总时间内可修复故障发生的频次决定，故障发生的频次越低，火箭挂飞的可靠性就越高；而火箭挂飞寿命是由一次带飞时间×挂飞次数所得的总时间内第一次不可修复故障发生的时间决定。小型空基外挂飞行器的挂飞寿命通常是依靠挂飞耐久试验、电气产品的加电试验和落振冲击试验来评估。

空基外挂火箭在静态贮存状态上叠加了频繁的机动、运输、挂飞、加电的使用状态和低温、振动、高低温交变等多种环境。如果把贮存寿命和挂飞寿命结合起来，使用寿命问题的回答就更复杂了。我们面临的一个问题是，一个新交付产品和另一个已经接近贮存年限但没有经历过一次挂飞的产品，这两个产品的挂飞寿命是一样的吗？要回答这个问题，我们可以参照飞机研制的思路，引入日历寿命的概念。

日历寿命指的是从产品交付之日到产品退出服役的日历时间。在此日历时间内产品可能会经历贮存、运输、使用等多种状态。空基外挂火箭在日历寿命内的状态更为复杂，不仅包括库房贮存，还包括了运输、挂机飞行、反复起降等使用状态。研究表明，每个不同的使用历程都会对挂飞寿命、可靠性和最终的使用寿命产生影响，应在装备日历中进一步分解出不同状态下寿命指标，某种状态累积时间达到了该状态寿命，就应进行维修和延寿工作。军用和民用飞机在日历寿命指标研究方面经过多年积累，已经形成了一套相对完备的评价体系。

对运载火箭来说，贮存寿命的技术研究较多，陆基发射火箭在这方面积累了大量的成果。但是空中发射运载火箭的日历寿命概念还不明确，日历寿命指标的试验验证及其评价也没有系统的方法，难以指导用户的使用、维修和维护。GJB 1305《固体战略导弹贮存试验规程》要求的贮存寿命计算模型，考虑了电子设备的指数分布模型，计算结果与贮存寿命可靠度、置信度相耦合。在实际工程实践中发现，相比于固体发动机、火工品、非金属结构件或密封件，电子产品往往不是最先到寿命的产品，导致这种方法给出的寿命与产品的实际寿命相差较大，且与可靠度、置信度耦合在一起的贮存寿命结果也较为复杂，不利于工程应用。

空基外挂火箭日历寿命的评估可以考虑如下的思路，如图 3-6 所示。日历寿命指标与累积贮存时间、累积加电时间和累积挂飞时间及次数直接相关。针对空基外挂火箭日历寿命指标体系的各组成部分，以单机到全系统"自下而上"进行日历寿命分析与试验验证，采用"多工况环境综合＋单项最大约束"的综合模型，把单机的寿命数据向全系统进行综合，在一定置信度水平下给出日历寿命评估，从而为空基外挂火箭日历寿命的鉴定提供依据。

具体分以下几个步骤：

1) 根据空基外挂火箭的全寿命周期剖面，统计分析全寿命期剖面中的各类事件，确定日历寿命指标中累积贮存时间、累积加电时间、累积挂飞时间及挂飞次数等的分析与验证的对象。

2) 采用各单机到全系统"自下而上"积木式验证分析与试验方法。单机开展加速贮存试验或自然贮存试验得到贮存寿命信息，开展挂飞耐久试验得到挂飞寿命信息，在试验过程中通电得到产品通电寿命信息，同步开展全箭挂飞试验。不同类型单机产品日历寿命特征量不同，其验证方法见表 3-4。

如果受试产品发生责任故障，则对所发现的寿命薄弱环节进行改进（或采取相应的使用维护措施），直到全箭通过日历寿命验证。

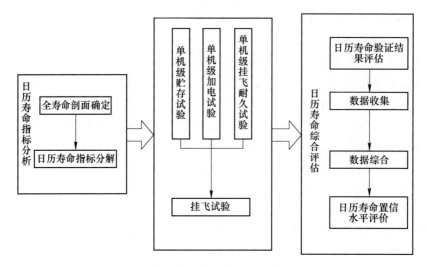

图 3 - 6　空中发射运载火箭日历寿命评估方法

表 3 - 4　不同产品、寿命特征量及验证方法

	单机产品类别			验证方法	验证准则
	电子电气类	结构机构类	动力火工类		
累积贮存时间	√	√	√	自然贮存试验 加速贮存试验	不发生责任 故障或有相 应的使用维 护措施
累积挂飞时间	√	√	√	挂飞耐久试验 实际挂飞试验	
累积挂飞次数		√			
累积通电时间	√			通电验证	

电子电气类单机的日历寿命特征量：累积贮存时间、累积挂飞时间、累积加电时间；

结构机构类单机的日历寿命特征量：累积贮存时间、累积挂飞时间、累积挂飞次数；

动力火工类单机的日历寿命特征量：累积贮存时间、累积挂飞时间。

单机累积贮存时间通过自然贮存试验或加速贮存试验验证；

单机累积挂飞时间、挂飞次数通过挂飞耐久试验和挂飞试验验证；

单机累积加电时间通过在上述试验中通电进行验证。

3）采用"多工况环境综合＋单项最大约束"的模型综合，把单机的寿命数据向火箭系统进行综合，单项最大约束综合模型为：

全箭日历寿命指标各组成部分寿命为 T，其评估值为 $\hat{T}$，则有

$$\hat{T} = \min(t_1, t_2, \cdots t_i) \tag{3-1}$$

式中　t_i ——第 i 个产品的日历寿命指标对应组成部分的评估值。

具体对于空基外挂火箭而言

$$\hat{T}_{贮存} = \min(t_{1贮存}, t_{2贮存}, \cdots, t_{i贮存}) \tag{3-1a}$$

$$\hat{T}_{挂飞} = \min(t_{1挂飞}, t_{2挂飞}, \cdots, t_{i挂飞}) \tag{3-1b}$$

$$\hat{T}_{加电} = \min(t_{1加电}, t_{2加电}, \cdots, t_{i加电}) \tag{3-1c}$$

式中 $\hat{T}_{贮存}$ ——全箭贮存寿命评估值；

$\hat{T}_{挂飞}$ ——全箭挂飞寿命评估值；

$\hat{T}_{加电}$ ——全箭加电寿命评估值；

$t_{i贮存}$ ——第 i 个产品的贮存寿命评估值；

$t_{i挂飞}$ ——第 i 个产品的挂飞寿命评估值；

$t_{i加电}$ ——第 i 个产品的加电寿命评估值。

工程上将全箭的日历寿命近似为

$$\hat{T}_{日历} = \max(\hat{T}_{贮存}, \ \hat{T}_{挂飞}, \ \hat{T}_{加电}) \tag{3-2}$$

式中 $\hat{T}_{日历}$ ——全箭日历寿命的评估值。

其余未取到最大值的部分构成日历寿命期内的约束项。日历寿命置信概率由多工况环境折算因子模型确定，考虑日历寿命累积损伤效应，计算日历寿命时间为 t 时的置信度水平为

$$\alpha(t) = \exp\left(\cfrac{-t}{\hat{T}_{贮存} + \cfrac{\lambda_{挂飞}}{\lambda_{贮存}}\hat{T}_{挂飞} + \cfrac{\lambda_{加电}}{\lambda_{贮存}}\hat{T}_{加电}}\right) \tag{3-3}$$

式中 α ——置信水平；

$\lambda_{贮存}$ ——火箭系统在贮存条件下失效率；

$\lambda_{加电}$ ——火箭系统在加电条件下失效率；

$\lambda_{挂飞}$ ——火箭系统在挂飞条件下的失效率。

火箭系统在各种条件下的失效率可以根据 GJB/Z 108A—2006《电子设备非工作状态可靠性预计手册》和 GJB/Z 299C—2006《电子设备可靠性预计手册》预计获得。

以上空基外挂火箭日历寿命评估方法，可以对复杂环境剖面下的日历寿命进行评估。采用环境综合因子模型，将贮存、加电和挂飞条件下的各类数据归一化为日历时间，从而可以针对不同环境下全箭日历寿命进行综合评估，解决原有评估模型缺乏多种应力交互作用考核的缺陷，体现了贮存寿命和挂飞寿命、挂飞次数、通电时间的交互性，在一定程度上回答了不同贮存期后产品不同挂飞使用的寿命问题。

3.2 火箭总体规模

3.2.1 火箭级数的选择

多级运载火箭的最佳级数，是在运载火箭有效载荷和期望能力分析的基础上确定的。在有效载荷一定和起飞质量相同的情况下，多级火箭比单级火箭可以达到更远的射程。或者说，在射程相同和有效载荷质量相同的情况下，多级火箭的起飞质量要比单级火箭小。回头再看之前我们提到的火箭的质点动力学方程

$$\frac{\mathrm{d}V}{\mathrm{d}t} = \frac{F}{m} - \frac{D}{m} - g\sin\theta \tag{3-4}$$

其中，$F = P - S_e p_a$ 是运载火箭发动机所提供的推力，P 是发动机的真空推力，p_a 为飞行时刻的当地大气压强，S_e 为发动机喷管出口面积。于是，火箭关机点的速度

$$V_k = V_0 + \int_0^{t_k} \frac{F}{m} \mathrm{d}t - \int_0^{t_k} \frac{D}{m} \mathrm{d}t - \int_0^{t_k} g \sin\theta \, \mathrm{d}t \qquad (3-5)$$

即

$$V_k = V_0 + V - \Delta V_a - \Delta V_g \qquad (3-6)$$

式中　t_k——关机点时间；

　　　V_0——载机提供的初速；

　　　V——关机点的理想速度；

　　　ΔV_a——阻力导致的速度损失；

　　　ΔV_g——重力导致的速度损失。

根据齐奥尔科夫斯基的多级火箭理想速度公式，火箭关机点的理想速度 V 为：

$$V = \sum_{i=1}^{n} I_{si} \cdot \ln \frac{m_{0i}}{m_{ki}} \qquad (3-7)$$

式中　n——火箭的级数；

　　　I_{si}——第 i 级火箭发动机的真空比冲；

　　　m_{0i}——火箭第 i 级的起飞质量（即第 i 级点火时火箭的质量）；

　　　m_{ki}——火箭第 i 级停火时的质量。

注意，m_{0i} 和 m_{ki} 的差值就是火箭第 i 级的推进剂质量 m_{pi}

$$m_{pi} = m_{0i} - m_{ki} \qquad (3-8)$$

定义 $\mu_{ki} = \dfrac{m_{pi}}{m_{0i}}$ 为火箭第 i 级有效推进剂质量比，则理想速度公式变成

$$V = \sum_{i=1}^{n} I_{si} \cdot \ln\left(\frac{1}{1-\mu_{ki}}\right) \qquad (3-9)$$

图 3-7 给出了运载火箭级间比相关定义图示。

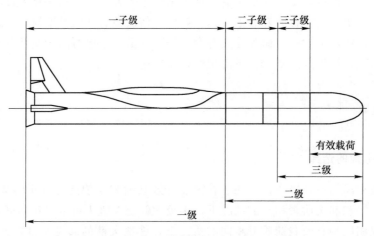

图 3-7　运载火箭级间比相关定义示意图

根据多级运载火箭的起飞质量表达式

$$m_{01} = m_N + \sum_{i=1}^{n} m_{ei} + m_{pi} + m_{si} \qquad (3-10)$$

式中　m_N——有效载荷的质量；

　　　m_{ei}——火箭第 i 子级发动机的结构质量；

　　　m_{pi}——火箭第 i 子级发动机的推进剂量；

　　　m_{si}——火箭第 i 子级级间段（含尾段）质量。

引入第 i 子级发动机的结构质量系数 k_i 和第 i 级火箭的结构质量系数 N_i

$$k_i = \frac{m_{ei}}{m_{pi}} \qquad (3-11)$$

$$N_i = \frac{m_{si}}{m_{0i}} \qquad (3-12)$$

可以得到

$$m_{01} = \frac{m_N}{\prod[1-N_i-(1+k_i)\mu_{ki}]} \qquad (3-13)$$

各级级间比

$$\mu_{ki} = \frac{1-N_i}{1+K_i} - \frac{m_{0(i+1)}}{(1+K_i)m_{0i}} \qquad (3-14)$$

空中发射的运载火箭，由于受载机的约束，最大起飞质量基本上被限定了。根据轨道能力需求和有效载荷的要求，火箭级数多时起飞质量可以比较小，但系统的组成会复杂，可靠性降低，工程上的可实现性变差。从这个角度讲，级数也不能太多。初步设计时，可利用上面的这些公式，进行级数的选择和估计火箭各级质量的分配。

3.2.2　火箭直径的选择

选择确定直径的原则是在满足挂机使用要求的同时，使火箭运载能力最大，起飞质量最小。通过设计参数的优化，确定最佳的直径和长细比。在有效载荷、箭载控制仪器设备质量、发动机比冲与质量比等相同的情况下，直径愈小速度损失愈小。运载火箭直径增加会引起空气阻力增加，从而导致火箭飞行速度的损失。图 3-8 所示是考虑第一、二级发动机直径变化引起的速度损失，第三级一般在大气层外飞行，影响很小。一般来说，长度和直径之比（长细比）取 9～14 比较合适。

选择发动机直径还受到其他一些条件的限制，例如已有的研究成果、制造厂的工艺装备条件、公路和铁路运输时的各种限制条件等。采用固体发动机，也要尽可能接近固体发动机燃烧室的最佳长细比 λ_{opt} 要求和满足 GJB 1025A—2020《固体火箭发动机直径系列》的要求。固体发动机燃烧室的最佳长细比可参照以下范围：

1）Ⅰ级发动机 $\lambda_{opt} = 4～5$；

2）Ⅱ级发动机 $\lambda_{opt} = 2.5～3.5$；

3）Ⅲ级发动机 $\lambda_{opt} = 1.5～2.5$。

一般设计之初，选择中间值即可，即Ⅰ级、Ⅱ级和Ⅲ级发动机的装药长细比分别为 $\lambda_{opt} = 4.5、3.0、2.0$。

空中发射的火箭为了满足投放时刻静稳定性的要求，一般配有尾翼或尾舵，使得整体压心后移，以改变静稳定性。根据挂机约束条件和火箭的总体要求，需要对尾翼和尾舵的配置、平面形状、翼型、尺寸和安装形式进行选择。

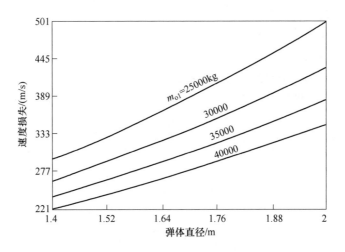

图 3-8　速度损失随发动机直径的变化

在级数、直径确定之后，配上仪器舱、级间过渡段和尾段等就构成运载火箭的基本外形。这些舱段外形尺寸的确定，要在满足气动特性要求和仪器设备安装的前提下，尽可能缩短尺寸，以减小火箭的规模，或者在火箭尺寸一定的条件下，增加发动机装药量，使得起飞质量最小或运载能力最大。

仪器舱、过渡段等的长度要选择适当，使其半锥角不能太大，一般不大于 15°。大半锥角会引起激波振荡而产生很大的脉动压力，从而可能引起结构抖振效应，造成结构破坏或箭上仪器设备失灵。

3.2.3　飞行弹道的定性讨论

下面我们从定性的角度对运载火箭空中水平投放、大攻角快速拉起的运动情况进行讨论。

火箭在飞行中的受力情况如图 3-9 所示。在讨论时做以下几点假设：

1）重力场为恒定加速度下的平行力场，不考虑地球自转影响；

2）仅考虑火箭在发射坐标系的 $o-xy$ 平面内的运动，ox 轴在当地水平面内，oy 轴垂直于 ox 轴竖直向上。

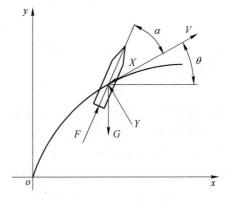

图 3-9　飞行受力示意图

在上述条件基础上，考虑飞行攻角 α 的影响，将式（3-4）进行修正，并将方程投影到发射系纵向平面的两个方向上，得到

$$
\begin{cases}
x = \displaystyle\int V_x \, \mathrm{d}t \\[2mm]
V_x = \displaystyle\int a_x \, \mathrm{d}t \\[2mm]
a_x = \dfrac{F \cdot \cos(\theta + \alpha) - X \cdot \cos\theta - Y \cdot \sin\theta}{m}
\end{cases}
\tag{3-15}
$$

$$\begin{cases} y = \int V_y \, \mathrm{d}t \\[2mm] V_y = \int a_y \, \mathrm{d}t \\[2mm] a_y = \dfrac{F \cdot \sin(\theta + \alpha) - X \cdot \sin\theta + Y \cdot \cos\theta}{m} - g \end{cases} \tag{3-16}$$

式中　　x、V_x、a_x——火箭在发射系 ox 方向上的位移、速度和加速度；

$\quad\quad\quad$ y、V_y、a_y——火箭在发射系 oy 方向上的位移、速度和加速度；

$\quad\quad\quad\quad\quad$ t——飞行时间。

方程组（3-15）表示火箭在发射系 ox 方向上的运动，方程组（3-16）表示火箭在发射系 oy 方向上的运动。

气动阻力 X 和气动升力 Y 由式（3-17）和式（3-18）表示，弹道倾角可由式（3-19）计算获得。

$$X = \frac{1}{2}\rho V^2 S \cdot (C_{xi} + C_{x0}) \tag{3-17}$$

$$Y = \frac{1}{2}\rho V^2 S \cdot (C_y^\alpha \cdot \alpha) \tag{3-18}$$

$$\tan\theta = \frac{V_y}{V_x} \tag{3-19}$$

于是，式（3-15）和式（3-16）中的 a_x 和 a_y 可以重新表示为

$$a_x = \frac{V_x}{mV}\left[F\cos\alpha - \frac{1}{2}\rho V^2 S \cdot (C_{xi} + C_{x0})\right] - \frac{V_y}{mV}\left[F\sin\alpha + \frac{1}{2}\rho V^2 S \cdot C_y^\alpha \cdot \alpha\right]$$
$$\tag{3-20}$$

$$a_y = \frac{V_x}{mV}\left[F\sin\alpha + \frac{1}{2}\rho V^2 S \cdot C_y^\alpha \cdot \alpha\right] + \frac{V_y}{mV}\left[F\cos\alpha - \frac{1}{2}\rho V^2 S \cdot (C_{xi} + C_{x0})\right] - g$$
$$\tag{3-21}$$

式中　　ρ——大气密度；

$\quad\quad\quad$ S——气动特征面积；

$\quad\quad\quad$ C_{xi}——诱导阻力系数；

$\quad\quad\quad$ C_{x0}——零升阻力系数；

$\quad\quad\quad$ C_y^α——升力系数对攻角 α 的导数。

进一步令 A 和 B 分别为

$$A = F\cos\alpha - \frac{1}{2}\rho V^2 S \cdot (C_{xi} + C_{x0}) \tag{3-22}$$

$$B = F\sin\alpha + \frac{1}{2}\rho V^2 S \cdot C_y^\alpha \cdot \alpha \tag{3-23}$$

则沿 ox 和 oy 两个方向的加速度可简化表示为

$$\frac{\mathrm{d}V_x}{\mathrm{d}t} = a_x = \frac{A}{mV} \cdot V_x - \frac{B}{mV} \cdot V_y \tag{3-24}$$

$$\frac{\mathrm{d}V_y}{\mathrm{d}t} = a_y = \frac{B}{mV} \cdot V_x + \frac{A}{mV} \cdot V_y - g \tag{3-25}$$

火箭水平投放后，自主飞行开始时的初始条件近似为：

1）$a_x = 0$，V_x 为投放时飞机的速度；

2）$a_y = -g$，$V_y = 0$。

通过 a_x 和 a_y 的设计，实现入轨点某一高度下的水平飞行，此时火箭运动的终端条件是：

3）V_x 为入轨点的速度；

4）$a_y = 0$，$V_y = 0$。

自主飞行段速度 V_x、V_y 和加速度 a_x、a_y 变化曲线如图 3 - 10 所示（未考虑级间无动力滑行的因素）。a_x 和 a_y 的设计是通过推力 F 和攻角 α 的形式决定的。因此，这个问题可以描述为：在终端时间 t 不受约束的情况下，在规模基本确定、同时满足初始条件和终端约束条件下，如何选择推力程序 F 和攻角 α，使得终端的 V_x 最大。从物理意义来看最优解应该是存在的，同时在设计初期，这样的近似估计也

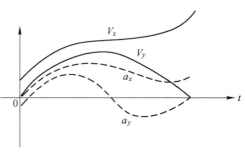

图 3 - 10　自主飞行段速度 V_x、V_y 和
加速度 a_x、a_y 变化示意

是有意义的。实施上，可以采用最优化的方法，也可以用直接或间接的参数寻优方法，具体可以学习参考文献 [14]。

3.3　投放分离和安全性

分离设计是运载火箭总体设计的关键技术。空中发射涉及投放时载机和火箭的分离，以及投放后火箭自主飞过程中各级的级间分离和有效载荷的分离。机箭分离是指载机发出投放指令后，火箭离架（对于内装式为出舱）、脱机至火箭最大包络脱离机身的过程，这个过程直接关系到载机的安全性。空中发射运载火箭要选择安全、可靠、易于控制、易于实现同时又快速、经济的投放分离方案，以确保挂飞过程的稳定飞行及箭机分离时不发生碰撞。尽管背负式、吊挂式和内装式在机箭分离时各自关注的重点有所不同，但核心都是确保分离安全、可靠。载机和火箭分离与投放条件、载机-火箭组合体的气动特性以及在扰流区内火箭气动数据的准确性直接相关，也与机箭的机械、电气接口匹配性相关。机箭分离造成的偏差也直接影响投放后火箭自身的起控。

3.3.1　分离设计六要素

多级运载火箭飞行过程的分离设计应关注结构安装、分离装置、时序判据、稳定控制、环境条件和活动物控制六个要素（也称分离设计六要素）。在载机和火箭投放分离的设计上，同样也要关注这六个方面的要素。

（1）结构安装

火箭挂机过程中要保证自身结构可靠承载，箭机之间留有足够的间隙，确保在分离运动过程中箭机能够安全分离。

（2）分离装置

分离装置设计上应按照相应的国军标满足设计裕度和可靠性要求。火工品的选型和安

全性应满足 GJB 357—1987《空—空火箭最低安全要求》和 GJB 4377—2002《弹药、火箭用火工品安全性要求》等要求。若考虑核环境下的使用要求，还应参照 GJB 3743—1999《飞机在核环境下安全使用要求》执行。

（3）时序判据

分离时序和判据的合理性，既影响分离的安全，同时也影响分离之后载机、火箭的运动和姿态稳定。分离过程中火箭的起控时间和发动机点火时间越早，对运载能力的发挥越有利。但由于火箭起控时尚在载机的扰流区，气动预示的准确性对火箭能否稳定控制的影响很大。发动机点火的上限时间应满足载机安全性的要求。在时序判据的设定上要覆盖各种飞行工况。

（4）稳定控制

应保证机箭组合体分离前姿态稳定，分离后火箭能稳定起控。火箭从投放到起控之前，有一短暂的失控段（如 0.5s），要通过火箭的气动设计保证在机箭强扰流区内及初始姿态扰动的情况下火箭不失稳。载机投放参数也是机箭分离设计的条件，直接影响火箭气动特性和控制系统设计。应与载机充分协调确定载机投放时的高度、速度和姿态要求。

（5）环境条件

机箭分离时的力热环境（包括冲击、过载和热环境）应作为火箭各系统的设计条件，要充分分析、验证并确保火箭各系统对这些环境的适应性。

（6）活动物控制

在机箭分离时，一般不应产生活动物。若由于设计方案的限制，必须产生活动物时，应控制活动物释放的方向或采取系留的方式，同时要保证活动物不会对附近载机或火箭的结构、仪器设备产生影响。

3.3.2　时序设计和起控条件

（1）外挂式机箭分离

从满足投放条件按下发射按钮到火箭脱钩，火箭要完成安全机构状态转换、电池激活、转电、离架等一系列动作。由于飞机挂架开钩的不同步性，会叠加成为初始俯仰姿态角和姿态角速度的一部分。为确保安全可靠，分离信号通常由行程开关和脱插连锁两个信号给出，机箭是否真正分离，即离架信号的发出，取决于脱插和行程开关连锁信号何时发出。如图 3-11 所示，挂架一侧钢索拉直并将解锁杆拉出 3mm（标称值）时，插头与插座开始分离。从开始分离至电气连接断开，脱插插头插座间相对运动距离至少 5mm，因此从挂架解锁至脱插脱落信号发出的总行程约为 11.25～18.25mm。故从载机开钩到离架信号的发出时间延迟约为 48～61ms。

离架行程开关的触发信号作为火箭飞行控制的起始信号之一，其开关信号能否正常发出，直接影响分离的成败。有些方案取消了物理上的行程开关，利用惯组信息给出分离的起始信号，从而简化了设计。但应有相应措施保证测试和实际使用中不会由于误信号导致误动作。在传统离架行程开关环境试验项目和条件的基础上，参考载机挂架的设计规范，应对所选型离架行程开关进行工作可靠性及环境适应性设计和试验验证。典型的行程开关如图 3-12 所示。离架时挂架开钩不同步性、脱插信号连锁（与分离钢索的设计长度有关）影响分离后姿态角、姿态角速度的偏差，也影响分离后火箭姿态的稳定。

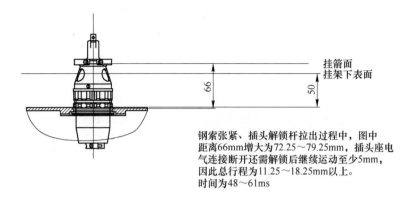

钢索张紧、插头解锁杆拉出过程中，图中
距离66mm增大为72.25～79.25mm，插头座电
气连接断开还需解锁后继续运动至少5mm，
因此总行程为11.25～18.25mm以上。
时间为48～61ms

图 3 - 11　吊挂式投放分离分插示意图

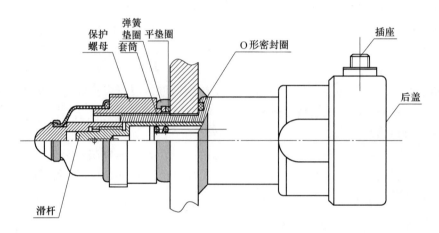

图 3 - 12　行程开关示意图

　　大型外挂火箭一般采用重力投放方式。火箭在载机上吊挂时，火箭的纵轴相对于飞机
纵轴有一个低头安装角度。按自由落体状态且不考虑火箭姿态控制的情况下，经不同投放
状态下机箭分离仿真计算，可以获取不同状态下的火箭相对于载机的运动参数和姿态参
数。根据计算结果，由挂架解锁后分离连锁信号发出为时统零点，考虑机箭分离的安全间
隙，同时兼顾尽快起控以消除脱机到起控时刻的姿态偏差，确定火箭起控点（可作为诸
元）。比如，机箭分离后 0.5s 作为火箭起控时机，则此时两体分离距离约 1.25m。机箭分
离后发动机点火时间越早，对射程越有利。同理，为了实现射程最优同时考虑一定的机箭
安全距离，选取机箭分离后尽快实施一级发动机点火，若一级发动机点火时间为分离后
2.5s，则此时火箭在载机正下方约 30m 的位置，火箭有 −6°～−7° 的俯仰姿态角，发动机
尾焰方向为沿水平方向向后偏上 6°～7°。美国飞马座和发射器一号一级发动机点火时间为
分离后 5s，则此时火箭在载机下方约 130m 的位置。

　　飞机的飞行为抑制侧滑飞行，在不考虑突风情况下，投放时侧滑角很小。机箭分离后
火箭偏航和滚动通道的姿态偏差与载机投放时的初始侧滑角有关，侧滑角越大，诱导引起
的偏航和滚动通道的姿态偏差越大。一般地说，载机实际投放时仅直接控制姿态角，但投
放时载机的姿态角速度也是火箭进行设计的前提条件。因此，应根据载机大量的飞行试验

结果，与载机方协调确定火箭投放时刻姿态与姿态角速度条件。当然，对载机姿态的约束要求应尽可能放宽。

在不同投放飞行速度、不同投放高度、不同投放姿态下，按照设计的火箭点火时刻与载机的垂直距离，分析计算火箭发动机喷流对载机安全性的影响。由图 3-13 和图 3-14可以看出，在设定的火箭点火时刻，火箭相对载机的俯仰角在 $0° \sim -20°$，发动机喷流对载机无影响。

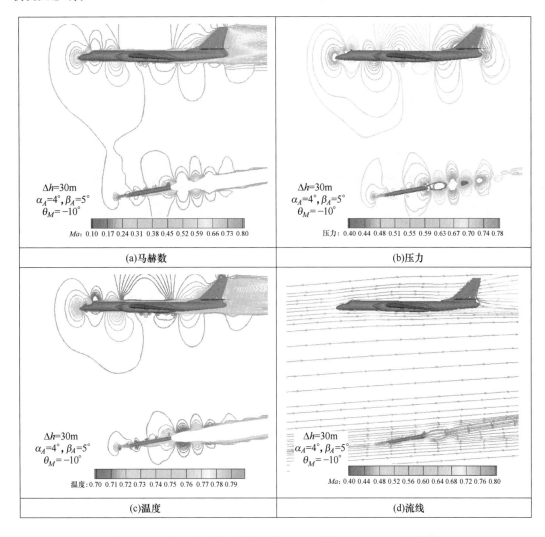

图 3-13　发动机喷流对载机的影响（火箭俯仰角 $-10°$，见彩插）

为了摸清火箭俯仰角在多大时，发动机喷流会对载机产生影响，开展极限状态下的计算，即不考虑来流的影响，假定来流对发动机喷流方向没有改变。在火箭相对载机俯仰角 $-60°$ 时，计算获得的流场如图 3-15 所示，此时火箭发动机喷流尾焰会碰到载机尾部。

实际情况下，来流对火箭发动机尾流的方向改变是较为明显的。在火箭相对载机俯仰角 $-60°$ 时，来流与发动机尾流保持实际夹角时，计算获得的流场如图 3-16 所示。计算表明，当来流与喷流方向存在较大夹角时，由于来流的影响，火箭发动机喷流产生了明显

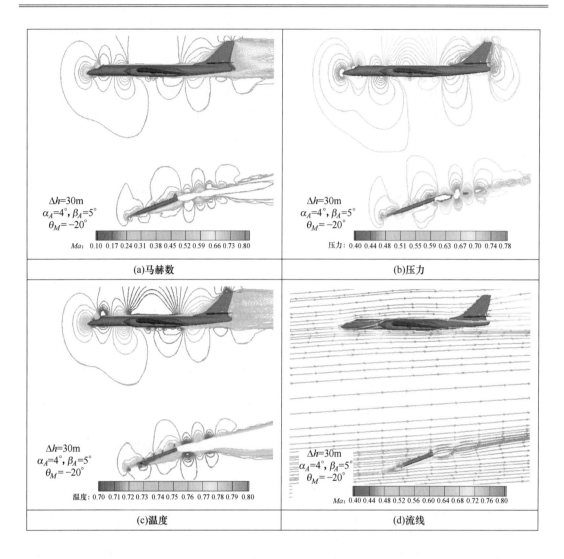

$\Delta h=30\text{m}$
$\alpha_A=4°, \beta_A=5°$
$\theta_M=-20°$

Ma: 0.10 0.17 0.24 0.31 0.38 0.45 0.52 0.59 0.66 0.73 0.80

(a)马赫数

$\Delta h=30\text{m}$
$\alpha_A=4°, \beta_A=5°$
$\theta_M=-20°$

压力: 0.40 0.44 0.48 0.51 0.55 0.59 0.63 0.67 0.70 0.74 0.78

(b)压力

$\Delta h=30\text{m}$
$\alpha_A=4°, \beta_A=5°$
$\theta_M=-20°$

温度: 0.70 0.71 0.72 0.73 0.74 0.75 0.76 0.77 0.78 0.79 0.80

(c)温度

$\Delta h=30\text{m}$
$\alpha_A=4°, \beta_A=5°$
$\theta_M=-20°$

Ma: 0.40 0.44 0.48 0.52 0.56 0.60 0.64 0.68 0.72 0.76 0.80

(d)流线

图 3-14　发动机喷流对载机的影响（火箭俯仰角-20°，见彩插）

的方向偏转，并且喷流尾焰的长度和强度都有所减弱，使得尾焰离载机的距离变大。

正常情况下，火箭的俯仰角不会小于-10°。考虑来流的情况，即使俯仰角达到-60°，火箭发动机喷流也不会对载机的安全性产生影响。

（2）内装式火箭的机箭分离

内装式空中发射的出舱分离时序如下：

1）载机将火箭带升至规定高度，以一定的俯仰角飞行；

2）打开载机货舱门，展开连接在箭体的稳定伞；

3）稳定伞完全展开稳定后，解除箭体约束，火箭沿舱内的导轨滑行出舱；

4）火箭姿态稳定满足条件且箭机距离满足安全要求时点火。

火箭从开始出舱至箭体完全出舱的过程中，在稳定伞拉力与重力共同作用下箭体快速出舱，由于箭体出舱时受货桥支持力作用，箭体出舱后有一较大的俯仰角速度。火箭完全

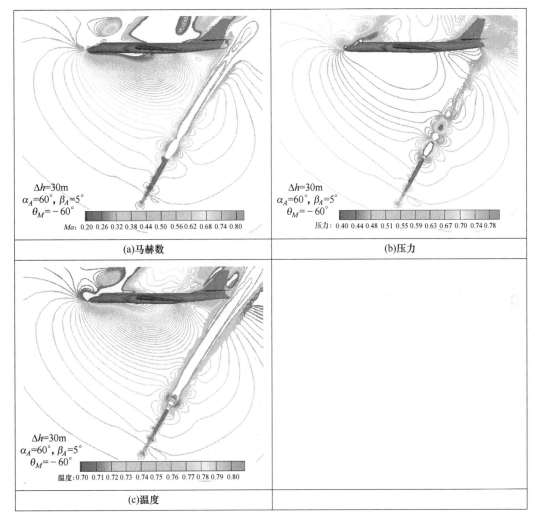

$\Delta h = 30\text{m}$
$\alpha_A = 60°,\ \beta_A = 5°$
$\theta_M = -60°$
Ma: 0.20 0.26 0.32 0.38 0.44 0.50 0.56 0.62 0.68 0.74 0.80
(a)马赫数

$\Delta h = 30\text{m}$
$\alpha_A = 60°,\ \beta_A = 5°$
$\theta_M = -60°$
压力: 0.40 0.44 0.48 0.51 0.55 0.59 0.63 0.67 0.70 0.74 0.78
(b)压力

$\Delta h = 30\text{m}$
$\alpha_A = 60°,\ \beta_A = 5°$
$\theta_M = -60°$
温度: 0.70 0.71 0.72 0.73 0.74 0.75 0.76 0.77 0.78 0.79 0.80
(c)温度

图 3-15　不考虑来流时发动机喷流对载机的影响（火箭俯仰角-60°，见彩插）

出舱后箭体俯仰角增大，此时稳定伞起到抑制俯仰角增大的作用；当箭体远离载机一定距离时，启动相应的姿态控制，保持偏航和滚转通道的稳定，直至箭体达到最大俯仰角时发动机点火。在整个分离过程中，这个过程最复杂，也是最关键的。

　　火箭出舱后为满足火箭点火时的姿态要求，需要对火箭姿态进行稳定控制。采用连接的稳定伞可以调整分离过程中的姿态角以满足点火条件。但稳定伞作为一个被动的装置，无法精确控制火箭姿态，同时在大攻角下会出现不对称涡，产生偏航力矩，导致箭体横向偏转。

　　针对内装式空射火箭点火前的姿态控制，国内外进行了大量的研究和试验，提出了气动控制面、喷气反作用控制（RCS）、飞轮控制等多种方案。采用气动控制面的方法，可以利用火箭上的气动控制面或按需要增加翼或栅格舵的方式，技术较为成熟，可实现精度的闭环控制。若利用火箭自身的气动控制面，不会对火箭本身改动太大，仅需调整相应的飞行控制程序；若额外增加气动控制舵面，可能带来火箭尺寸、质量的增加以及与载机的

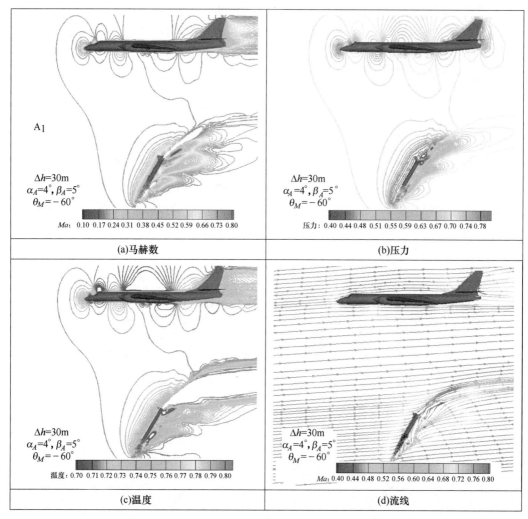

图 3-16　考虑来流时发动机喷流对载机的影响（火箭俯仰角-60°，见彩插）

兼容性问题，另外，由此给火箭自主飞行带来的影响也需要特别关注。反作用控制是通过向箭体外喷射高压气体，以产生反作用力和反作用力矩，达到控制火箭姿态的目的。这个技术较为成熟，控制分离过程的姿态也可以达到较高的精度，但一般需要较大的推力才能满足控制要求，尤其是俯仰通道姿态控制，通过多台发动机并联才能满足推力要求，可能会增大箭体结构质量，且受箭体尺寸和外形限制，反作用控制发动机布局实现困难。

　　结合稳定伞质量轻、可靠性高、设计简单的优点，同时克服开环控制导致控制精度不高的问题，目前推出了在稳定伞控制的基础上，增加气动控制面或反作用控制形成"稳定伞＋"的各种复合方案。

　　（3）背负式机箭分离

　　背负式空射火箭依靠支架和连接机构固定，需要预置一定的安装角和安装高度。分离时序如下：

　　1）载机将火箭带升至要求的高度，并以一定的俯仰角飞行；

2）满足发射条件时发出分离指令，连接机构解锁；

3）载机调整俯仰姿态，通常以一个小的负攻角飞行，以尽快拉开与火箭垂直方向的距离；

4）火箭进行姿态稳定，满足箭机安全距离时发动机点火。

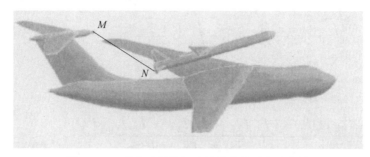

图 3 - 17　背负式机箭组合体分离易碰点示意图

为确保分离安全，要求分离过程中火箭与载机不能发生碰撞。因此，要特别关注分离过程所有临界点之间的相对位置关系。如图 3 - 17 所示，图中 N 为火箭尾部离载机后背最近的点，M 点为载机垂尾的最前点。分离过程中火箭受到气动阻力相对载机有向后运动的趋势，导致这两个点极易发生碰撞，应通过全包络发射工况下的仿真，确认点 M、N 的位置关系，以确保两点的距离在整个分离过程满足安全性要求。

3.4　一级飞行关注的问题

3.4.1　一级大攻角拉起带来的法向过载影响

空基发射与陆基垂直发射很大的不同，是火箭投放后需要以大攻角快速拉起，由此一级飞行初始段会产生一个很大的法向过载。如图 3 - 18 所示，某火箭一级点火后拉起飞行时法向过载变化剧烈，从 10s 到 33s 持续存在约 2.5g 以上的法向过载，最大法向过载约 4.5g，出现时刻为发动机点火后 14s。

固体发动机在工作过程中产生的凝聚相粒子（未燃烧的铝滴和已燃烧的 Al_2O_3 颗粒等），在火箭法向过载与轴向过载的综合作用下，凝聚相粒子的流动方向会发生偏转。由于受发动机内部空间的限制，在发动机工作过程中，发生偏转的凝聚相粒子会碰撞到壳体、喷管的绝热壁面，凝聚相粒子以一定的速度、角度、浓度碰撞到绝热层后，一方面会由于浓度增加造成该部位绝热层冲刷加剧，即增大机械剥蚀，大幅加剧绝热层的烧蚀速度；另一方面，高速粒子流持续撞击到绝热层表面，由于粒子的瞬间滞止，会增加该部位的附加热增量，增加绝热层的热化学烧蚀速率，相对于没有法向过载条件的发动机，极大地加剧了绝热层的局部烧蚀。图 3 - 19 是某固体发动机在法向过载情况下的烧蚀仿真分析，从图中可以看出，燃烧室后封头 Ⅰ 象限区域绝热层发生严重烧蚀，烧蚀沟槽中心位于发动机 Ⅰ 象限线处，烧蚀区域为 Ⅰ 象限线左右各 10° 范围，其他部位绝热结构仍有一定的余量。可见，在飞行过载作用下会导致燃烧产物中凝聚相粒子浓度增多，凝聚相粒子随流性差造成残渣增多，加剧绝热层烧蚀，在绝热层厚度裕度不足的情况下，会造成燃烧室后

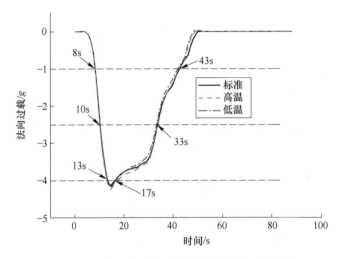

图 3 - 18　一级飞行法向过载曲线示意图（见彩插）

封头区域烧穿，导致飞行失利。

采用设计燃速相对较低的推进剂，发动机推进剂随燃速降低，燃烧残渣增多。低燃速推进剂的发动机地面热试车结果也表明了这一点。

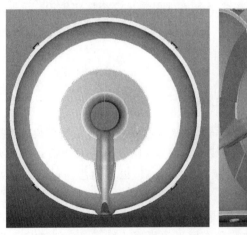

图 3 - 19　一级发动机后封头与喷管烧蚀示意图

因此，在大法向过载飞行的情况下，要综合考虑推进剂类型、燃速的选择以及过载条件下的热防护。

（1）飞行过载下内流场仿真

过载作用下固体发动机燃烧室的流动具有三维效应，在处理固体发动机两相流流场问题时，通常采用双流体模型（Euler - Euler 模型）和颗粒轨道模型（Euler - Lagrange 模型）。双流体模型把气、固两相都看成是连续的，均按照 Euler 法进行处理；颗粒轨道模型只把气相看成连续相，把固相颗粒看成离散相，对每组粒子在 Lagrange 坐标下进行跟踪。后者易于处理粒子群、粒子聚集、残渣等问题。具体仿真分析时，分别按气相和固相建立三维 Navier‑Stokes 方程，在颗粒相的运动方程中体现粒子所受到的过载力和粒子速度，按一定格式对整个流场离散化，并在一定边界条件下进行数值积分。这样，就可以得到粒子运动的轨迹以及在流场中粒子聚集的情况。

根据发动机药型结构、绝热层暴露时间以及过载数据，进行不同过载条件下的内流场准稳态计算，计算条件选取法向过载最大时刻（典型弹道对应的时间为 14s），轴向过载为 8g，法向过载分别取 1g、2g、3g、4g、5g。

1）法向过载为 1g 计算结果。

计算结果表明，粒子浓度分布主要在后封头开口部位，且分布较为均匀，如图 3‑20 所示。

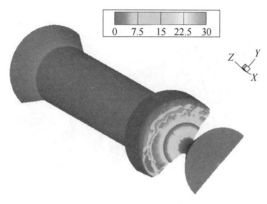

图 3‑20　法向过载为 1g 时浓度分布（见彩插）

2）法向过载为 2g 计算结果。

计算结果表明，燃气中粒子发生了明显偏斜，出现了不对称性，如图 3‑21 所示。

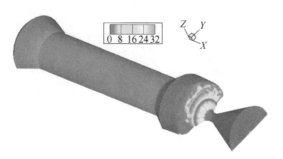

图 3‑21　法向过载为 2g 时浓度分布（见彩插）

3）法向过载为 3g 计算结果。

计算结果表明，粒子高浓度分布区开始向 I 象限聚集，且最大粒子浓度出现一定程度的增大，如图 3‑22 所示。

4）法向过载为 4g 计算结果。

计算结果表明，随着过载的增大，粒子向 I 象限聚集浓度出现增大的趋势，粒子轨迹发生明显偏转。在发生偏转的一侧粒子浓度较高，且粒子在法向过载的作用下，先偏向一侧，然后发生反弹，跟随主喷流从喷管流出，如图 3‑23 所示。

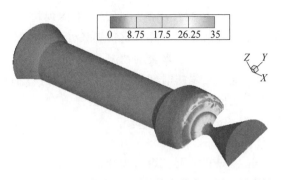

图 3-22　法向过载为 3g 时的浓度分布云图（见彩插）

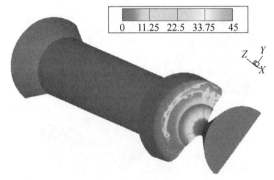

图 3-23　法向过载为 4g 时的浓度分布云图（见彩插）

5）法向过载为 5g 计算结果。

发动机燃烧室凝相颗粒浓度分布如图 3-24 所示。受法向过载的影响，大量凝聚相颗

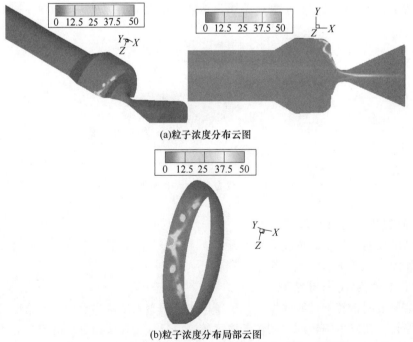

(a)粒子浓度分布云图

(b)粒子浓度分布局部云图

图 3-24　法向过载为 5g 时的粒子浓度分布云图（见彩插）

粒聚积在发动机壳体筒段与后封头连接拐弯部位，沿圆周呈现出明显的不对称性分布，在 Ⅰ 象限部位存在大量凝聚相粒子，该部位的最大颗粒浓度为 50kg/m^3，在 Ⅲ 象限凝聚相颗粒浓度则偏低，浓度值为 3.4kg/m^3。

通过对不同过载条件下的粒子浓度、速度以及撞击角度进行仿真分析，结果表明当火箭法向过载变化时，发动机燃烧室内凝聚相粒子会发生偏斜，并在一定部位存在明显的粒子超常聚集区。根据轨道模型理论，凝聚相粒子随粒径增大而聚集加剧。

（2）飞行不同时刻下内流场仿真

图 3-25 给出了不同工况条件下颗粒聚集浓度与聚集位置的分布示意图。可以看出，在 8s（法向过载 $1g$）时刻，颗粒浓度尚没有明显的过载聚集；而随着药面的退移，12s 时刻后筒段也有较大的粒子聚集，发动机工作 14s（法向过载 $4.5g$）与 31s（法向过载 $3.4g$）时刻，凝相粒子在发动机后封头产生了最大浓度 40kg/m^3 的聚集量。随着轴向过载的增加与法向过载的减少，在发动机工作 33s（法向过载 $2.5g$）时刻，最大聚集浓度值减小为 30kg/m^3。

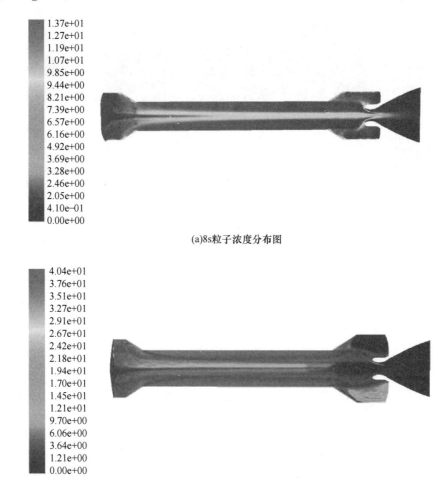

(a)8s粒子浓度分布图

(b)14s粒子浓度分布图

图 3-25　不同工况下粒子浓度分布示意图

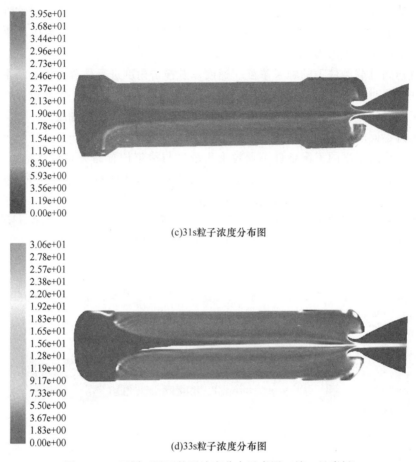

(c)31s粒子浓度分布图

(d)33s粒子浓度分布图

图 3-25　不同工况下粒子浓度分布示意图（续，见彩插）

（3）应关注的几个基础研究

1）推进剂燃烧产物研究。

推进剂的性能包括燃烧性能、力学性能和安全性能。在推进剂研制时，有关燃烧性能主要围绕燃速开口调节的控制技术、推进剂能量保证技术开展。推进剂燃速开口调节通过小型发动机测试，能量保证通过能量测试发动机测试。在推进剂研制中对推进剂燃烧产物关注不够，测试和相关试验开展较少，推进剂燃烧过程对发动机其他部件的影响研究往往不够。

发动机地面试验推进剂所产生的残渣主要为碳和铝的氧化物，推进剂产生的残渣对绝热层在过载条件下的烧蚀影响也不一样。不同配方推进剂残渣中活性铝含量的高低，表明推进剂燃烧的充分程度；过载烧蚀发动机的试验表明，相同工况下不同配方的推进剂对绝热层烧蚀率不同。应对燃烧残渣多少和各组分所占比例的原因深入开展分析与研究。

2）过载条件下绝热层和推进剂烧蚀率模型的研究和试验验证。

发动机燃烧室绝热层烧蚀率模型主要来源于对其烧蚀规律的认识与把握，在建立烧蚀率模型时仅以其他型号的数据为基础是不够的，要针对发动机的具体情况进行充分的单项试验摸索与考核。不同发动机烧蚀率模型不同，不同推进剂和不同过载环境，对绝热层的烧蚀规律也是不一样的，同样是飞行过载导致烧蚀加剧，有的是机械剥蚀占主导，有的是化学烧蚀占主导，也有可能是出现两种模式联合作用造成了绝热层烧蚀异常放大。烧蚀模型中有些数据是以试验数据为基础而得到的回归值，需要经过验证试验得到反映发动机实际物理规律的烧蚀模型，以达到发动机绝热层设计精细化、设计裕度定量化的目标。

推进剂与绝热层在发动机工作过程中相互作用，每种推进剂和不同种绝热层都有其固有特性。在推进剂设计中要考虑残渣的形成因素，进行相关的试验测试，并对成分进行分析，以确定满足各项性能的推进剂配方；根据飞行过载情况进行对应时刻燃烧室的流场计算，确定烧蚀加剧位置，得到烧蚀试验的输入参数；根据燃烧室绝热层材料及设计结构确定烧蚀试验，逐步建立不同推进剂对不同种绝热层材料的烧蚀模型数据，再通过飞行试验结果建立地面烧蚀试验与飞行试验的相关性，从而能够准确预估飞行条件下的烧蚀率，实现更为精准的绝热层设计。

3）地面试验的充分性和有效性。

发动机地面试验目的是通过地面试验验证发动机的主要性能，如发动机工作可靠性、设计指标的符合性等。地面试验对发动机性能的考核是必要的，通常也是有效的。考虑到地面试验与飞行试验存在着一定的差异，有些项目和技术状态在地面试验中无法覆盖上天飞行试验的情况。

由于固体发动机本身的特殊性，导致其某些性能在点火工作前是不能完全确定的，如发动机内弹道性能，通常的做法是，通过测试标准测试发动机得到相关参数，然后进行内弹道性能预示，并经过大量的型号应用情况旁证其性能在一定偏差范围内。飞行过载对发动机绝热层烧蚀率影响分析工作也应按照此模式开展工作，即通过过载模拟试验来确定发动机绝热层的烧蚀率，预估给出飞行试验结果。同时，从可靠性设计角度出发，发动机在绝热层结构设计时应预留适当裕度，后续再逐步根据飞行试验结果进行验证、优化并对模型进行修正。

3.4.2　一级飞行尾部的力热环境及影响

根据发动机喷流出口压力与环境压力的大小关系，单喷管喷流可以分为过膨胀喷流（Over - Expanded）、理想膨胀喷流（Perfectly - Expanded）以及欠膨胀喷流（Under - Expanded）三种形态。

空中发射的火箭喷管设计高度为某个高空状态，也就是说在这个高度下，喷管的出口压力与外界环境压力相等。当在地面试验状态或低空飞行状态时，由于外界环境压力较高空时高，喷管的喷流出口压力小于环境压力，喷流为过膨胀喷流（图 3 - 26），喷管出口处气流需要经过斜激波进行压缩以与环境压力相匹配，斜激波相互干扰可能为正规相交（Regular Reflection）也可能为马赫相交（Mach Reflection），相交后的透射激波会与喷流边界层之间相互干扰产生反射膨胀波或反射激波，之后再次进行干扰、反射等现象。虽然喷流流程结构复杂，但其与自然来流无明显干扰，因此底部的热环境基本仅为辐射热流。

当火箭处于高空飞行状态时，喷流出口压力大于环境压力，喷流为欠膨胀喷流（图 3 - 27），喷管出口处气流需要经过膨胀波进行膨胀以与环境压力相匹配，气流膨胀后与喷流边界层干扰后会形成桶形激波，之后再次发生激波、膨胀波、射流边界层之间的干扰、反射等现象。

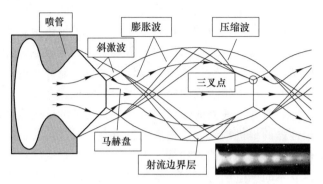

图 3-26　过膨胀射流流场结构示意图

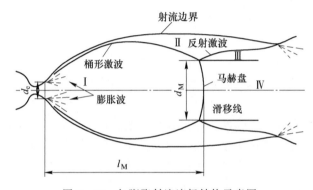

图 3-27　欠膨胀射流流场结构示意图

火箭飞行过程中，底部流场结构会变得更加复杂，自由来流经过尾段下端框时会产生肩部膨胀波，进一步使气流与喷流边界层相互干扰，产生外流激波、喷流激波，两激波之间存在混合剪切层。此时底部对流效应非常明显，对流热流量级逐渐超过辐射热流，如图 3-28 所示。

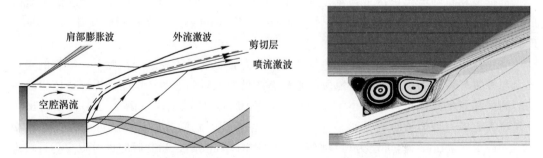

图 3-28　尾部喷流与外流相互作用流场结构

喷管底部热环境设计分为两个部分：辐射热流和对流热流。辐射热流可以假设喷流为一半无限长的圆柱（图 3-29），其中温度和组分是均匀的。沿半径计算点到火箭箭体底部中心的距离设为 R（单位 m），柱形燃气的半径设为 r（单位 m），喷管伸出尾段下端框的高度设为 H（单位 m）。喷流对底部的辐射热流密度可写为

$$q_f = \varepsilon_j \psi c_0 \left(\frac{T_j}{100} \right)^4 \qquad (3-26)$$

式中　　T_j——燃气的温度（K）；

ε_j——燃气的黑度；

c_0——黑体辐射系数，其值为 $5.67\text{W}/(\text{m} \cdot \text{K}^4)$；

ψ——形状因子，在忽略燃气内部吸收的条件下，其计算公式为

$$\psi = 0.3183\sin\beta \cdot \arctan(\sin\beta\tan\varphi) \qquad (3-27)$$
$$\beta = \arctan[(R-r)/H] + \arctan[(R^2-r^2)/(RH)]$$
$$\phi = \arcsin(r/R)$$

当 $H=0$ 时，上式可简化

$$\psi = 0.3183\arcsin(r/R) \qquad (3-28)$$

　　相对于成熟的辐射热流设计，复杂的流场结构使得底部湍流回流区的对流热流设计显得异常困难。传统的热环境设计方法中，一般只能通过地面试验测量或是数值仿真给出热环境。但底部对流热流是随着飞行高度的变化而变化的，存在天地差异性，地面试验测量结果不能覆盖飞行环境；另一方面，数值仿真对于非定常内外流耦合流场中一阶物理量（如密度、压力、温度等）的计算精度尚可，但对于二阶物理量（如压力梯度、热流等）的计算往往可能存在较大偏差。

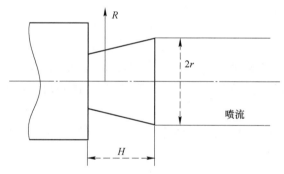

图 3-29　底部辐射加热示意图

　　这种情况下，一般需要采取数值仿真与工程计算相结合的方法进行对流热流设计。通过 CFD 数值计算获得尾段底部一阶物理量作为输入参数（表 3-5），使用理论方法或工程方法计算舱内仪器、电缆所受热流。

表 3-5　一阶物理量输入参数

序号	符号	单位	意　义
1	ρ	kg/m³	喷流/自由来流混合气体密度
2	p	Pa	喷流/自由来流混合气体压力
3	T	K	喷流/自由来流混合气体温度
4	Ma	—	喷流/自由来流气体马赫数
5	c_p	J/(kg·K)	喷流/自由来流混合气体比定压热容
6	γ	—	喷流/自由来流混合气体比热比
7	μ	Pa·s	喷流/自由来流混合气体黏度

底部仪器、电缆表面所受热流计算公式为

$$Q = k_{st} \, Pr^{-0.6} \, (\rho\mu)^{0.5} (H_r - H_w) \left(\frac{\mathrm{d}u}{\mathrm{d}x}\right)^{0.5} \qquad (3-29)$$

对于方（圆）形仪器、传感器、螺栓等，外形系数 k_{st} 取 0.76，电缆系数 k_{st} 取 0.54，普朗特数为 $Pr = \dfrac{4\gamma}{9\gamma - 5}$。使用牛顿压力假定，速度梯度 $\dfrac{\mathrm{d}u}{\mathrm{d}x}$ 为

$$\frac{\mathrm{d}u}{\mathrm{d}x} = \frac{1}{r} \left[\frac{2(p_e - p)}{\rho_e}\right]^{0.5} \qquad (3-30)$$

式中　r——仪器、电缆外形的球头半径或截面半径。

仪器、电缆等外缘无干扰时气体压力 p_e 为

$$p_e = \begin{cases} p\left(1 + \dfrac{\gamma - 1}{2}Ma^2\right)^{\gamma/(\gamma-1)}, & Ma < 1 \\[2mm] p\left[\dfrac{(\gamma + 1)^2 Ma^2}{4\gamma Ma^2 - 2(\gamma - 1)}\right]^{\gamma/(\gamma-1)} \left[\dfrac{2\gamma Ma^2 - (\gamma - 1)}{\gamma + 1}\right], & Ma \geq 1 \end{cases} \qquad (3-31)$$

仪器、电缆等外缘无干扰时气体密度 ρ_e 为

$$\rho_e = \frac{p_e}{\left(1 + \dfrac{\gamma - 1}{2}Ma^2\right)R} \qquad (3-32)$$

恢复焓的计算公式为

$$H_r = \left(1 + \frac{\gamma - 1}{2}Ma^2\right)Tc_p \qquad (3-33)$$

热环境设计结果的准确性一般需要通过地面试验与飞行试验进行考核。某一级发动机地面试车中，进行了辐射热流测量，其中两个测点位置分别为：Ⅲ象限偏Ⅳ象限 3.6°，距尾段上端框 455mm，距内壁 60mm；Ⅱ象限偏Ⅰ象限 25°，距上端框 370mm，距内壁 60mm。这两个测点位置的计算结果与试验结果的比较如图 3-30 所示，地面试验验证了辐射热流计算方法的准确性。

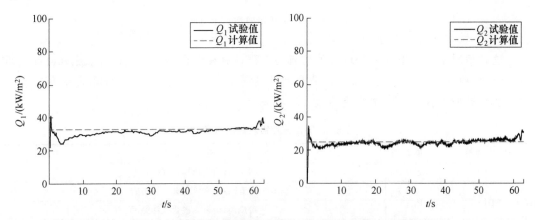

图 3-30　一级发动机与伺服机构联合试车热流测量结果与计算结果比较

在飞行试验中，进行尾段底部综合热流测量，两个测点的位置分别为：Ⅱ象限偏Ⅰ象限 16°，距离尾段下端框 30mm；Ⅳ象限偏Ⅲ象限 5°，距离尾段下端框 30mm。这两个测

点的计算结果与测量结果比较如图 3-31 所示，飞行试验验证了对流热流设计方法的合理性。

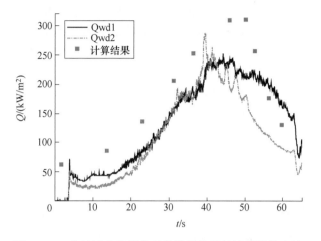

图 3-31　飞行试验底部热环境测量结果与计算结果比较

同时，仿真分析和试验结果表明，地面试验仅能反映低空辐射热流，无法获得高空对流热流。底部热流的准确预示为底部安装的仪器、电缆热防护设计提供了依据。此外，在尾段底部还会有一定的非定常力的作用，这一点也要适当关注。

3.5　气动弹性问题

气动弹性研究的是气动力、惯性力和弹性力之间相互作用的问题。如图 3-32 所示的气动弹性 Collar 三角形可以清楚地揭示其相互之间的关系。弹性力和惯性力的相互作用，构成了振动力学的研究范畴；气动力和惯性力的相互作用，是我们熟悉的刚体飞行力学的研制范畴。气动力和弹性力的相互作用，就形成了气动弹性静力学；而气动力、惯性力和弹性力三者同时参与的相互作用，就产生了气动弹性动力学的问题。

陆基发射的运载火箭外形相对简单，即使有气动舵面，其刚度也较大，加之垂直发射，在大气层内飞行的时间短，气动弹性问题不是很突出。飞机、空空导弹和空射巡航导弹很早就遇到了气动弹性的问题，并严格纳入研制流程的设计和试验中。随着空天飞行器的发展，外形逐渐复杂，大气层内长时间飞行，气动弹性的稳定性是必须考虑的问题。对于空射火箭来说，由于采用大的升力面或气动控制面外形，加之特殊的水平投放、大攻角拉起的弹道模式，气动弹性问题逐步凸现。

根据文献报道，美国飞马座空射运载火箭发射 X-43A 第一次任务失败，故障分析表明，失利的原因归结为大攻角跨声速段（马赫

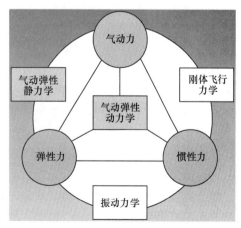

图 3-32　气动弹性 Collar 三角形

数 $Ma=0.95\sim1.1$，飞行攻角约 $14°$），$X-43A$ 飞行器产生的背风涡脱落引起飞马座运载火箭方向舵临界颤振速度降低，颤振发散导致火箭舵面在分离后 13s 时发生结构断裂。

空中发射的火箭要根据所允许的最低频率或应回避的频率范围要求，合理确定火箭结构的刚度和质量分布。火箭的结构动力学特性应满足下列基本要求：

1）结构的固有频率应避开（一般是高于）控制系统的临界谐振频率；

2）结构的固有频率必须满足避免出现气动弹性不稳定性的要求；

3）结构的固有频率必须避免与动力系统频率发生耦合；

4）结构的固有频率应避开主要激励源的频率。

从气动弹性的观点看，更加强调刚度的重要性，而实现刚度要求所付出的代价要比实现强度要求所带来的代价要高。此外，如何把刚度指标合理分解也是工程上没有完全解决的问题。

3.5.1　静气动弹性问题

静气动弹性研究的是火箭结构在气动载荷下的变形。如升力面在气动载荷的作用下发生弯曲和扭转，从而改变了攻角，由此导致气动载荷的改变，这种气动载荷的变化又将引起升力面的攻角发生变化。这样反复的作用，或达到一种平衡状态，或进一步恶化，导致升力面的破坏。

静气动弹性问题一般只需考虑定常的气动力。通常遇到的静气动弹性问题，一是发散，二是操纵反效，具体可参见参考文献 [22，23]。

3.5.2　动气动弹性问题

3.5.2.1　颤振

颤振是指气流中运动的结构在非定常气动力、惯性力和弹性力的相互作用下形成的一种自激振动。当升力面具有两个或两个以上自由度时，在一定的临界速度（或动压）及相位关系下，可能发生耦合简谐振荡，并进一步走向振荡发散。从振动的观点看，颤振是一种自激振动，非定常气动力在振动中起两个作用，一部分是阻尼的作用，另一部分是刚度的作用，且阻尼和刚度的作用大小与刚度或动压有关。当空速为零时，系统是保守的，也是动力学稳定的；随着空速的增大，系统的阻尼和刚度特性发生变化，在一定范围内，气动阻尼和气动刚度的作用是使得振动衰减；当空速超过某个临界值时，气动阻尼和气动刚度使得振动响应发散，引起颤振。

对于火箭结构，可能出现升力面本身的弯扭耦合颤振，也可能出现箭身弯扭与升力面弯扭耦合导致的颤振。大多数情况下发生的是前者，即飞行器的单个部件出现耦合失稳。所谓临界颤振速度，是指当飞行器处于某一飞行速度时，由扰动引起的结构振动幅值正好维持不变，该速度是发生颤振的最小速度。

颤振与自由振动不同，它是在有气流输入能量情况下产生的。颤振与强迫振动也不同，它是由结构两个或两个以上运动自由度耦合（如舵面扭转和弯曲自由度的耦合）而形成一种换能器，源源不断地将能量从空气转化到结构中。以具有沉浮和俯仰两个自由度的典型二元平板为例，如果在一个振动周期内，平板的沉浮和俯仰运动相位相同，气动力所作正功和负功相同，总功为零，故系统稳定；如果平板沉浮和俯仰运动相位差为 $90°$，一个振动周期内，气动力做功始终为正，若总功大于系统结构阻尼的耗散能，则运动必然发散，发生颤振。

颤振动力学方程

$$M\ddot{q} + C\dot{q} + Kq = f(\ddot{q}, \dot{q}, q) \tag{3-34}$$

方程左侧为常规振动方程，其中 M、C、K 分别是结构在模态坐标系下的广义质量矩阵、广义阻尼矩阵和广义刚度矩阵，q 是广义位移向量。右侧为非定常气动力表达式，它是广义位移、速度和加速度的函数。

随着来流速度的变化，$f(\ddot{q}, \dot{q}, q)$ 发生变化，由弹性结构和非定常气动力构成的"综合系统"的特性相应变化。当来流速度达到某一临界值的时候，上述方程的动力学响应会处于临界状态。

颤振的后果往往是破坏性的，其形式多为结构解体（升力面结构解体或箭身结构解体）。通常 10 个周期的振动就足以让结构解体。假如舵面的振动频率在 40Hz，那么颤振破坏的发生时间大概就是 0.25s。以往均有型号曾遇到过颤振问题。从结构残骸来看，发现舵面本体一般是完整的，破坏出现在舵轴处。从舵轴断痕看到，断裂面是斜的，即有弯曲方向的断裂也有扭转方向的扭裂，箭体也曾出现断裂破坏的情况。

我国飞机和飞航导弹发布的有关于气动弹性标准，包括 GJB 67.7A—2008《军用飞机结构强度规范 第 7 部分：气动弹性》和 GJB 540.8—88《飞航导弹强度和刚度规范 气动弹性不稳定性》。其中，GJB 67.7A—2008《军用飞机结构强度规范 第 7 部分：气动弹性》规定了两方面的内容，一是对气动弹性稳定性的要求，二是为保证达到气动弹性稳定性要求所进行的分析计算及试验工作。国军标规定，为确保飞行安全，分析或试验或两者同时应证明：

1）在等马赫数和等高线上，所有飞机飞行限制速度（V_L）或限制马赫数（Ma_L）包线的所有点上，当量空速（V_{EQU}）提高 15% 不会发生颤振，如图 3-33 所示。

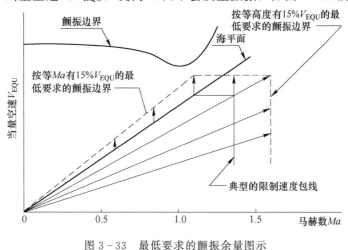

图 3-33 最低要求的颤振余量图示

2）在所有高度上，飞行速度从最低巡航速度到飞行限制速度，任何临界颤振模态或任何显著的动态响应，其阻尼系数（包括气动阻尼和结构阻尼）至少应为 0.03，如图 3-34 所示。

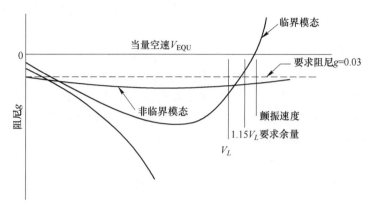

图 3 - 34　所要求的阻尼图示

颤振速度 V_F 与限制速度 V_L 的关系为

$$V_F \geqslant f_c \cdot f_s \cdot V_L \qquad (3-35)$$

式中　f_c——空气压缩性修正系数，其确定方法是利用工程型号的跨声速颤振模型进行风洞试验，或按照经验确定；

　　　f_s——颤振余量，在美国和我国的飞机、导弹结构强度规范中明确其取值为1.15，俄罗斯等其他国家规定为 1.15～1.20。

颤振是影响飞行成败的关键问题，对于带翼、舵的运载火箭应该在研制期间开展颤振分析、计算和试验。方案阶段，因为产品还没有生产出来，可以采用火箭各级模态分析和局部系统模态计算结果作为颤振分析的输入，根据分析结果对设计方案进行调整。进入工程研制阶段后，可根据地面模态试验的结果，对计算模型进行修正，重新分析、评估颤振的风险。

3.5.2.2　抖振

抖振是由气流分离导致的火箭局部或整体发生的不规则振动，属于气动弹性的响应问题。应该注意抖振和颤振之间的区别。抖振发生时，作为激励的气动力与抖振本身的运动无关，它是一种强迫的振动。而颤振发生时，作为激励力的气动力是由颤振本身运动引起的，它是一种自激振动。

翼、舵落在飞机机身或机翼的尾流中，或者未经整流的挂架尾端的紊流，都可能会引起火箭的翼、舵发生抖振。在设计后期出现此类问题就很难处理。机腹外挂情况下，载机机头作为钝头体，相比流线型机翼，气流的扰动特性更为加剧，下洗特征强烈，同时机箭形成的狭长空间和复杂凸起物导致流动分离加剧，翼、舵处的非定常气动激励更为显著。特别要关注舵面非定常气动激励和舵系统耦合响应的问题。应在地面试验开展尾舱舵系统模态试验，建立尾舱舵系统的动响应及动强度分析模型，以便开展响应分析工作。火箭在地面风洞试验时，应考虑机翼及挂架对火箭翼、舵表面非定常气动力的影响。在火箭挂飞和研制性飞行试验阶段，可以采用带式压力传感器进行脉动压力测量，这是提前暴露挂机飞行中非定常下洗气流导致的翼、舵抖振问题的有效方法。

背负式空中发射运载火箭也要关注类似的问题，国外某预警机背上的"平衡木"之前发生过抖振，就是由于"平衡木"支架的气动外形引起的。

对于采用的壁板结构，也要考虑挂飞时的抖振问题。某巡航发动机进气道曾经遇到该类问题，导致飞行失利。可能的情况下应开展模态灵敏度分析，修改结构固有频率以避开抖振载荷的频率范围。

为了验证仿真计算的正确性并准确获取火箭挂飞过程中舵面的气动载荷，在不破坏舵面结构和气动型面的基础上，利用带式压力传感器完整获取了某舵面的脉动压力数据，如图 3-35 所示，通过试验准确捕捉了舵面压力随载机起飞、爬升、巡航、下降、着陆整个挂飞剖面下的变化规律，以及时域和频域响应，为舵面气动载荷条件的制定提供了重要试验支撑。

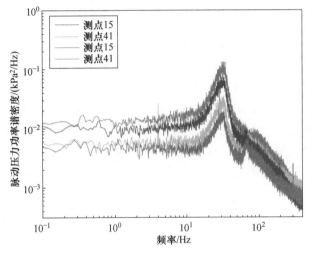

图 3-35　挂飞试验尾舵脉动压力的测量结果（频域，见彩插）

通过对相同挂飞剖面下改进延迟脱体涡模拟方法，利用大规模非定常流固耦合流场仿真手段，计算得到舵面脉动压力及其频谱特征。仿真结果和挂飞试验实测结果比较如图 3-36 所示。仿真结果与挂飞实测结果在幅值上有一定的差距，但仿真计算得到的舵面脉动压力基本反映了挂飞实测脉动压力的频谱特征，也表明挂飞环境下机箭干扰的确引起复杂非定常分离流动，这种气动脉动载荷会对结构动响应带来影响。

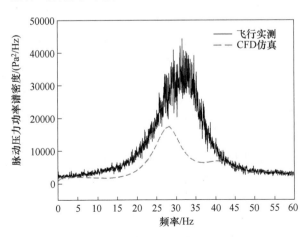

图 3-36　挂飞状态尾舵脉动压力功率谱密度实测结果与 CFD 仿真结果比较

3.6　电磁兼容性

我们一直沿用电磁兼容性的三要素，即干扰源、耦合通道、敏感设备来描述电磁兼容问题。相应地，在设计上提出了排查干扰源、切断传播途径、消除设备敏感问题的途径，进而提出了滤波、接地、屏蔽等技术和方法。通过接地，解决设备不正确的接地设计导致电磁发射超标的问题；通过滤波，抑制不需要的传导性电磁干扰导致的电磁辐射超标的问题；通过屏蔽，防止或减小不需要的辐射电磁能量引发设备电磁发射或敏感超标的问题。现行的设计标准规范也对电磁兼容性工作进行了明确，比如对于元器件、电路板在接地、搭接、屏蔽、线路布局、防静电等形成了行之有效的定量或定性的要求。可以说，一个按照规范进行的设计，可以有效减少电磁兼容性方面的问题。这些手段对独立性强、相对简单的产品有比较好的改进效果。但对于一些相对复杂的单机或系统，工程上电磁兼容的问题仍然屡见不鲜。对于这类单机或系统，由于其具有差异性和复杂性，标准规范的意义往往是原则上的。电磁兼容和电磁干扰的实质性问题未得到根本解决的原因，是在系统的初期设计时没有进行系统的、充分的电磁兼容性综合考虑，而是在后期出现电磁干扰问题时，再分析原因，寻找解决办法。这种事后解决问题的方法，由于受到系统的复杂性和其他诸多因素的制约，找到问题的原因和有效措施就很困难，即使是找到了问题，解决的措施也难以有效落实。

如果干扰信号未在干扰源本地被控制或抑制，尽管在产品之外测得的指标满足要求，产品内部产生的影响可能依然影响产品的性能，电磁干扰的物理规律及其精准控制是实现电磁兼容性的物理基础。因此，在 GJB 151A 规定的经验设计和局部电磁仿真的基础上加以发展，用系统的、量化的电磁兼容性设计验证方法，才能实现良好的电磁兼容性。只有通过设计，才能使设备、分系统、系统满足电磁兼容性要求。

3.6.1　电磁兼容性设计和试验

GJB 8848—2016《系统电磁环境效应试验方法》，规定了电磁环境效应的试验方法。GJB 151B—2013《军用设备和分系统电磁发射和敏感度要求与测量》、GJB 152B—2013《军用设备和分系统电磁发射和敏感度测量》规定了火箭开展电磁兼容性设计、试验的要求、条件及方法。

陆基发射的火箭由于其飞行特点，通常情况下按照空间平台的条件考虑。空基发射火箭时，由于发射方式的不同，需要考虑的设计和试验条件也不同，如表 3-6 所示。吊挂在飞机平台上的发射方式，在挂飞过程中需按照标准规定的飞机外部条件进行，该条件要比空间平台的条件恶劣，而在投放后自由飞行过程中可以按照空间平台的条件进行电磁兼容设计和试验。与之前陆基火箭相比，这是一个很大的不同。

外部电磁环境的数据按照平台的不同而不同，实际应优选经订购方同意的实测或预测分析数据，当无相应数据时可采用国军标规定的数据。

3.6.2　系统级电磁兼容性量化设计

参考文献［30］提出系统级电磁兼容性量化设计方法，其基本原理是：将系统视为具有多输入、多输出端口特性、建立内部多层面、多节点、多方向耦合关系，具有频-时-空、码-极化多域响应特性的复杂系统，将功能性场型耦合关系、非功能性场型耦合关系、路型耦合关系等进行分层，将线性、非线性响应进行分类，依据系统基本工作原理，通过对输入、输出端口响应进行等效，建立系统行为级等效模型；将研制要求、功能要求、电磁环境要求、电磁兼容性要求等作为输入，采取量化、协调设计方法，兼顾系统、分系统、设备的功能，并使得系统、分系统、设备能够系统工作，同时对不能兼容工作的状态进行预报。

表 3 - 6　电磁兼容测试项目对安装平台的适用性

项目		设备和分系统的安装平台								
		水面舰船	潜艇[a]	陆军飞机（包括机场维护工作区）	海军飞机	空军飞机	空间系统（含航天器、导航和运载火箭等）	陆军地面	海军地面	空军地面
项目适用性	CE101	A	A	A	L		S			
	CE102	A	A	A	A	A	A	A	A	A
	CE106	L	L	L	L	L	L	L	L	L
	CE107	S	S	S	S	S	S	S	S	S
	CS101	A	A	A	A	A	A	A	A	A
	CS102	L	L	S	S	S	S	S	S	S
	CS103	S	S	S	S	S	S	S	S	S
	CS104	S	S	S	S	S	S	S	S	S
	CS105	S	S	S	S	S	S	S	S	S
	CS106	A	A	S	S	S	S	S	S	S
	CS109	L	L							
	CS112	L	L	L	L	L	L	L	L	L
	CS114	A	A	A	A	A	A	A	A	A
	CS115	S	S	A	A	A	A	A	A	A
	CS116	A	A	A	A	A	A	A	A	A
	RE101	A	A	A	L		S			
	RE102	A	A	A	A	A	A	A	A	A
	RE103	L	L	L	L	L	L	L	L	L
	RS101	A	A	A	L		S	L	A	
	RS103	A	A	A	A	A	A	A	A	A
	RS105	L	L	L	L		S		L	

注：A 表示该项目适用。

　　L 表示该项目有条件适用，具体条件见本标准中的相关条款。

　　S 表示该项目由订购方规定是否适用。

　　空白表示该项目不适用。

[a] 包括其他水下平台。

系统级电磁兼容性量化设计的具体方法是：

　　根据火箭总体方案，依据初步设计的几何模型，建立系统的电磁兼容性几何模型，通过仿真对设备布局、线缆布局和天线布局的合理性进行评估，对设备指标的合理性、电磁安全性进行评估；在此基础上，分析电磁不兼容问题，提出系统的电磁兼容总要求和总体技术要求，包括设计指标要求和试验考核要求，并将要求分配给分系统和设备。分系统和设备根据总体技术要求进行设计，并与总体设计方案进行协调评估，根据评估结果对方案进行调整，必要时要进行相关电磁兼容性试验。

　　系统量化的电磁兼容设计方法和流程如图 3-37 所示。图中给出的飞机系统量化的电磁兼容设计方法和流程，对运载火箭的设计同样适用。这种自顶向下的电磁兼容性量化设计，是对系统、分系统、设备、电路板、元器件电磁兼容性能逐层级进行分析、预测，合理分配各项指标要求，在系统整个设计过程中不断调整迭代，逐步使系统的电磁兼容性达到最佳状态。

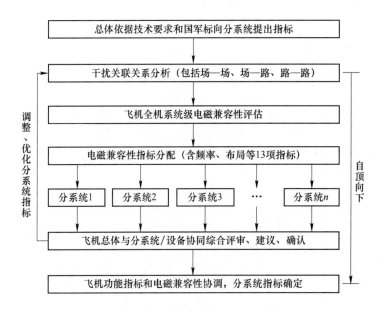

图 3-37　系统量化的电磁兼容设计方法和流程

3.6.3　火箭的雷电防护

　　目前，陆基发射的运载火箭面临的雷电环境主要考虑铁路/公路运输状态和地面长时间待机等几种典型状态。相比陆基发射，由于雷电多发生在高度 10 km 以下的云地放电和云间放电，空中发射的运载火箭需要适应与飞机基本相同的雷电环境，特别是外挂式火箭在飞行过程中诱发雷击的概率增加，需要开展针对直击雷和临近雷电电磁场的防护。

　　（1）飞机的雷电防护要求

　　由于雷电可能危及航空器的安全和机上人员生命，所以航空器的雷电防护最基本的目标是防止灾难性事故发生，也就是，即便是遭受雷击仍能继续安全飞行并着陆。同样，对空中发射的运载火箭遭遇雷电后的基本要求也是一样的，即使遭遇雷击也不允许有灾难性的后果，可以由载机安全带回或在安全的情况下实施应急投放。

　　下面将讨论民用航空对航空器的雷电防护要求。在这方面，我国的适航要求和国际上（如 FAA 等）的相关要求是一致的。

　　1）对于机身的防护。

　　中国民用航空规章 CCAR 要求，飞机必须具有防止雷电引起灾难性后果的保护措施，对于金属组件，应合适地"连接"到飞机机体上；对于非金属组件，应合理设计使得雷击的后果降至最小，同时要有可接受的分流措施，将雷电电流分流而不致危及飞机。这里的"连接"是指雷电电流传导部件之间良好的电气连续性。一般认为，危害性的雷电效应常局限在外部结构或暴露的部件中，这些部件包括操纵面、大气数据探头、翼尖和某些末端部位。所以良好的"连接"和固定是非常重要的措施。"搭接"电阻通常用来表征或验证"连接"的状态，比如 MIL—B—5087B 要求部件的"搭接"电阻不超过 $2.5\text{m}\Omega$。在强调外部结构连接的同时，也要对机身内部发生的间接的雷电效应给予足够重视，即设计人员要积极识别并找出所有可能有危害性的直接和间接的雷电效应。

　　2）燃油系统的防护。

　　燃油系统的设计和布局，必须避免雷电直接打击到雷击附着概率高的区域，必须避免扫掠雷击打击到扫掠冲击可能性高的区域，必须避免燃油通气口处的电晕放电和流光。

　　3）电子和导航系统的防护。

　　CCAR 参照 FAA（美国联邦航空管理局）的规定，要求对于功能失效会影响飞机继续安全飞行和着陆的电子电气系统的设计和安装，必须保证在遭遇雷电环境时，这些系统的工作能力不受影响；对于功能失效会影响或降低飞机能力的电子电气系统的设计和安装，必须保证在遭遇雷电环境之后能及时恢复这些功能。

　　（2）飞机的雷电防护措施

　　为了确定适用于飞机上不同部位的雷电附着特性或传递特性，将飞机表面划分为如下的区域。

　　区域 1：初始雷击放电电弧附着于其上面（雷电的进口或出口）可能性很大的飞机表面，也称为初始附着区域。

　　区域 2：雷电放电电弧被气流从区域 1 的初始附着点吹过来，并在其上面扫掠通过的可能性很大的飞机表面，也称为扫掠冲击区域。

　　区域 3：除了区域 1 和区域 2 以外的所有飞机表面为区域 3。在区域 3，放电电弧直接附着的可能性很小，但它可能对初始雷电附着点或扫掠冲击附着点之间传导很大的雷电电流。

　　按照放电电弧悬停在其上面可能性的大小，区域 1 和区域 2 又进一步划分为 A 区和 B 区。A 区电弧悬停在上面可能性较小的初始附着区域，B 区是电弧悬停在上面可能性较大的初始附着区域。飞机雷电附着区如图 3-38 所示。

　　1）区域 1A：雷电电弧悬停在上面可能性较小的初始附着区域；

　　2）区域 1B：雷电电弧悬停在上面可能性较大的初始附着区域；

　　3）区域 2A：雷电电弧悬停在上面可能性较小的扫掠冲击区域；

　　4）区域 2B：雷电电弧悬停在上面可能性较大的扫掠冲击区域；

　　5）区域 3：除了上述区域以外的所有飞机表面。

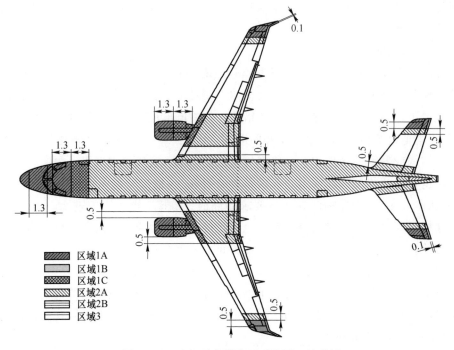

图 3-38　飞机雷电附着区示意图（见彩插）

区域1A
区域1B
区域1C
区域2A
区域2B
区域3

飞机上各区域的位置与飞机的形状有关，也与飞机的飞行特性有关。在区域位置的确定上，可以参考外形和飞行特性相似的现役飞机的经验，也可以在所考虑的飞机缩比模型上进行雷电附着点试验。

一般根据飞机设计的经验，飞机上每个区域的位置可按照下列方法确定：

1) 所有端头，如在机头、机翼和尾翼的端部、尾椎、机翼上安装吊舱以及其他明显的突出物。由于它们是可能的初始雷电附着点的区域，应考虑在初始附着区域内，朝前的端部或前缘为区域 1A，朝后的端部或后缘应考虑为区域 1B，区域 1A 范围的大小决定与电流 A 的时间、飞机飞行速度和飞行高度（即回击到达的时间）。

2) 区域 1A 后面的表面应该认为是区域 2A，区域 2A 的范围通常要延伸到区域 1A 后面的整个长度，如机身、短舱及机翼表面。

3) 区域 1A 或 2A 后面的后缘应该认为是区域 1B 或区域 2B，初始附着到达即为区域 1B，扫掠冲击到达即为区域 2B。

4) 按照上述方法确定的区域 1 和区域 2，其每一侧大约 0.5 m 的表面应认为是同一个雷击区域的范围，这是考虑了附着点的局部分散性和扫掠通道法向稍有摆动的可能性。

5) 不在上述区域内，但处在它们之间的表面和结构应考虑为区域 3 的范围。

GJB 2639—1996《军用飞机雷电防护》规定，飞机结构的设计应该为雷电电流提供低阻抗的通路。对于对雷击放电敏感的飞机系统和部件，必须根据其自身的重要性采取适当的雷电防护措施，以尽可能减少雷电对飞机的危害。并且，雷电防护措施的可靠性要通过分析和试验的验证。

飞机的抗雷电防护设计主要包含针对直击雷的防护设计和针对间接感应雷的防护设

计。飞机的制作材料和将其组装成飞机的结构方式是现代飞机免受雷电环境破坏的重要方面。传统铆接结构的铝机身，由于其优良的导电性，很少因雷击遭到严重的结构破坏。并且这些结构也为敏感系统和机内人员提供了良好的保护。对于非金属材料的结构，则需要采取特别措施提供遭遇雷击后的导电途径，以确保飞机的安全。

对于金属结构，雷电的直接效应包括：

1）在金属表面附着点处的熔穿或冲击波效应；

2）雷电流导致金属导体温度升高；

3）磁力效应；

4）声冲击效应；

5）在搭接、铰链和接头处起弧；

6）燃油箱内易燃蒸气的点燃。

针对以上金属结构的直击雷效应，参考文献［35］有针对性地介绍了防护措施，感兴趣的读者可以参照学习。

对于不导电复合材料的防护有两种基本方法。一种是采取外壳外表面整体金属分流条或分段式分流条的方式。另外一种是在结构表面涂覆一层导电材料，包括在复合材料表面敷设铜网、喷涂带有导电粒子的防护材料，或采用可导电的防护薄膜。

对于导电的复合材料，参考文献［35］提出了连接和连接处的防护要求，对敷设模式、接缝、与紧固件的电连接也提出了具体的建议。

针对感应雷的防护，主要是在单机、分系统的电气端口增加雷电浪涌瞬态抑制器，针对不同防雷等级要求选取不同的抑制器，或者采用多级抑制器提高对不同量级、不同种类感应雷电流波形的防护。一般来说，在所有需要抗雷电单机的电源、信号、天馈端口进行感应雷防护是最有效的方法，但是这样会造成所组成系统整体质量的增加。在设计要求有约束的情况下，可针对电气系统各单机按照功能、安全性的重要程度进行分级，并结合所布局的雷电分区位置情况，选取最需要进行防护的单机端口进行感应雷防护。同时，电子设备的布置、布线走向、合理接地以及在与外系统有直接接触的电源、信号、天馈端口采取感应雷防护措施，也可提升对感应雷的防护性能。

军用飞机雷电防护鉴定试验要求可参见 GJB 3567—1999《军用飞机雷电防护鉴定试验方法》。

（3）火箭的雷电防护

对于陆基发射运载火箭，目前基本上是依据 GJB 1804—93《运载火箭雷电防护》对运载火箭的雷电防护提出具体的要求。主要为：

1）火箭的电气搭接和接地、火箭发射场坪的搭接和接地、火箭仪器电缆的屏蔽。

2）依据分级保护、整体防雷的原则，在具体技术措施上采取均压（等电位）、分流、屏蔽和接地等技术。

3）在具体防雷的实施上，采取"躲""防""抗"的措施。"躲"是通过雷电预警系统对发射场雷击进行预报（以便火箭实施针对性的防护），选择合适的发射时机使火箭升空时避开雷击；"防"是确保在发射准备阶段地面防雷设施能免遭直接雷击；"抗"是发射场遭受雷击且发射场防雷措施起作用时，避雷针通过雷击电流，能避免承受雷电流产生的间接效应而损坏。这些措施主要是针对发射准备阶段火箭的抗雷电，而对于飞行状态的火箭抗雷电设计还处于初步探索阶段。

对于空中发射的运载火箭，主要要解决挂机飞行阶段的雷电防、抗的问题。一般投放高度在 10km 以上时，火箭自身诱发雷电的可能性极小。但若是在低空投放，这个因素就必须予以考虑。因此，应优先开展火箭挂机状态的雷电分区试验及分析工作，确定火箭外挂对载机雷电分区有无影响，同时明确火箭挂机状态下的雷电区域划分，对箭体不同区域提出明确的防护等级和量化要求，根据不同的雷电分区对内部电气系统进行相应防雷电设计，避免笼统采取防雷设计导致措施无效或火箭自身性能下降的问题。

参考飞机雷电的分区，挂机飞行阶段火箭的雷电弧悬停留的初始附着区域（1A 区、1B 区）一般认为火箭的前锥、翼、尾舵的前缘部位和火箭的翼、尾舵的后缘部位，需考虑 200kA 直击雷的情况，按照最高等级进行抗雷电防护；雷电弧悬停的扫掠冲击区域（2A 区、2B 区）为连接 1A 区、1B 区的部分，需考虑 50～100kA 雷电流流过的情况，可将此区域的抗雷电等级进行适当下调；3 区为除了上述区域以外的其他所有区域，主要考虑端口 10～20kA 感应雷电作用的影响。挂机阶段的火箭各部位均需要考虑临近雷电电磁场的影响。具体的分区可通过地面试验确定。参考文献 [34] 规定了地地导弹武器系统雷电防护的通用要求，可参照进行运载火箭的防雷设计。

近年来，由于一些新材料、新工艺在火箭上大量使用，也给火箭的雷电防护提出了新的要求。越来越多非金属材料的使用，如玻璃钢、碳纤维等，其电气连续性对防雷设计是一个难点。复合材料的雷击损伤是电-热-磁多物理场耦合的复杂瞬态过程，传统金属雷击防护是围绕雷电电流快速导出而设计的金属防护层。火箭外壳复合材料经过金属化处理后，能够抗 200kA 直击雷作用且不出现结构损坏，也不会破坏外壳隔热层；还有一种新型的轻质复合材料雷击防护用表面膜，该雷击防护膜与金属铜网相比，质量大幅减轻，多次伸展、弯折后不易变形，性能与现行铜网的雷击防护效果相当，可用于变曲面、小转角、大面积复杂复合材料结构的雷击防护，目前在各型飞机升降舵、壁板、发动机罩及风电叶片翼面等各类复合材料结构中得到应用验证。另外，火箭箭体外表面不光滑，有凸起物、防护罩等结构，这些对火箭的雷电分区有较大的影响。火箭箭体外表面有一定厚度的防热涂层，包括局部的（如软木等）热防护措施，其存在可能增大了雷电在附着点的驻留时间和雷电注入的能量，而且为搭接工艺带来了更大的难度。针对火箭可能暴露在外界环境的天线、接收机等前端耦合途径和电气端口、电缆连接器、结构孔缝等后端耦合途径，应进行抗雷电加固设计，以使火箭具备处于雷电电磁环境下的生存能力。

目前，针对运载火箭的雷电防护设计和试验尚未纳入研制流程，指标没有逐级分解到分系统、单机，设计方法、试验标准和手段也有待规范化。后续应该根据运载火箭的实际情况，参照飞机雷电防护的标准和经验，开展相应的设计、试验和鉴定工作，逐步形成一套适合于运载火箭自身的雷电防护设计、试验、鉴定规范。

3.7　疲劳强度设计

对于空中发射的运载火箭面临反复起降、长时间挂飞的载荷，是否应作为传统意义上的疲劳载荷尚有一些不同看法。这是因为，空中挂飞火箭在飞行时间和频次上与飞机相比确实有着数量级的差别。相比陆基发射时运载火箭承受的短时间、一次性大载荷，空中挂飞火箭由于其受规模和外挂方式的影响，挂飞过程中火箭所受载荷量级并不低，加之显著的长时间飞行，展现出一定意义上的"疲劳"性质。这种特殊的疲劳特性，用静载的设计、校核和试验回答是不科学的。工程上，一种办法是用静载荷设计、用最大使用载荷或设计载荷考虑一定的分散系数（一般取 3～5）进行反复加载试验的验证。这种方法本身没有充分的理论依据，对于反复起降次数少、挂飞时间不长的可以用这个方法。但对于反复起降次数和挂飞时间指标要求高的，用疲劳载荷的设计和试验的思路回答这个问题更科学。

疲劳破坏与静强度破坏有着本质的不同，二者的设计依据也不同，如图 3-39 所示。静强度破坏是因零件危险截面的应力大于其抗拉强度导致断裂失效，或大于其屈服强度而产生过大的残余变形最终导致失效。疲劳破坏是由于零件局部应力最大处，在循环应力的作用下形成微裂纹（严格地讲，任何材料微观地看都有微缺陷），然后逐渐扩大成宏观裂纹，裂纹再继续扩展最终导致断裂。疲劳破坏发生时的应力最大值可能低于材料的抗拉强度 σ_b，甚至小于材料的屈服强度 σ_s 的情况。之前陆基发射运载火箭在疲劳设计方面考虑甚少，在空中发射运载火箭设计上需要格外关注这一点。

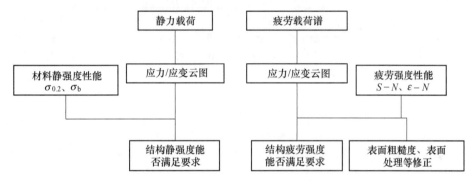

图 3-39　静强度与疲劳强度设计比较

不论是脆性材料还是可延性材料，其疲劳破坏在宏观上均无明显塑性变形的脆性突然断裂，即疲劳断裂一般表现为低应力脆断。与疲劳强度破坏不同，静强度破坏是在一次最大载荷作用下破坏，而疲劳破坏则是在循环应力多次反复作用下产生的，因而它要经历一定时间，甚至很长时间才发生。疲劳破坏抗力不仅决定于材料本身，而且还决定于零件形状、尺寸、表面状态、工作条件和环境等。从破坏的宏观断口上看，疲劳破坏宏观断口有着不同于其他破坏断口的显著特点，即有疲劳源（或称为疲劳核心）、疲劳裂纹扩展区和瞬断区。

根据研究的对象、载荷条件、环境等，疲劳有多种分类方法，常见有按照失效周次、载荷条件、温度环境等分类方法，见表 3-7，还有一些其他分类方法可见参考文献 [37]。

表 3-7　疲劳分类

分类	名称	特征说明	备注
研究对象	材料疲劳	通过标准试样研究材料的失效机理、化学成分和微观组织对疲劳强度的影响、疲劳试验方法和数据的方法；材料的基本疲劳特性；环境和工况的影响；疲劳断口的宏观和微观形貌等	用标准规定的试样做的各种疲劳试验

续表

分类	名 称	特 征 说 明	备 注
研究对象	结构疲劳	以零件或整机为对象，研究其疲劳性能、抗疲劳设计方法、寿命估算方法、疲劳试验方法，以及形状、尺寸、表面状态和工艺因素的影响，提供其疲劳强度的方法等	各种工程结构，机械零部件等
失效周次	高周疲劳	材料或结构在低于其屈服强度的循环应力作用下，经过 $10^4 \sim 10^5$ 次以上的循环产生的失效。高周疲劳一般应力较低，材料处于弹性范围内，其应力应变也是成比例的，也称应力疲劳，是机械中最常见的疲劳	弹簧，轴，螺栓等
	低周疲劳	材料或结构在接近或超过其屈服强度的循环应力作用下，在低于 $10^4 \sim 10^5$ 次循环产生的失效。由于其应力超过弹性极限，产生较大的塑性变形，其应力应变不成比例，也称应变疲劳	高压容器，飞机起落架，汽轮机转子等
载荷条件	随机疲劳	载荷应力幅值和频率均随时间变化的疲劳	汽车底盘等
	冲击疲劳	小能量多次冲击引起的疲劳	内燃机阀杆等
	接触疲劳	零件接触表面在接触压力循环作用下出现麻点、剥落或表层压碎剥落，从而造成零件失效的疲劳	齿轮，轴承，车轮等
	微动磨损疲劳	零件表面接触并做小幅度的往复相对运动时，在接触表面产生的疲劳，经过附着、氧化、疲劳三个阶段，是机械过程和化学过程综合的结果	铆钉连接件，螺栓连接件，销钉，花键等
	声疲劳	气动噪声、结构噪声或电磁噪声使结构件产生的疲劳。只有当作为激励的噪声使结果产生的应力-应变响应应足够大，足以对结构材料造成损伤时才可能产生声疲劳	如涡轮发动机作为噪声源，对飞行器产生高声压级的噪声场
……	……	……	……

3.7.1 疲劳强度设计方法

疲劳强度的设计方法有名义应力法、局部应力应变法、损伤容限法和概率疲劳设计法等。

（1）名义应力法

名义应力法也称常规疲劳设计法或影响系数法，是以材料的疲劳应力与疲劳寿命曲线，即 $S-N$ 曲线为依据，以零件构件的名义应力为设计参数，考虑有效应力集中系数、零件尺寸系数、表面系数和平均应力影响系数等因素，进行抗疲劳设计。

当 $S-N$ 曲线的纵轴 σ 和横轴 N 都取对数时，则形成如图 3-40 所示的由两条直线组成的折线。对于钢材料，交点 P 对应的 $N_0 = 10^7$（N_0 为循环基数）。

根据平行于横轴的直线进行设计称为无限寿命设计，也就是，将产品的工作应力限制在其疲劳极限以下。这样的设计往往比较保守。根据左边斜线进行的设计为有限寿命设计。这是保证产品在一定使用期限内安全使用。这样的准则能充分利用结构材料的承载性能，更有重要的实际意义。当然，这种设计需要取合理的安全系数。

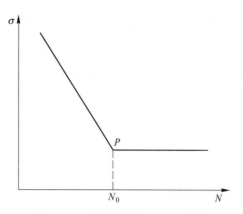

图 3 - 40　对数坐标的 S - N 曲线

取某产品铝合金试棒 30 件，用于测定材料的 S - N 曲线。疲劳试件按照 GB/T 3075—2008 规定制作，采用圆截面试样地图 3 - 41 所示。试样平行度不超过 0.03mm，同轴度不超过 0.03mm，垂直度不超过 0.03mm，两端面与试样轴线垂直度不超过 0.05mm。夹持部分为细牙螺纹，螺纹规格 $M20 \times 1.5$mm。试样表面粗糙度 $Ra \leqslant 0.2\mu$m。得到的 S - N 曲线如图 3 - 42 所示。

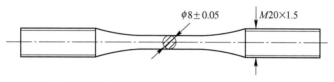

图 3 - 41　应力疲劳试样形状尺寸

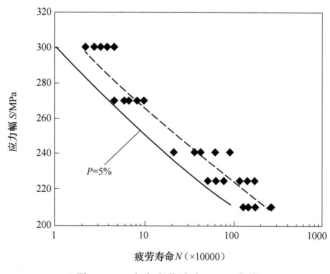

图 3 - 42　应力疲劳试验 S - N 曲线

常用材料的疲劳极限和 S - N 曲线参见参考文献 [37]。需要关注的一点是，对于空中发射的运载火箭，由于其可能存在低温使用工况，应关注所使用材料在低温下的特性。

一般地讲，低温下，金属的强度提高而塑性降低。因此，低温下光滑试样的高周疲劳强度相比室温提高，而低周疲劳强度相比室温降低。特别是结构上有突变时（如缺口、削弱槽等），结构韧性和塑性会降低很多，而且这些突变往往对低温也比较敏感。

为了测试带削弱槽箭体部位的疲劳性能，开展不同热处理状态下带削弱槽平板疲劳试验。试验件为带削弱槽的平板件，如图 3 - 43 所示。试验件的材料为铝锻件，共三种状态，每个状态各 13 个试件，使用削弱槽底部载荷 320MPa 进行拉-拉疲劳试验。表 3 - 8 给出每个试件的断裂循环周数。

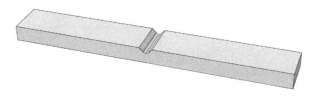

图 3 - 43　试验件三维模型示意图

表 3 - 8　不同热处理状态下带削弱槽的平板试件疲劳寿命

编号	试验件状态		
	状态 1/次	状态 2/次	状态 3/次
1	43705	49773	43891
2	34228	50090	49812
3	39720	47268	53111
4	42878	48396	43010
5	44762	57847	55116
6	43586	51193	43434
7	48305	73476	48564
8	30554	36613	32027
9	22052	44438	39808
10	45120	45698	39970
11	44875	46272	38052
12	37385	59124	43032
13	37461	39066	49018
均值	39587	49943	44527
标准差	7259	9440	6439

（2）局部应力应变法

局部应力应变法的基本思想是，零部件的破坏都是从应变集中部位的最大应变处开始。应变集中处的塑性变形是疲劳裂纹形成和扩展的先决条件，应变集中处的局部最大应变决定了零部件的疲劳强度和寿命。对于同一种材料，只要其局部最大应力、应变相同，疲劳寿命就相同。根据相同应变条件下损伤相等的原则，可以用光滑试件的应变-寿命曲线估算零部件危险部位的损伤，从而得到零部件疲劳寿命。

按照 GB/T 26077—2010 规定制作应变疲劳试件（图 3 - 44），试样数量为 30 件。所得到的应变疲劳 S - N 曲线如图 3 - 45 所示。

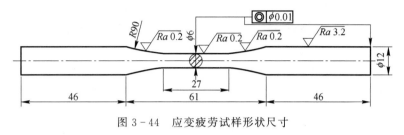

图 3 - 44　应变疲劳试样形状尺寸

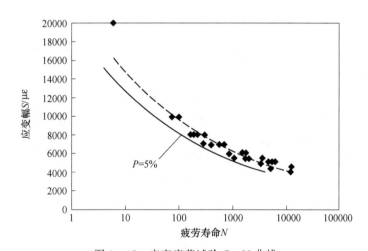

图 3 - 45　应变疲劳试验 S - N 曲线

（3）损伤容限法

损伤容限法认为零部件存在微观的初始缺陷，应用断裂力学的方法来估算其剩余寿命，并通过试验来检验，确保其在使用期内裂纹不至于扩展到引起破坏的程度，保证其在服役期内的安全。

（4）概率疲劳设计法

概率疲劳设计法，也称疲劳可靠性设计方法，是根据零部件的工作应力和疲劳强度相关联的统计方法而进行的抗疲劳设计方法，是概率统计方法与抗疲劳设计相结合的一种方法。

3.7.2　抗疲劳设计和疲劳载荷谱

影响疲劳强度的因素包括效应力集中、零件尺寸、表面情况和平均应力影响等。具体可参考机械设计手册和飞机的设计手册。

针对名义应力设计法，一般的疲劳强度计算中涉及的许用安全系数有

$$\sigma_{bp} = \frac{\sigma_b}{\sigma_p}$$

$$\sigma_{sp} = \frac{\sigma_s}{\sigma_p}$$

$$\sigma_{-1\mathrm{p}} = \frac{\sigma_{-1}}{\sigma_{\mathrm{p}}}$$

式中　　σ_{b} —— 材料的抗拉强度；

　　　　σ_{s} —— 材料的屈服强度；

　　　　σ_{-1} —— 材料的疲劳极限；

　　　　σ_{p} —— 设计许用应力。

推荐的安全系数值参见参考文献 [37]。由于运载火箭的使用频次与飞机、机械零件不同，所以，合理的设计要求还需要不断摸索和积累。

由实际的载荷–时间历程简化成典型的载荷谱的过程，称为载荷谱的编制。编谱时应该遵循损伤等效的原则，即把一个连续的随机载荷对产品所造成的损伤当量定量地反映出来。载荷谱除了以载荷–时间历程给出外，机械中也常有以力矩–时间历程、转矩–时间历程等形式给出。由于载荷谱具有典型性、集中性和概括性的特点，因而是疲劳试验的依据，也是疲劳寿命估算的依据。

载荷谱是对疲劳载荷的描述，是飞机在设计阶段所编制的各种类型载荷谱的总称，它反映飞机预定的使用情况。GJB 540.1—1988《飞航导弹强度和刚度规范》中指出，载机悬挂导弹时，应根据载机相应载荷情况确定导弹具体的载荷情况。由于大型运载火箭箭体较长，其挂载位置可能是机腹，也有可能是机翼下，因此需要根据火箭实际挂载情况确定自身的载荷分布。飞机提供的载荷谱是一种无顺序谱，它反映了飞机在一个块谱（如典型的 1000 飞行小时块谱）中所历经的载荷–累积频次统计数据。通常以过载（应力）–超越频次曲线的形式给出。

空中发射运载火箭的疲劳载荷谱，可以参考飞机载荷谱遵循的任务分析法进行编制。基本流程如下：

1）确定典型任务剖面；

2）通过对每种任务剖面的实测谱的拟合和高载外推，得到无顺序的设计谱；

3）对各任务剖面的实测谱高低载截取和离散化，得到离散的实测谱。

参 考 文 献

[1] 管洪仁，朱永贵. 空中发射技术研究 [R]. 中国国防科学技术报告，2004.

[2] 机载悬挂物的地面适配及相容性试验程序：GJB 479—1988 [S]. 北京：国防科学技术工业委员会，1988.

[3] 机载悬挂物和悬挂装置接合部位的通用设计准则：GJB 1C—2006 [S]. 北京：国防科学技术工业委员会，2006.

[4] 飞机/悬挂物电气连接系统接口要求：GJB 1188A—1999 [S]. 北京：国防科学技术工业委员会，1999.

[5] 飞机供电特性及对用设备的要求：GJB 181—1986 [S]. 北京：国防科学技术工业委员会，1986.

[6] 飞机与悬挂装置/悬挂物流体接口通用要求：GJB 5279—2004 [S]. 北京：国防科学技术工业委员会，2004.

[7] 机载悬挂装置试验方法：GJB 1063A—2008 [S]. 北京：国防科学技术工业委员会，2008.

[8] 杨梦怡，侯晓，都婕，沙宝林. 机载发动机药柱在温度循环载荷下的力学响应分析 [J]. 固体火箭

技术，2020，43（1）：1 - 7.

[9] 郑奇. 滚珠丝杠副在低温环境下的应用研究 [J]. 精密制造与自动化，2020（1）：27 - 30.

[10] 固体战略导弹贮存试验规程：GJB 1305—1991 [S]. 北京：国防科学技术工业委员会，1991.

[11] 电子设备非工作状态可靠性预计手册：GJB/Z 108A—2006 [S]. 北京：国防科学技术工业委员会，2006.

[12] 电子设备可靠性预计手册：GJB/Z 299C—2006 [S]. 北京：国防科学技术工业委员会，2006.

[13] 固体火箭发动机直径系列：GJB 1025A—2005 [S]. 北京：国防科学技术工业委员会，2005.

[14] 唐国金，罗亚中，雍恩米. 航天器轨迹优化理论、方法及应用 [M]. 北京：科学出版社，2011.

[15] 空-空火箭最低安全要求：GJB 357—1987 [S]. 北京：国防科学技术工业委员会，1987.

[16] 弹药、火箭用火工品安全性要求：GJB 4377—2002 [S]. 北京：国防科学技术工业委员会，2002.

[17] 飞机在核环境下安全使用要求：GJB 3743—1999 [S]. 北京：国防科学技术工业委员会，1999.

[18] 雷凯，王小军. 背驮式空射火箭分离技术 [J]. 导弹与航天运载技术，2005（4）.

[19] 常立平，唐硕，许志. 内装式空射火箭发射前姿态控制方法研究 [J]. 科学技术与工程，2012，20（9）：2100 - 2104.

[20] 周焕丁，解维奇，程龙. 内装式空射火箭射前姿态控制方法分析 [J]. 测控技术，2020，39（增）：468 - 476.

[21] 许志，何民，唐硕. 内装式空射火箭箭机分离 RCS 姿态控制方案研究 [J]. 飞行力学，2011，29（2）：70 - 73.

[22] J R 赖特，J E 库珀. 飞机气动弹性力学及载荷导论 [M]. 上海：上海交通大学出版社，2010.

[23] 杨超. 飞行器气动弹性原理 [M]. 北京：北京航空航天大学出版社，2011.

[24] 军用飞机结构强度规范　第 2 部分　飞行载荷：GJB 67.2A—2008 [S]. 北京：国防科学技术工业委员会，2008.

[25] 军用飞机结构强度规范　第 3 部分　其他载荷：GJB 67.3A—2008 [S]. 北京：国防科学技术工业委员会，2008.

[26] 军用飞机结构强度规范　第 4 部分　地面载荷：GJB 67.4A—2008 [S]. 北京：国防科学技术工业委员会，2008.

[27] 军用飞机结构强度规范　第 7 部分　气动弹性：GJB 67.7A—2008 [S]. 北京：国防科学技术工业委员会，2008.

[28] 飞航火箭强度和刚度规范——总则：GJB 540.1—1988 [S]. 北京：国防科学技术工业委员会，1988.

[29] 飞航导弹强度和刚度规范——气动弹性不稳定性：GJB 540.8—1988 [S]. 北京：国防科学技术工业委员会，1988.

[30] 苏东林，等. 系统级电磁兼容性量化设计理论与方法 [M]. 北京：国防工业出版社，2015.

[31] 军用飞机雷电防护：GJB 2639—1996 [S]. 北京：国防科学技术工业委员会，1996.

[32] 运载火箭雷电防护：GJB 1804—1993 [S]. 北京：国防科学技术工业委员会，1993.

[33] 机载雷电抑制器通用规范：GJB 7512—2012 [S]. 北京：总装备部军标出版发行部，2012.

[34] 军用飞机雷电防护鉴定试验方法：GJB 3567—1999 [S]. 北京：国防科学技术工业委员会，1999.

[35] 地地导弹武器系统雷电防护通用要求：GJB 8007—2013 [S]. 北京：总装备部军标出版发行部，2013.

[36] 合肥航太物理技术有限公司. 航空器雷电防护技术 [M]. 北京：航空工业出版社，2013.

[37] 闻邦椿. 机械设计手册——疲劳强度与可靠性设计 [M]. 北京：机械工业出版社，2015.

第 4 章　气动布局及控制技术

传统陆基发射的运载火箭一般尽可能避免在跨声速段带攻角飞行，若确实无法避免，也基本选择小攻角飞行模式。空中发射的运载火箭不可避免地要在亚、跨声速段和超声速段进行大攻角飞行，以实现弹道倾角的快速拉起，在此过程中要确保箭体姿态的稳定控制，同时满足飞行载荷的约束条件，加之规模和安装空间的限制，气动布局设计和控制系统实现面临很大的难度。空中发射的运载火箭通常采用空气舵进行一级姿态控制，空气舵系统设计在工程上常遇到一些值得关注的问题。另外，故障情况下控制系统一定的容错能力和控制重构能力，应该是未来运载火箭具备的基本能力。

4.1　参考坐标系

导航所采用的坐标系分为惯性坐标系和非惯性坐标系。惯性导航与无线电导航、天文导航等其他类型导航方式的不同之处在于，惯性导航是建立在牛顿惯性定律基础上的。牛顿惯性定律只在惯性空间内成立，这就有必要引入惯性坐标系作为一个坐标的基准。严格地说，惯性坐标系是绝对静止或只做匀速直线运动的坐标系。在实际中，物理意义上绝对的惯性坐标系是不存在的，只能根据需要选取一个惯性坐标系。飞行器导航的目的是实时地确定姿态、位置、速度等参数，这些参数是相对于不同坐标系来说的。这些坐标系区别于惯性坐标系，为非惯性坐标系，如地球坐标系、地理坐标系、导航坐标系、载体坐标系等。以下给出这些坐标系的相应定义。

1）惯性坐标系：是惯性器件敏感的基准，由于在导航计算时无须在这个坐标系上分解任何向量，因此它的坐标轴定向本无关紧要。习惯上，坐标原点取在地心，X 轴和 Y 轴位于地球赤道平面内，X 轴指向春分点，Z 轴与地球自转轴重合。

2）地球坐标系：是固连在地球上的坐标系。坐标原点取在地心，X 轴和 Y 轴位于地球赤道平面内，X 轴指向格林尼治经线，Y 轴指向东经 $90°$，Z 轴与地球自转轴重合，整个坐标系相对于惯性坐标系以地球自转角速度旋转。

3）地理坐标系：是用来表示飞行器所在位置的东向、北向和天向（垂线方向）的坐标系。坐标原点取在载体质心处，X 指向东（与地球纬度圆相切），Y 轴指北（与地球子午圆相切），Z 轴指向天。

4）导航坐标系：是根据导航需要选取的作为导航基准的坐标系。其原点取在飞行器质心，X 轴、Z 轴与地理坐标系对应轴重合，Y 轴与地理坐标系对应轴之间相差一个游动方位角 α。当 α 为 0 时，导航坐标系与地理坐标系重合，这个导航坐标系就是指北方位系统。

5）平台坐标系：又称计算导航坐标系，它是惯导系统复现导航坐标系时所获得的坐标系。其坐标原点取在飞行器质心，当惯导系统不存在误差时，平台坐标系与导航坐标系重合；当惯导系统存在误差时，平台坐标系相对于导航坐标系存在误差角，即三个姿态失准角 φ_x，φ_y，φ_z。对于平台惯导系统，平台坐标系是通过平台台体实现的；对于捷联惯导系统，平台坐标系则是通过方向余弦矩阵，即数学平台实现的。对于平台惯导系统，平台坐标系与导航坐标系之间的误差是由平台的加工误差、装配误差、敏感器件的误差以及初始对准的误差造成的；对于捷联惯导系统，平台坐标系的误差则是由算法误差、敏感元件误差以及初始对准误差造成的。对于空中发射运载火箭来说，平台坐标系又分为飞机平台坐标系和火箭平台坐标系。

6）载体坐标系：是固联于飞行器并随飞行器运动的一种动坐标系。它的原点位于飞行器的质心。X 轴在飞行器对称平面内，平行于飞行器轴线或机翼的平均气动弦线，指向前；Z 轴亦在对称平面内，垂直于 X 轴，指向下；Y 轴构成右手坐标系。对于空中发射运载火箭来说，载体坐标系又分为飞机机体坐标系和火箭箭体坐标系。

气动力矩的三个分量，即滚转力矩、偏航力矩和俯仰力矩，是对载体坐标系的三个轴定义的。

7）飞机速度坐标系：飞机速度坐标系又称气流坐标系或风轴系。它的原点位于飞机质心，X 轴始终指向飞机的空速方向；Z 轴位于对称平面内，垂直于 X 轴，指向下；Y 轴构成右手坐标系。

气动力的三个分量，即升力、阻力和侧向力是在速度坐标系中定义的。

8）航迹坐标系：航迹坐标系又称弹道固联坐标系。它的原点位于飞机质心。X 轴始终指向飞机的地速方向，Z 轴则位于包含 X 轴的铅垂平面内，垂直于 X 轴；Y 轴构成右手坐标系。当风速为 0 时，航迹坐标系的 X 轴与气流坐标系的 X 轴，两者的方向一致，当风速不为 0 时，两者方向是不同的。

4.2　发射条件

空中发射运载火箭的投放条件包括了对飞行高度、飞行马赫数、载机的姿态角和姿态角速度的要求。由飞行高度和飞行马赫数确定的典型包络如图 4-1 所示。这个条件既是由飞机携火箭能够实现的高度、速度决定，也和发射后运载火箭本身能力有关。在考虑高度的初始条件时，既要考虑到飞机气压高度给出的偏差，这是个导航偏差，同时也要考虑到这个高度的控制偏差，这两个偏差有可能是同向叠加的。火箭投放后需要保持稳定，然后要实施起控和快速拉起。若投放后的姿态控制来源于气动力，则投放时的马赫数、动压等对控制能力就会有一定的影响。同样，投放条件也会对水平投放后的拉起控制、飞行载荷有影响。飞机飞行时的高度是按照气压高度进行控制，速度的控制既可以按照空速表指示投放，也可以按照要求的马赫数进行投放。设计时用到的气动参数也应使用空速计算。

飞机相对地面的运动速度（地速）用 V 表示；飞机相对空气的运动速度（真空速）用 V_w 表示；当地风场速度（风速）用 W 表示。无风时，地速与空速大小相等、方向一致。有风时，空速 V_w、地速 V 和风速 W 在水平面内的几何关系如图 4-2 所示，地速 V 和空速 V_w 的关系为：地速 V 等于空速 V_w 与风速 W 的矢量和。即，其三者存在关系 $\boldsymbol{V}=\boldsymbol{V_w}+\boldsymbol{W}$。

定义 σ_0 为航迹偏航角，表示飞机地速与飞机-目标连线之间的夹角；β_{w0} 为飞行侧滑

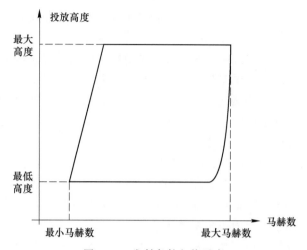

图 4-1 发射条件包络示意

角，为空速 V_w 与飞机载体坐标系 X 轴之间的夹角。

　　载机在飞行时航向对准目标，尽量保证地速 V 对准目标方向，即期望航迹偏航角 σ_0 为零。在有风的条件下，如果不进行修正，载机将随风飘移，产生一个偏流角 η_0，也就是地速和空速之间的夹角，从而导致地速矢量偏离目标航迹。因此在侧风中飞行时，为了使飞机沿着理想航线飞行，需要对偏流角进行修正。偏流角的修正方法是通过操纵载机向侧风方向改变一个航向角，航向角的大小与偏流角相同，使得载机机轴与真空速在水平面内的投影方向一致，也就是顶风飞。当风速 W 为零时，飞机地速 V 指向目标，理论上航迹偏航角 σ_0 为零。当风速 W 不为零时，在当地风速 W 的作用下，飞机真空速 V_w 与地速 V 相差一个偏流角 η_0。此时，飞行员控制飞机姿态，使得飞机 X 轴与 V_w 同向，尽可能保证"零侧滑"飞行。

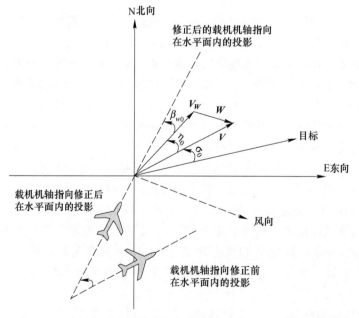

图 4-2 空速、地速和风速在水平面内投影的几何关系示意图

运载火箭投放时，其纵轴指向与飞机机头指向相同，则投放时的侧滑角就是载机飞行侧滑角 β_{w_0}，即为真空速 V_w 与飞机机体 X 轴的夹角。这个角度一般不大，投放时刻载机侧滑角可控制在 $\pm 3°$ 内，侧滑角是重点关注的设计条件之一。火箭设计时应尽可能降低对载机投放时姿态角和姿态角速度的要求，也就是投放时的载机姿态约束包络尽可能要宽。

4.3　初始对准

惯性导航是自主导航系统，不依赖任何外来信息，也不向外辐射任何信息，仅依靠自身的惯性测量组件（IMU）就能实现对运载器的导航定位。惯性导航系统中加速度计的测量值是运载器相对惯性空间的加速度。在实际应用中，我们想要知道的是载体相对于地球（或地球表面）的加速度，然后积分得到载体相对地球的速度、位置等信息。因此引入了机电平台，将加速度计安装在机电平台上。机电平台的作用就是跟踪导航坐标系，在固定指北惯导系统中跟踪地理坐标系，由安装在平台上的加速度计可以直接测量出载体绝对加速度在导航坐标系中的投影。这种机电平台式惯导系统不能直接测量出载体的角速度信息，载体的姿态信息只能通过机电平台的框架读出。

捷联惯导系统与平台惯导系统不同，它将惯性测量组件（IMU）直接固联在飞行器载体上，用方向余弦矩阵建立的数学平台取代机电平台。所谓数学平台，就是通过数字计算机建立载体坐标系到导航坐标系的姿态矩阵，利用姿态矩阵将加速度计测量得到的载体相对惯性空间的加速度投影到导航坐标系上，从而实现平台惯导系统中机电平台的作用。

惯导系统是通过对线加速度积分再加上初始速度求出当前速度，再次积分后加上初始位置就可以得到当前位置。因此，初始值的精确程度直接影响着惯导系统的导航精度。惯导初始对准就是建立系统的初始条件，对平台惯导而言，初始对准就是建立机电平台的水平和方向基准，而对捷联惯导来说，初始对准就是建立数字化的初始姿态矩阵。

为了实现空射运载火箭高精度的导航定位，可以把高精度惯导系统放在火箭上。从工程实现的角度，要付出质量、空间和成本的代价。空中发射运载火箭，载机是空射多级运载火箭可重复使用的"零级"。因此设计时能在"零级"解决的问题就不应放到一级解决，能在一级解决的事就不放到二级，依此类推，越往上面级，付出的代价就越大。解决问题的思路是，在火箭上使用相对经济的、体积、质量和精度可以接受的惯导系统，而在"零级"载机上安装高精度的惯导系统（可以辅以其他多种修正方式，如天文星光、卫星导航系统等，进一步提高机载惯导系统的精度），在火箭投放前通过对箭载惯导系统进行初始传递对准的方式，消除箭载子惯导系统初始导航参数误差的影响，从而达到提高火箭导航精度的目的。

4.3.1　初始对准方法

初始对准方法有多种分类，按对准阶段可分为粗对准和精对准；按对准中使用的参考信息不同可分为自对准、传递对准。传递对准就是用一套高精度的惯导系统来对精度较低的惯导系统进行初始化的过程。通常把高精度的惯导系统称为主惯导系统，把精度较低的待对准的惯导系统称为子惯导系统。具体的实现方法是用主惯导输出的导航参数（比如速度、姿态、位置以及它们的组合信息）和子惯导的导航参数进行比较，采用滤波的方法来估计主子惯导的姿态误差角，从而确定子惯导的捷联矩阵，完成初始对准。在传递对准过程中，把主惯导的导航参数作为子惯导初始对准的基准，因此，主惯导的精度决定了子惯度对准后的最高精度。对于传递对准的要求就是用最短的时间获得较高的精度。理论上，如果主、子惯导没有安装误差，那么直接把主惯导的姿态矩阵传递给子惯导就完成了对子惯导的初始化，但是实际工程应用中这是不可能的，主惯导和子惯导安装在不同的位置，它们之间不仅存在安装误差角，还存在外激励和惯性力作用下导致的杆臂效应和挠曲形变，主、子惯导间信息传输有延迟等，这些因素都会影响传递对准的精度，因此在实际传递对准过程中需要对以上的误差进行补偿。

　　主惯导输出的导航信息中有加速度、角速度、姿态角等测量参数，也有速度、位置等计算参数，因此传递对准还可以分为测量参数匹配法和计算参数匹配法以及组合参数匹配法，其中测量参数匹配法包括加速度匹配、角速度匹配和姿态匹配，计算参数匹配法包括速度匹配和位置匹配。

　　测量参数匹配也叫矢量匹配法，它利用主、子惯导的加速度和角速度在同一载体坐标系上的投影分量不同来计算主、子惯导载体系之间的失准角，因为测量值与待估计失准角有直接关系，因此对准速度快。但是只有在载体有角速度和加速度的情况下才能用此方法。该方法的加速度受杆臂和挠曲效应的影响很大，而角速度对挠曲变形很敏感。

　　计算参数匹配法其参数不是直接测量得出的，需要经过导航解算，因此计算参数和待估失准角之间没有直接的关系，需要把它们列为状态变量并通过状态方程联系起来，而且各状态变量的运动关系和载体的运动方式有关，所以计算参数匹配比测量参数匹配法需要更长的收敛时间，计算量较大。由于速度对挠曲效应不敏感，但对杆臂效应比较敏感，需要通过补偿的方法来解决。而位置对杆臂和挠曲都不敏感，因此，计算参数匹配法的精度较高。

　　20 世纪 60 年代末美国的 Baziw 和 Leondes 最先在主、子惯性系统中使用最优估计理论，用已精确标定和对准的惯导作为主惯导，将主惯导的速度、位置与子惯导进行比较产生的差值作为卡尔曼滤波器的观测向量，估计出主、子惯导间的失准角，从而实现对子惯导的初始对准。在 20 世纪 80 年代末，Kain J. E. 和 Clourtier J. R. 对传统的速度匹配方法进行了改造，在观测量中加入了主子惯导姿态误差角，提出了"速度＋姿态"的匹配法，极大缩短了对准时间。Kain 于 1989 年首次提出基于速度＋姿态匹配的传递对准方案，被认为是当时收敛速度最快、精度最高的算法之一。F‑16 飞机对 JDAM 制导炸弹的传递对准飞行试验表明，该算法不需要像速度匹配算法那样要求机体执行长达数分钟的 S 形曲线机动，仅仅需要通过简单的机翼摇摆，就能够在 10s 内使滤波器快速收敛，达到 1mrad 的姿态对准精度。

4.3.2　传递对准方案

（1）基本思路

空中发射的火箭为大悬臂的细长体，刚度较小，飞行中动、静载荷都会造成火箭的变形，箭体杆臂效应影响大，加之挂飞过程中的运动、振动以及外界环境干扰，要实现传递对准，需要解决以下主要问题：

1）误差模型的建立。空基传递对准除了惯性导航系统本身的误差模型外，还需考虑杆臂效应、挠曲形变、时间延迟特性、气动载荷以及振动干扰等因素，上述误差建模的准确性直接影响传递对准的精度与收敛速度。

主从惯组动力学模型的认知是匹配模式选取的基础。F-16 传递对准经历了速度匹配到速度+姿态匹配模式的变化过程，主要是通过分析与试验建立准确的主从惯组之间安装关系的动力模型，从而有效地利用主惯组的姿态信息实现快速对准并提升对准精度。比如可以通过试验和有限元分析，建立非定常气动载荷状态下的结构动力学模型，拟合出飞机外挂物子惯组与主惯导之间的传递函数。

传递对准影响因素除误差建模的准确性、载机的机动能力外，还应重视主从惯组器件的误差、传递信息的品质。F-16 飞机主惯组为高精度的激光捷联惯组，另外还有其他辅助导航信息进行修正，同时，对传递信息的帧频、时间延迟等均进行了考虑。

2）匹配模式的选取。传递对准中的计算参数匹配和测量参数匹配两种模式各有优缺点，与对准时间要求、载机机动特性、主从惯组的形式与精度等诸多因素相关，是确定传递对准方案的核心关键。

3）滤波算法设计。对传递对准算法的要求是高精度与快速收敛性。传递对准的时间比自主对准时间短，主要源于动基座对准条件下能够通过机动增加可观测性以及充分利用主惯组的信息来加快收敛的速度。对于匀加速、S 型机动、机翼摇摆这三种典型的机载传递对准机动方式，在不同的模式下估计量的可观测性也不尽相同。

机动策略与不同匹配模式下的可观测性决定了传递对准的速度与精度。S 型机动与机翼摇摆效果差异大，而不机动巡航状态下传递对准的可观测性差，类似于在地面的自主对准状态。为了增强可观测性，希望载机实施一定的机动；而为了减少对载机的约束，又希望在没有机动的情况下也能快速收敛。要使得对准算法既能适应机动模式，又能在不机动的模式下实现快速高精度对准，算法的强适应性是工程实现的难点和关键。

制定传递对准方案，主要基于以下考虑：

1）通过挂载方式、相对位置关系和箭体结构特性分析，杆臂效应可以由建模的方式进行补偿。

2）由于挠曲形变的存在，主从惯组之间的动力学特性较为复杂，传统的将挠曲形变描述为二阶马尔科夫过程进行建模估计较为困难，仅依靠姿态匹配时的挠曲形变会直接影响安装误差角的估计。

3）主惯组传递的信息时间延迟为非确定性延迟，若建立非确定性时间延迟估计模型，也需确定准确的时间延迟特性。不机动条件下对时间延迟的可观测性较差，可采用通过加时标软同步的方式解决时间延迟不确定的问题。

4）根据不机动条件下的可观测性分析，在采用速度匹配模式下水平姿态角可观测性较好，且不受主从惯组之间安装偏差的影响，可以采用速度匹配来估计水平姿态。

5）根据经验和不机动条件下的可观测性，方位向可观测性较差，仅利用速度匹配难以收敛，而方位向的挠曲形变较小，可以建立主从惯组之间方位角与安装偏差之间的关系，利用局部的姿态匹配加快其收敛速度。

6）针对载机在传递对准过程中主惯组信息"跳变"、飞行过程的振动与气动载荷等干扰的影响，可采用基于增益自适应调节的卡尔曼滤波算法来提高在复杂环境下收敛的鲁棒性和快速性。

（2）方案比较

传递对准算法广泛应用于舰基、潜基和空基运载器的初始基准确定中。传递对准算法可以采用"速度＋姿态""速度＋位置"等多种匹配方案。一般认为，为了满足快速对准的要求，最好能够在对准的过程中施加激励，如要求载机进行滚动机动、加速度机动或进行蛇形机动，不同的激励方式适应不同的匹配方案。因此传递对准算法与能够提供的使用条件密切相关。

速度匹配和位置匹配属计算参数匹配法，其受火箭的挠曲形变影响小，对准精度较高，但对准时间相对较长，特别是当采用速度匹配或位置匹配对准时，方位失准角（或称天向失准角）可观测性差，同时要求载机作较大的航向机动飞行，一般将其与其他匹配对准方法联合使用。

姿态匹配法能对失准角进行快速估计，且不要求载体做航向机动，而仅要求进行姿态机动，对载机的机动要求有所降低。姿态匹配法对平台和捷联惯导系统初始对准均可采用，它能快速准确地估计出北向和天向失准角，但对东向失准角估计慢且精度低。因此将姿态匹配与速度匹配或位置匹配组合起来使用，能够实现两种方法的优势互补，实现快速、准确的动基座传递对准。

1）若载机可以进行机动。

相对于加速度机动或进行蛇形机动，滚转机动最常用，且方案成熟可靠，对准精度较高，已成功应用于多个型号，可以达到对准时间小于 3min、对准精度优于 12′ 的指标。

2）若不要求载机进行机动。

可以考虑采用速度＋部分姿态匹配的模式。通过时标软同步解决传递信息延迟且延迟不确定性的问题，利用挠曲形变对计算参数与测量参数匹配影响的差异来解决挠曲形变的问题。综合考虑载机不机动对滤波可观测性的影响，采取自适应滤波算法提高传递对准速度与精度，并在飞行中采用前后台迭代计算实现长时间热待发过程中的对准，减小主、子惯组安装偏差角随飞行时间变化对瞄准精度的影响。

该方案对载机的要求是：

1）主、子惯组之间通过时标进行时间同步，要求主惯导在数据帧中加时标，并通过同步中断与子惯组同步。

2）在传递对准开始至按下投放按钮前，主惯导持续发送数据帧。

根据数学仿真计算，该方案在方位向挠曲形变小于 $10'$（3σ），滚动与俯仰方向形变小于 $20'$（3σ）的情况下，对准精度为水平方向优于 $3'$，航向优于 $10'$（3σ）。

通过各种传递对准方法优缺点的比较分析，考虑空中发射运载火箭自身的技术特点、对箭载子惯导传递对准精度、对准时间的要求及载机飞行性能的限制条件，空中发射运载火箭惯导系统动基座传递对准方案采用"速度＋姿态"匹配法，如图 4-3 所示。

设系统状态方程和观测方程为：

$$\dot{X} = AX + GW$$
$$Z = HX + V$$

　　　　　　　　　　　　　　　　　　　　　　（4-1）

式中　　X——系统状态变量。

$$\boldsymbol{X} = [\varphi_x \text{、} \varphi_y \text{、} \varphi_z \text{、} \delta V_x^n \text{、} \delta V_y^n \text{、} \delta L \text{、} \delta \lambda \text{、} \varepsilon_x^b \text{、} \varepsilon_y^b \text{、} \varepsilon_z^b \text{、} \nabla_x^b \text{、} \nabla_y^b \text{、} \nabla_z^b \text{、} \varphi_{ax} \text{、} \varphi_{ay} \text{、}$$
$\varphi_{az}]^{\mathrm{T}}$ 为 16 维状态向量，φ_x、φ_y、φ_z 为子、主惯导计算导航坐标系间的失准角；δV_x^n、δV_y^n 为子、主惯导的东向及北向速度之差；$\delta \lambda$、δL 为子主惯导的经纬度之差；φ_{ax}、φ_{ay}、φ_{az} 为安装误差角；ε_x^b、ε_y^b、ε_z^b 为子惯导的陀螺常值漂移；∇_x^b、∇_y^b、∇_z^b 为加速度计测量常值偏差。$A(t)$、$G(t)$ 为系数矩阵，可由主、子惯导系统的导航信息、箭体挠曲振动结构特征参数等计算得到。$W(t)$ 为动态噪声，与惯性元件随机测量噪声有关。在观测方程中，对于"速度＋姿态"匹配算法，观测输出为速度观测量和姿态观测量。

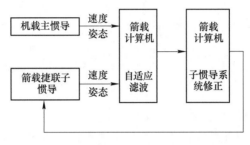

图 4 - 3　"速度＋姿态"匹配示意图

4.4　气动布局及控制

　　空中发射的运载火箭气动外形可以是多种多样的，这种多样性一方面体现了设计师系统为满足任务需求在设计上创新性的贡献，有时也体现出由于载机的约束在设计上的不得已和在工程上的权衡。比如，美国飞马座空射运载火箭气动外形，就采取了升力三角翼＋尾段三个空气舵倒 Y 形的布局。由于受载机的约束，尾段垂直尾舵需要深入载机机腹内，如图 4 - 4 所示。三角翼的翼型采用菱形，升力翼安置在靠近火箭质心的位置。一级飞行段仅靠采用三片尾舵进行大攻角拉起控制，交联耦合严重，姿控设计难度较大。而采用升力式三角翼可以用相对较小的攻角提供较大的法向力，在一定程度上降低了姿控设计的难度。

　　参考飞马座的飞行试验结果报告，从投放开始火箭实施箭体三轴向的闭环控制，在全程不同飞行阶段采取的控制方式见表 4 - 1。

表 4 - 1　飞马座飞行阶段不同的控制方式

飞行阶段	俯仰和偏航控制	滚转控制
投放分离段	空气舵	空气舵
一级点火及飞行	空气舵	空气舵
一级滑行段	冷气 RCS	冷气 RCS
二级点火及飞行	摆动喷管	冷气 RCS
二级滑行段	冷气 RCS	冷气 RCS
三级点火及飞行	摆动喷管	冷气 RCS

　　在投放分离和一级点火飞行段，由于是在大气层内飞行，飞马座火箭的俯仰、偏航和滚转三通道均是由尾段三个空气舵实施控制。二级和三级的点火及飞行段俯仰、偏航通道

图 4-4　飞马座空射运载火箭气动外形

由摆动喷管控制，滚转通道由安装在末级的冷气 RCS 控制。在大气层外滑行段期间，三通道均由冷气 RCS 实施闭环控制。空气舵和摆动喷管均由大传动比的机电伺服作动器推动。机电伺服系统的间隙和摩擦会导致一定的延迟，这种非线性会影响一级姿控系统的设计。因此，飞马座火箭采用了 LQR（Linear Quadratic Regulator）方法取代了之前传统的控制器设计，以提高设计的鲁棒性，同时也解决设计效率的问题。

　　运载器一号采取了无翼式＋固定式 X 形尾舵布局的方案，如图 4-5 所示。为实现大攻角拉起，一级飞行采用了摆动发动机控制方式。

　　工程上，在大气层内飞行时的姿态控制方式可以是多种多样的，除分别单独采用空气舵或喷管的方式外，如果需要，也可以采用空气舵和喷管结合的姿控方式。当然，这样也增加了系统的复杂程度。工程上，由于二级飞行基本都在 30km 以上，外界扰动很小，滚转的控制可以考虑放开，这样整个系统也可以简化。

图 4-5　运载器一号空射运载火箭气动外形

　　另一个有待开发的设计概念就是外露喷管的气动控制作用。固体火箭的发动机喷管部分外露在箭体后部，特别是级间分离后二级发动机喷管，由于采用高空喷管，外露部分更为明显。以下分析的主要数据引自参考文献［5］。

在地面高速风洞测力试验中，受限于模型的尾部支撑方式，喷管部分很难保型加工，且对于国内常用的 $0.5\sim1.2\mathrm{m}$ 较小尺度风洞，长细比大于 12 的火箭测力试验通常难以考虑喷管影响，通常的试验模型均不考虑喷管。试验模型较真实外形存在失真，试验结果也会与实际情况产生一定的偏差。空中发射的固体运载火箭会在二级发动机工作结束后，以马赫数 $Ma=2\sim12$、攻角 $0°\sim30°$、高度 $20\sim60\mathrm{km}$ 范围内进行无动力滑行飞行，此时喷管处于无喷流状态。为了分析发动机喷管外露段对火箭气动特性的影响，分析计算了有无喷管及不同喷管外露长度对法向力、压心的影响，如图 4-6 所示。表 4-2 和表 4-3 是在马赫数 $Ma=4$ 和马赫数 $Ma=12$ 情况下，不同喷管外露长度和不同攻角下的气动系数相对增量。

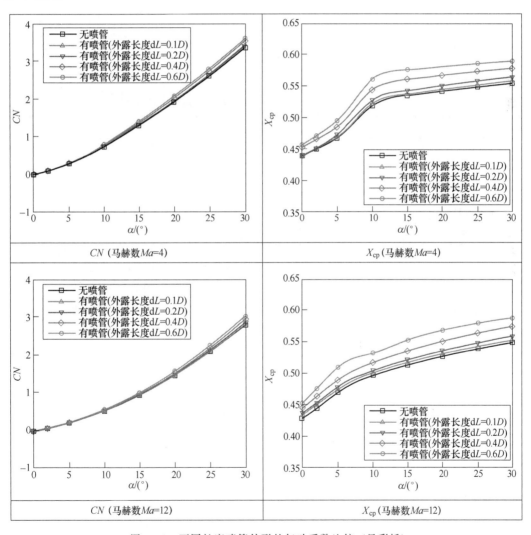

图 4-6　不同长度喷管外形的气动系数比较（见彩插）

由上述比较可见：

1）对于固定长度的外露喷管，$Ma=4$ 超声速状态比 $Ma=12$ 高超声速状态的影响效果更为明显；

2）对于固定长度的外露喷管及固定马赫数，在攻角 $0°\sim30°$，其影响效果是大致相当的；

3）对于存在喷管外露的箭体，考虑喷管后，CN 和 X_{cp} 均有增加。喷管外露长度越长，CN 和 X_{cp} 的增幅越大，当外露喷管长度 dL 达到 $(0.2\sim0.4)D$ 时，压心系数相对增幅可达 $1\%\sim2\%$，这对姿态控制有明显的作用。

表 4 - 2　不同长度喷管外形的气动系数相对增量（$Ma=4$）

喷管长度	$\alpha=10°$		$\alpha=30°$	
	δ_{CN}	δX_{cp}	δ_{CN}	δX_{cp}
$dL=0.1D$	0.62%	0.30%	0.68%	0.31%
$dL=0.2D$	1.85%	0.91%	2.05%	0.95%
$dL=0.4D$	5.09%	2.55%	5.12%	2.42%
$dL=0.6D$	8.30%	4.25%	7.43%	3.56%

表 4 - 3　不同长度喷管外形的气动系数相对增量（$Ma=12$）

喷管长度	$\alpha=10°$		$\alpha=30°$	
	δ_{CN}	δX_{cp}	δ_{CN}	δX_{cp}
$dL=0.1D$	0.90%	0.46%	0.78%	0.37%
$dL=0.2D$	1.49%	0.79%	2.03%	0.97%
$dL=0.4D$	3.85%	2.04%	5.22%	2.50%
$dL=0.6D$	6.61%	3.57%	8.04%	3.90%

喷管外露引起压心后移的主要原因是：1）喷管外型面本身具有气流压缩效应，有攻角状态下，迎风面喷管外露面积进一步增大，这两方面都使得喷管外壁面形成高压聚集区；2）喷管位于火箭尾部，力臂长度明显。高压力和长力臂的综合影响，使压心有较为明显的后移。典型状态的压力系数分布如图 4 - 7 所示，喷管附近的流线如图 4 - 8 所示。可以看到，无论攻角是否为 $0°$，喷管外露壁面对来流均有较强的压缩作用，从而在箭体尾段和喷管壁面形成高压区，且随着攻角的增大，高压区面积及压力数值都呈逐渐增大的趋势。

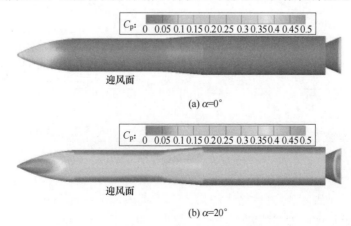

(a) $\alpha=0°$

(b) $\alpha=20°$

图 4 - 7　火箭表面压力系数云图（见彩插）

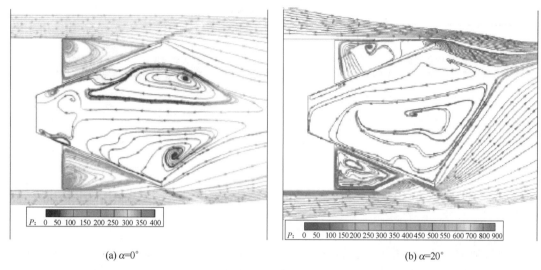

(a) $\alpha=0°$　　　　　　　　　　　　　　　　　(b) $\alpha=20°$

图 4 - 8　火箭喷管附近流线图（$Ma=4$，见彩插）

利用 CFD 计算方法，对比分析了二级滑行段喷管不同摆动角度下的气动特性，如图 4 - 9 和表 4 - 4 所示。

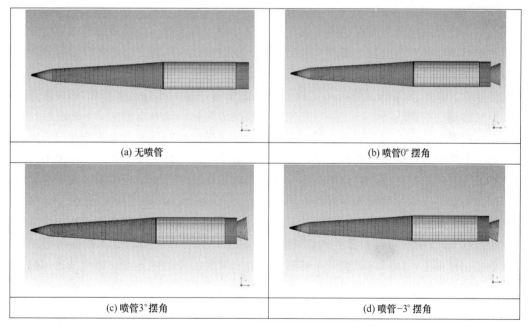

(a) 无喷管　　　　　　　　　　　　　　　(b) 喷管0°摆角

(c) 喷管3°摆角　　　　　　　　　　　　(d) 喷管−3°摆角

图 4 - 9　CFD 计算表面网格

喷管外露且摆动后，对气流的压缩效应更为明显，外露壁面的高压区面积更大，压力量值更大。一定程度上等效于火箭尾段安装锥段摆裙，其气动控制效率明显。因此，在火箭存在喷管外露情况下，气动特性设计时应考虑喷管对火箭静稳定性的影响，在有推力或无推力时，都可以考虑将喷管作为气动控制面，用于俯仰或偏航姿态控制。在有推力时，气动控制力与推力控制力为同向叠加。

表 4 - 4　喷管气动控制效率比较

攻角 α	$Ma = 4$ 喷管气动控制效率 ΔCMZ_g		$Ma = 12$ 喷管气动控制效率 ΔCMZ_g	
	喷管摆动角度 3°	喷管摆动角度 −3°	喷管摆动角度 3°	喷管摆动角度 −3°
0°	0.0201	−0.0201	0.0059	−0.0059
10°	0.0168	−0.0191	0.0078	−0.0180
20°	0.0182	−0.0181	0.0166	−0.0326
30°	0.0151	−0.0247	0.0259	−0.0441

4.5　不确定性条件下的控制系统设计

系统的数学模型是控制系统设计的基础。数学模型是其所代表实际物理系统的一个描述，它提供了一个从输入到输出响应的映射关系。模型的质量取决于它的响应与真实受控对象响应间吻合的紧密程度。然而，一个包含所有真实物理受控对象特性，从而完全模拟真实物理系统的模型是不可能构造出来的。就设计师系统而言，一个好的模型应足够简单以便于实用，同时这个模型又要足够复杂，使得基于这个模型的设计能够可信地应用于实际受控对象。

火箭系统在设计时会面临很多不确定性。设计的不确定性包括模型的不确定性（或非参数类的不确定性）和参数的不确定性。比如，我们在设计时通常会把火箭的运动方程在小偏差条件下进行线性化，然后忽略掉高阶项，形成用于设计、分析的数学模型，这样做给设计分析带来了极大的便利，从工程上讲，这是容许的，而且大多数情况下也是成功的。但忽略的这些高阶项，确实是对真实物理模型的简化，同时也带来了不确定性。再比如，在控制系统设计时用到的单机模型一般是用要求的指标特性或者实测特性拟合得到在频域的一个模型，这个模型和真实的物理模型也有差异。设计上使用的火箭系统的许多参数，除了一个名义值之外，它们还是在一定范围内变化波动的，这也体现了使用参数的不确定性。设计上还有一些输入条件是外部的干扰，这些干扰的不确定性既有模型类的，也有参数类的。地面条件和飞行时的天地差异性，也需要在设计时充分考虑，比如气动数据的使用，在 CFD 仿真分析和部分风洞试验的基础上，给设计使用的气动数据要考虑常值项偏差或相对偏差，以考虑试验带来的测量误差和可能的天地差异性。如何描述和使用这些不确定性是系统设计必须要考虑的问题。

那么，针对这些不确定性，控制系统的设计应该采用什么思路进行呢？参考文献 [6] 归纳出两个思路，一个是基于鲁棒的设计，另一个是基于概率的设计。基于鲁棒的设计方法是使得系统对"确定"的不确定性不敏感；基于概率的方法是使得系统对"确定"的不确定性在一定概率下不敏感。这里，"确定"的不确定性是指，这些不确定性尽管没有其准确的模型或数值，但它们是在一定的范围内变化的，是有界的，而这个"界"是确定的。

基于鲁棒设计的方法，在经典的控制系统设计方法中就已经体现。比如，把可能的不确定性尽可能考虑周全，是考虑最不利条件或最大包络得到的结果，而这些最不利条件和最大包络往往是在极特别的情况下才有可能发生，发生的概率极低，这样的设计往往相对保守，也是最安全的。近几十年里提出的 μ - synthesis 和 H - infinity，也是一种鲁棒的设计方法。在运载火箭的姿控设计中，虽然至今没有应用现代鲁棒设计方法，但经典的方法与鲁棒方法在基本思想上有一致性，即保证在各种偏差的极限组合条件下，系统的功能性能仍能满足要求。实际上，这些极限组合的情况只是理论上可能发生的，但为了保证系统在这些极限情况下的性能，需要付出极大的代价，甚至系统的方案不得不为此反复调整。

基于概率的设计方法，是在考虑这些不确定性的同时，也考虑到这些不确定性发生的概率，这就相当于在传统经典的设计因素中增加了一个额外的用概率表达的维度，使得设计结果在要求的设计约束范围内满足一定的概率要求。当然这样就不可避免的，有较小或一定概率条件下不满足设计要求的情况，但这在很多情况下是适宜的，也是允许的。

除了对"确定"的不确定性不敏感外，我们还希望系统尽可能对"不确定"的不确定性不敏感。这是超出前两种方法之外的方法，我们暂且称其为自调整或自适应的方法。这个方法不在本书的讨论范围之内。它与传统上所说的自适应方法（如滑模控制、模型自适应）还是有本质的差别，传统的自适应方法仍应归于第一类方法。设计的初衷原本是要覆盖天地差异性的，地面试验也要覆盖天上飞行工况的。经过了设计和地面试验验证后为什么还要进行飞行试验？原因是在实际飞行中，还是有我们可能没有认识到的不确定性，飞行试验就是要最终验证天地差异性，解决设计和地面试验无法覆盖或无法暴露的不确定的不确定性。

4.5.1　不确定性描述和分析

如前所述，大多数工程系统的设计都是依赖于一个数学模型进行的。由于认识或描述手段的原因，数学模型和实际的物理系统总会有差异，这样的差异对设计来说就是不确定性。一个好的数学模型既足够的简单、简洁，同时，这个模型又要有相当的复杂度，以便这个模型能在较高置信度水平上代表真实的物理系统。这样说来，对不确定性的描述和使用就很关键。

用我们熟悉的、容易理解的控制系统频域描述方式，不确定性可以描述如下：

设一个物理系统标称（名义）的模型为 $P(s)$，P 可以是多维的矩阵。简单起见，我们这里只讨论一维的形式，考虑不确定性后的模型表示为

$$P_\Delta(s) = P(s) + W(s) \tag{4-2}$$

这是一个包含加法形式的不确定性表达形式。

另一种表达方式是所谓的乘法形式

$$P_\Delta(s) = P(s)[1 + W(s)] \tag{4-3}$$

式（4-2）和式（4-3）中的 $W(s)$ 是扰动或不确定性，且在幅值上是有界的。这些不确定性描述方式如图 4-10 所示。在低频段 $P_\Delta(s)$ 和 $P(s)$ 比较接近，这与常识一致，即在低频段的模型较为准确，在高频段二者差异较大，这是由于在高频段对模型的认识有限而导致。

参数的不确定性在火箭设计中也常遇到。比如系统设计中考虑的偏差条件是不确定性的主要形式，典型偏差量见表 4-5。

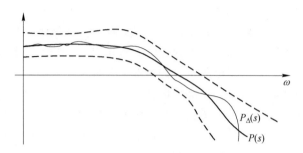

图 4-10   不确定性描述示意图

表 4-5   系统设计偏差条件

序号	偏差	单位	偏差来源
1	各级起飞质量的偏差	kg	结构质量偏差，仪器设备质量偏差，发动机结构质量偏差，推进剂质量偏差等等
2	各级停火点质量的偏差	kg	
3	各级转动惯量的偏差	%	
4	各级纵向、横向质心偏差	mm	
5	各级发动机比冲偏差	%	发动机装药燃速、成分偏差，不同温度影响导致内弹道的差异，燃烧室及喷管制造偏差，等等
6	各级发动机平均推力相对偏差	%	
7	各级发动机工作时间偏差	s	
8	各级发动机推力线横移	mm	
9	发动机推力线偏斜	″	
10	气动力和力矩系数偏差	%	试验模型，实验条件，测量精度等
11	大气密度 ρ	%	大气参数相对标准条件的变化
12	单机频域特性		激光惯组、伺服机构等特性的数学化表达，一般由指标特性或者实测特性拟合得到的上下限
13	...		...

对于上述的不确定性很多是以区间描述的，比如火箭的初始数据偏差量见表 4-6。区间参数在使用上，可以将不同因素的不同水平进行组合，作为设计时不同的工况进行考虑。这样做工作量很大，实际工程上可以用正交设计、均匀设计的方法，减少设计工况以提高效率。即便是这样，也会出现区间边界值组合的情况。

表 4-6   初始数据偏差

序号	名称（因素）	单位	区间
1	质量偏差	kg	[-25，+25]
2	X 向质心偏差	mm	[-20，+20]
3	Y 向质心偏差	mm	[-5，+5]
4	Z 向质心偏差	mm	[-3，+3]
5	X 向转动惯量偏差 Jx	%	[-8，+8]

续表

序号	名称（因素）	单位	区　　间
6	Y 向转动惯量偏差 Jy	%	$[-8, +8]$
7	Z 向转动惯量偏差 Jz	%	$[-8, +8]$
8	...		...

经典的姿控系统设计中，仍采用极限偏差组合的方法。这样设计的结果很可靠，但由于这些情况在物理世界中同时出现的可能性极低，从而导致设计过于保守，比如，可能会对执行机构能力需求过大，或者导致火箭在某些仿真条件下出现所承受载荷超过设计要求的条件，以致某些情况下不得不对总体方案进行大幅调整。

姿控系统设计中常有如下极限偏差组合的工况：

1）气动力矩系数 C_{mx}、C_{my}、C_{mz} 正负偏差；

2）气动力系数 C_N、C_Z 正负偏差；

3）控制增益 a_0^φ、a_0^ψ、a_0^γ 正负偏差；

4）激光惯组：单机指标特性或者实测特性拟合得到的上下限频域模型；

5）伺服机构：单机指标特性或者实测特性拟合得到的上下限频域模型；

6）初始质量 Δm_0 正负偏差，箭体质量特性转动惯量 J_x、J_y、J_z 正负偏差；

7）大气密度 ρ 正负偏差；

8）发动机高低温状态下的内弹道数据（高温弹道时气动轴向力取负偏差；低温弹道，轴向气动力取正偏差）；

9）投放条件正负偏差（正投放偏差时，投放高度正偏差，投放空速负偏差，投放航迹正偏差；负投放偏差时，投放高度负偏差，投放空速正偏差，投放航迹负偏差）；

10）质心前后移偏差（质心前移为负偏差，质心后移为正偏差）；

11）结构干扰，包括气动绝对偏差，发动机推力线横移，发动机推力线偏斜，质心随机横移，轴线安装偏差等；

12）投放后起控姿态和角速度偏差。俯仰、偏航姿态和姿态角速度同符号取偏差，偏差符号与三通道结构干扰分别正负绑定；滚动通道姿态角和角速度与初始侧滑反向绑定。

近 20 年来，运载火箭设计开始研究采用概率方法考虑参数的不确定性。参数的不确定性以概率的形式描述，内容包括参数的均值、方差和分布的类型。对于具有大量数据子样的参数来说，其概率特征可以通过拟合的方式进行估计，通常情况下可以找到较为精确的描述方式，这类的典型参数包括测量得到的尺寸偏差、结构质量偏差等等。对于无法得到大样本数据的参数，可以通过工程经验估计其概率特征。概率描述形式中，常用的分布类型有正态分布和均匀分布；对于一些具有明显偏度的数据，瑞利分布和极值分布也具有一定的拟合能力。对于呈现多峰值特性的参数，常用单一分布的描述能力有限，可以利用两种分布的组合对数据进行拟合，一般也能取得较好的效果。

风的干扰是又一类不确定性。运载火箭设计同样要考虑高空风干扰对姿态稳定、飞行载荷和精度的影响。在姿控系统设计中，考虑平稳风和最大风切变；在载荷计算中除了这两项内容外，还要考虑阵风的影响；在制导精度分析中则须考虑最大风和平均风切变的影响。

　　风场设计的意义就在于运用数理统计理论，根据实测风数据设计出一种具有一定出现概率、适用于运载火箭研制所需的风场分布。它既是实测数据的反映，又不可能在一次实际飞行中全部复现。按照一定条件风场进行火箭的设计，在满足一定概率下安全使用的要求，又不至于使得设计过于保守。

　　对于设计风场中给定的出现概率 P 为 99% 或 95%，其具体含义是火箭实际飞行时遇到的风速，小于或等于设计风速的概率（可能性）为 P，大于设计风速的概率（可能性）为 $(1-P)$。通俗地讲，按一个冬季有 90 天计算，概率 99% 的设计风场表示一个冬季中有 0.9 天的实际风速将可能超过设计风速，概率 95% 的设计风场表示一个冬季中有 4.5 天的实际风速将可能超过设计风速。

　　不同概率风场对载荷也有影响。火箭飞行时的横向载荷主要由两部分构成：静态载荷和动态载荷。静态载荷主要是火箭飞行中的刚体方程和控制方程所组成的闭路系统在外界干扰（主要是高空风干扰）作用下，引起的攻角和发动机摆角（或燃气舵偏转角）所产生的气动力载荷和操纵力载荷。这两项载荷占总的横向载荷的 70%～80%，是箭体横向载荷的主要构成部分。动态载荷主要考虑火箭飞行中的运动方程组（包括刚体、弹性和控制方程等）所组成的闭路系统在外界干扰激励下的动态响应，一般要考虑阵风引起的箭体弹性振动响应载荷。以某型号为例，为了比较不同概率高空风对载荷的影响，选择横向载荷最大时刻进行对比。取某设计风场，一级飞行动压最大时（速度约 670m/s）的飞行高度约为 11km，恰在 10～12km 的大风区。此高度上概率 99% 和概率 95% 的平稳风分别为 69.6m/s 和 64.0m/s，引起的风攻角差在 10% 以内；此高度上概率 99% 和概率 95% 的切变风分别为 16.0m/s 和 15.4m/s，引起的风攻角差在 4% 以内。二者综合，概率 99% 和概率 95% 的高空风引起的攻角差应该在 15% 左右，即设计风场的概率由 99% 降为 95%，相应的箭体横向载荷可以降低 15% 左右。

　　目前我国在运载火箭设计时一般选用概率 95% 的最大风和概率 99% 的风切变，与国际做法相同。对于空中发射的运载火箭，由于载机平台可以在海上发射，所以在风场的选用上应该考虑当地风场模型。

　　根据运载火箭"概率 95% 的最大风和概率 99% 的风切变"的要求，控制系统设计时需要考虑沿飞行弹道的"八面来风"（即风可能来自各个方向，如可按照与发射系夹角分别是 0°、45°、90°、135°、180°、225°、270°、315°进行设计），风速按照高度进行插值。比如，投放 11km 高度，最大设计风速 93.5m/s（相当于 336.3km/h 的风速），投放 9km 高度，最大设计风速 81.1m/s（相当于 291.6km/h 的风速）。当风的方向与箭体轴线夹角为 270°或 90°时，设计工况最为恶劣，相当于叠加了一个大的风侧滑。在这种情况下，运载火箭的制导姿控设计应满足要求。

4.5.2　经典的控制系统设计

　　运载火箭三通道的动力学模型可表达如图 4-11 所示。图中，$K(s)$ 是控制器，$P(s)$ 是火箭自身的特性，r 是参考输入指令，n 是传感器的噪声，d_i 是被控对象的输入干扰，d 是被控对象的输出干扰，y 是系统的输出。

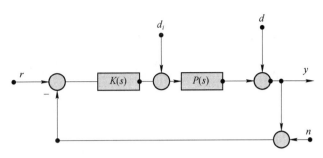

图 4 - 11　火箭动力学模型示意图

经典的运载火箭姿控系统设计采用频域法，针对火箭三通道线性化模型，计算系统的开环传递函数，设计相应的系统参数，使各通道稳定裕度达到指标要求，在保证系统稳定的同时满足系统的性能要求。当飞行过程中系统的参数大范围变化时，需要针对不同的典型飞行状态，设计不同的控制参数，以便在飞行过程中实施调节。增益调节（Gain Scheduling）就是常用的方法之一。值得注意的是，尽管增益调节在工程上广泛采用，但在理论上，增益调节的稳定性尚没有得到严格的证明，特别是在系统特性变化剧烈时，其稳定性无法保证。

对于上述单位负反馈的系统来说，系统输入输出的闭环传递函数为

$$\Phi(s) = \frac{K(s)P(s)}{1 + K(s)P(s)} \tag{4-4}$$

式中　$K(s)P(s)$——系统的开环传递函数，唯一地决定了闭环传递函数的结构和参数。

这样，就可以利用开环传递函数的频率特性来分析闭环系统的动态特性。

开环对数频率特性包括对数幅值-频率特性和对数相位-频率特性，横坐标为输入信号的圆频率（rad/s），按照对数分度；纵坐标分别为对数幅频特性和对数相频特性的函数值，按照线性分度。

4.5.2.1　控制系统设计要求

相位裕度和幅值裕度是系统开环频率特性的重要指标。它们与闭环系统的动态性能密切相关。图 4 - 12 给出了系统开环频域伯德图（上曲线为幅频特性，下曲线为相频特性）。刚体相位裕度的物理意义在于，在开环系统的截止频率 ω_c 处，若系统的相位再滞后 γ 角，则系统处于临界稳定状态；若相位滞后大于 γ 角，则系统处于不稳定状态。幅值裕度的物理意义在于，系统的开环增益再增大 h 倍，则在 $\omega = \omega_g$ 处的幅值 $A(\omega_g)$ 等于 1，系统处于临界稳定状态；系统的开环增益再增大 h 倍以上，则系统将变成不稳定状态。γ_1 为一阶振型相位裕度。图中各项品质指标的要求为：

对于最小相位系统，要是系统稳定，要求相位裕度 $\gamma > 0$，幅值裕度 $h > 0\mathrm{dB}$。为保证系统具有一定的相对稳定性，稳定裕度不能太小。按照参考文献 [8]，传统工程设计上一般要求 $\gamma > 30°$，$h > 6\mathrm{dB}$。

4.5.2.2　控制系统设计内容

运载火箭经典的姿控系统频率设计内容包括：

（1）选择增益

静态增益，是姿态角偏差到发动机摆角或舵摆角之间的稳态放大系数，其取值决定于

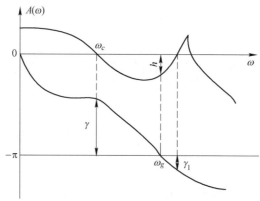

图 4 - 12　系统开环频域特性示意

控制精度和稳定性要求，通常随飞行时间变化而变化。一般根据姿控系统截止频率范围5～15rad/s初步设计姿控系统静态增益。

动态增益，是姿态角速度到发动机摆角或舵摆角之间的稳态放大系数，其取值应考虑稳定所需要的信号超前量和各执行控制机构（如伺服）的惯性。

（2）设计校正网络

姿态控制系统要同时对箭体的刚体姿态和弹性振动进行控制，就要设计满足一定要求的校正网络。系统开环频率特性的低频段表征了闭环系统的稳态性能。中频段表征了闭环系统的动态性能；高频段表征了闭环系统的复杂性和滤波性能。因此，频率设计本质上就是在系统中加入特性合适的校正网络，使其具备期望的开环频率特性，从而保证闭合系统的稳定性和动态性能。为保证系统的控制精度，低频段要有足够的幅值；为保证系统具有适当的稳定裕度，中频段对数幅频曲线穿越零分贝线的斜率应为每倍频程 6dB 左右；高频段应尽快减小幅值，以便滤掉不必要的高频附加运动和来自系统内外的其他干扰。

针对弹性振动问题，控制系统频率特性的稳定有幅值稳定和相位稳定两种方法。根据相位裕度指标和高频弹性裕度指标设计校正网络参数。对于一阶弹性频率较高（100rad以上）的箭体，一般调整校正网络参数实现一阶弹性模态的幅值稳定；对于弹性频率较低（40～100rad）的箭体，可以根据校正网络的设计难易程度选择实现一阶弹性模态的相位稳定或幅值稳定。

（1）幅值稳定

弹性振动幅值稳定的实质是发动机或舵摆角产生的对弹性振动的激励小于弹性振动在固有阻尼作用下产生的衰减。因此，弹性振动的幅值稳定依赖于弹性振动的固有阻尼和控制系统对弹性振动信号的足够衰减。幅值稳定的方法就是加强校正网络在弹性频率处的滤波作用。

工程上，常常是把选择姿态角测量设备的安装位置和高频滤波结合起来使用。对校正网络来说，幅值稳定需要加强滤波，而这又会在低频段引起较大的相位滞后，而刚体的稳定性要求在低频段有相位超前，这就是矛盾的。所以，通常对于刚体控制频率而言，振型频率较高的弹性振动采用幅值稳定的方法。

（2）相位稳定

弹性振动相位稳定的实质是把弹性振动信号作为控制信号的一部分，通过控制装置得到合适的相位，而对弹性振动产生附加的阻尼作用，达到稳定的目的。因此，相位稳定不依赖于弹性振动的固有阻尼，但这将对控制装置（或校正网络）的相频特性提出较高的要求，此时的校正网络应起到相位整形的作用。当弹性振型频率较低时，采用相位稳定比较容易实现且可靠。

4.5.3　现代鲁棒设计方法

H_∞ 方法和 μ 综合方法都是在不确定性有界条件下适应最坏情况的设计方法。首先讨论 H_∞ 设计方法。为了把 H_∞ 方法的思路介绍清楚，看下面一个例子。一个干扰下的系统可以直接表示为状态方程的形式：

$$\dot{x} = Ax + Bu + Gw \tag{4-5}$$

式中　x——状态变量；

$\quad\quad u$——控制输入；

$\quad\quad w$——干扰输入。

控制和干扰共同作用下的输出可以表示为

$$z = Cx + D_{11}u + D_{12}w \tag{4-6}$$

一个鲁棒的控制问题可以描述为：选择一个状态反馈控制器 $u = Kx$ ，使得

1）$A + BK$ 是稳定的；

2）干扰 w 对输出 z 的影响最小，最好是 0 。

将 $u = Kx$ 代入式（4-5）和式（4-6），得到

$$\dot{x} = (A + BK)x + Gw$$
$$z = (C + D_{11}K)x + D_{12}w \tag{4-7}$$

对式（4-7）取拉普拉斯变换，得到

$$SX = (A + BK)X + GW$$
$$Z = (C + D_{11}K)X + D_{12}W \tag{4-8}$$

消掉式（4-8）中的 X ，我们有

$$Z = T_{zw}W \tag{4-9}$$

其中，$T_{zw} = (C + D_{11}K)(SI - A - BK)^{-1}G + D_{12}$ ，多输入多输出情况下是一个传递函数矩阵。

为便于后面的讨论，需要有两个定义。

定义 1　设一个 n 维向量 $V(t) \in \mathbf{R}^n$ ，则向量 $V(t)$ 的 2 范数（2 - norm）为

$$\| V \|_2 = \sqrt{\int_0^\infty V^{\mathrm{T}}(t)V(t)\mathrm{d}t} \tag{4-10}$$

定义 2　一个传递函数 $T_{zw}(s)$ 的 ∞ 范数为

$$\| T_{zw}(s) \|_\infty = \max_\omega \bar{\sigma}[T_{zw}(j\omega)] \tag{4-11}$$

这里的 $\bar{\sigma}[\cdot]$ 表示奇异值（Singular Value），$T_{zw}(j\omega)$ 的奇异值就是 $T_{zw}^{\mathrm{T}}(j\omega)T_{zw}(j\omega)$ 的特征值的平方根（相当于是 $T_{zw}(j\omega)$ 的 2 范数）。而 $\max_\omega \bar{\sigma}[\cdot]$ 表示在考虑的频率范围内的最大的奇异值。

理解 1　若考虑一个单输入单输出的情况，$T_{zw}(j\omega)$ 的奇异值就是 $T_{zw}(j\omega)$ 的幅

值，即

$$\bar{\sigma}\left[T_{zw}(j\omega)\right] = \left| T_{zw}(j\omega) \right| \qquad (4-12)$$

$T_{zw}(j\omega)$ 的 ∞ 范数就是频率范围 ω 内 $T_{zw}(j\omega)$ 幅值的最大值，即

$$\| T_{zw}(j\omega) \|_{\infty} = \max_{\omega} \left| T_{zw}(j\omega) \right| \qquad (4-13)$$

理解 2 若单输入单输出情况下的 $T_{zw}(j\omega)$ 的幅频特性如图 $4-13$ 所示，则 $T_{zw}(j\omega)$ 的 ∞ 范数就是指图中 ★ 点幅值。

理解 3 $T_{zw}(j\omega)$ 是干扰 w 对输出 z 的传递函数，若干扰 w 对输出 z 的影响最小，就是降低幅频特性图 $4-13$ 中 ★ 点的高度，或者说通过控制器的设计把 ★ 点的峰值尽可能压低。

理解 4 若是时域内的向量 $V(t) \in \mathbf{R}^n$，$V(t)$ 的 ∞ 范数 $\|V(t)\|_{\infty} = \max_{i=1,\cdots,n} (\sup|V_i(t)|)$ 为图 $4-14$ 中 ★ 点的幅值。

有了这些定义和理解后，我们就可以把之前的问题变为：设计一个鲁棒控制器 $u = Kx$，选择合适的 K 使得 $A+BK$ 稳定，且使得 $\| T_{zw}(j\omega) \|_{\infty} < \delta$，$\delta$ 为一个小的正数。

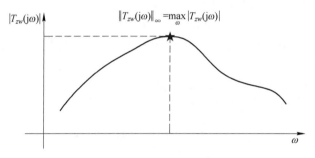

图 $4-13$ $T_{zw}(j\omega)$ ∞ 范数示意

计算 $T_{zw}(j\omega)$ 的 ∞ 范数有几种方法。一种是用 MATLAB™ 提供的 sigma 命令；还有一种是用 MATLAB™ 提供的 LMI 工具库 Ltisys、norminf 命令。然后，我们就可以用 MATLAB™ 提供的 LMI 工具库 msfsyn 命令设计得到 H_{∞} 鲁棒控制器 $u = Kx$。还有一些其他的方法，比如 Boyd 法，这里就不详述了。

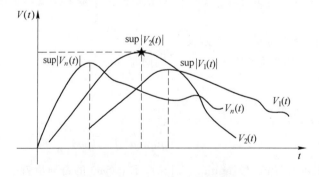

图 $4-14$ $V(t)$ 的 ∞ 范数示意

另外一种鲁棒控制器设计方法是基于模型不确定性为结构性的，且可以用范数有界的动态不确定性来取代参数不确定性。在此基础上，与 H_{∞} 方法相结合，可以产生一种特

有的 μ 综合方法，具体可以见参考文献［10］。在运载火箭和其他飞行控制器设计方面有大量的研究实例，如参考文献［36，37，11］，这里不再详述。

4.5.4　基于概率的设计方法

基于概率的设计思想是，在设计输入是一系列随机变量的基础上，如何设计控制器，使得系统满足一定概率条件下的指标要求。

例如，设随机变量 $X=[x_1，x_2，\cdots，x_n]$，其中 x_i 是控制器设计输入的参数（ $i=1，2，\cdots，n$ ），满足一定的概率分布。在 $X=[x_1，x_2，\cdots，x_n]$ 的作用下，得到对应的输出为 $Y(X)$。$Y(X)$ 需要满足某个期望的概率分布，可以是空气舵的摆角指令，也可以是控制发动机喷管的摆动指令，也可以是幅值裕度或相位裕度。

定义一个状态函数 $g(X)$ 作为期望指标的度量，即性能指标函数。$g(X)$ 是 $Y(X)$ 的一个度量，也可以是更为泛化的一个度量指标。将 $g(X)=0$ 作为一个分界，$g(X)>0$ 表示安全，$g(X)<0$ 表示失效，则失效的概率

$$P=P[g(X)<0]=F(X)=\int_{g(X)<0}f(X)\mathrm{d}X \tag{4-14}$$

基于概率的系统设计，一个最直接的方法就是蒙特卡洛方法，即，首先对控制器进行初步设计，然后按照随机变量 $X=[x_1，x_2，\cdots，x_n]$ 中 x_i 的分布随机采样，对系统进行仿真，统计满足 $g(X)<0$ 的失败区域内样本数和总样本数的比值，就可以近似得到概率 p 。若不满足要求，对控制器进行改进设计，重复上面的工作。精度和置信度要求越高，变量个数 n 越多，采样数量的需要也会越大，设计工作量也就越大。

有没有间接的但工作量能大大减少的方法呢？即使我们清楚地知道 $X=[x_1，x_2，\cdots，x_n]$ 中 x_i 各自的概率分布，$g(X)$ 也是各随机变量的非线性组合，其概率分布密度函数 $f(X)$ 的具体形式也是很难得到的。下面是一种近似的分析方法。

考虑一个随机变量 x 有大量的实测值或经验值，我们可以拟合得到其概率分布密度函数。比如，若 x 服从正态分布，其概率密度函数 $f(x)$ 可以描述如下

$$f(x)=\frac{1}{\sqrt{2\pi}\,\sigma}\mathrm{e}^{-\frac{(x-\mu)^2}{2\sigma^2}} \tag{4-15}$$

当 $\mu=0$、$\sigma=1$ 时，变为标准的正态分布形式

$$f(x)=\frac{1}{\sqrt{2\pi}}\mathrm{e}^{-\frac{x^2}{2}} \tag{4-16}$$

若 x 服从 $N(\mu，\sigma^2)$ 的正态分布，通过如下变换，得到的随机变量 U

$$U=\frac{x-\mu}{\sigma} \tag{4-17}$$

U 是符合 $N(0，1)$ 的标准正态分布。$\Phi(U)=F(x)$，即 x 的概率分布函数与 U 的概率分布函数相等，即其发生具有同样的概率值。其中，Φ 是标准正态累计分布函数（CDF，即标准正态分布概率密度函数的积分），$F(x)$ 是随机变量 x 的累计分布函数，即为 x 的分布概率密度函数 $f(x)$ 的积分。

若随机变量 x 不符合正态分布，我们可以通过一个非线性的变换，把一个独立的随机变量 x 从它自身物理域的实际概率分布，转化成一个数学域的标准正态分布。对独立

的非正态分布的变量 x ，可以通过

$$U = \Phi^{-1}[F(x)] \qquad\qquad (4-18)$$

实现随机变量 x 到标准正态分布函数的变换。若涉及非独立相关变量的变换，就比较复杂了，需要用到 Nataf 或 Roseblatt 变换，或其他的一些变换，这里就不再讨论。

　　假设通过变换，随机变量 $X = [x_1, x_2, \cdots, x_n]$ 变成了符合标准正态分布的变量 $U = [u_1, u_2, \cdots, u_n]$。变换后的指标函数由 $g(X)$ 变为 $G(U)$，令

$$G(U) = 0 \qquad\qquad (4-19)$$

即是分界点，对应的 $U^* = [u_1^*, u_2^*, \cdots, u_n^*]$ 称为最大可能的点（The Most Probable Point，MPP），相应地，$X^* = [x_1^*, x_2^*, \cdots, x_n^*]$。将 $G(U)$ 在点 $U^* = [u_1^*, u_2^*, \cdots, u_n^*]$ 上取一阶 Taylor 级数展开，得到：

$$G(U) \approx G(U^*) + G'(U^*) \cdot (U - U^*), \qquad (4-20)$$

由于 $G(U^*) = 0$，由此可知

均值为 $\mu^* = G(U^*) - G'(U^*) \cdot U^* = -G'(U^*) \cdot U^*$

方差为 $\sigma^{*2} = [G'(U^*)]^{\mathrm{T}} \cdot G'(U^*)$

由于 $G(U)$ 符合正态分布，所以

$$P = P[G(U) < 0] = \Phi(-\frac{\mu^*}{\sigma^*}) = \Phi(-\beta^*) \qquad (4-21)$$

　　根据上述定义，我们定义了失败的概率 p，对应地，该最大可能点就是最可能失效点。经过变换后，变量由 X 变为了 U，而 U 是符合标准正态分布的，所以，最大可能的失效点就是这个新的 U 空间离原点最近的那个点，如图 4-15 所示。由此定义

$$\beta^* = \|U^*\| \qquad\qquad (4-22)$$

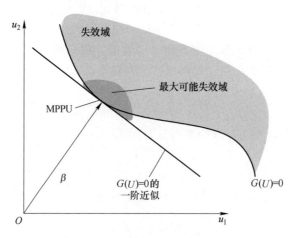

图 4-15　极限状态近似示意图

　　所以，经过上面的推导，要得到变换后在 U 空间的失败概率 p，便转化为对 MPP 的搜索，从而找到在 U 空间内的 MPP 点之后，再反变换回原来的 X 空间，得到代表原物理域的最可能失效点。寻找 MPP 的过程是一个优化的过程，可以采用 PMA（Performance Measure Approach）方法，这里不再详述。

在上面讨论的基础上，一个基于概率的控制器设计问题可以描述为：

寻找合适的控制器 K 满足某个优化目标函数 $\min(J)$ ，如空气舵摆角最小或控制器增益最小，或是其他指标；同时，要满足约束条件 $P = P[g(X) < 0] \leqslant R$ 。这里 R 为期望的概率指标。

基于概率的设计方法在运载火箭和其他飞行控制系统设计方面的研究和实践，可见参考文献 [14，15，38]。

4.6　空气舵系统设计的几个关注点

空气舵系统一般包含空气舵舵面、伺服系统作动器以及舵轴、摇臂等传动组件。空气舵系统典型的结构形式如图 4 - 16 所示，其中，舵轴通过轴承安装固定于支撑舱段上，伺服系统作动器一端与支撑舱段铰连，另一端通过作动器连杆与摇臂、舵轴相连，推动舵面相对舵轴偏转。

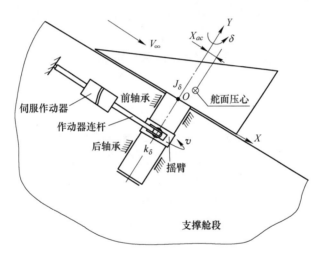

图 4 - 16　空气舵结构系统示意图

空气舵系统的频率特性、阻尼和间隙是影响空气舵系统特性的主要因素。频率特性由空气舵系统的质量特性及其刚度特性决定。阻尼特性比较复杂，参考文献 [16] 把阻尼分为两部分，一部分是由轴承润滑和结构产生的粘性阻尼，这部分可作为线性阻尼考虑，另一部分是干摩擦类的非线性阻尼部分，伺服系统和舵结构系统各传动环节均可产生此类阻尼。针对空气舵系统的间隙，参考文献 [17] 以航天运载器空气舵传动机构为研究对象，将舵系统在工程实际中可能遇到间隙分为三类，通过近似仿真模型，分析了这三类间隙各自的影响及其在工程上的控制措施。

在飞行过程中，舵面会受气动载荷作用，包括静载荷和非定常载荷，非定常载荷对舵系统响应的影响需格外重视，而这部分又是比较难以准确量化的，其影响程度取决于舵系统特性、舵面形状和来流情况。

4.6.1　空气舵伺服系统动特性

伺服系统是控制系统的一部分，其动态特性应满足控制系统任务书指标的要求。影响伺服系统动态特性指标的因素很多，除了伺服系统本身的动态特性外，伺服机构安装舱段的刚度、伺服系统与舵面、舱段的安装间隙和摩擦、舵面自身的质量特性和刚度，以及环境因素（如低温）等对伺服动态特性都有影响。从这个角度讲，控制系统要求的伺服动态特性，不应该仅仅理解为对伺服系统的要求，而是对舵面、传动组件、伺服系统作动器、支撑舱段全链路的一个要求。如何将这样一个要求传递给这个链路中的每一个环节，是工程实践中面临的一个问题。

空气舵系统的一阶固有频率一般为绕舵轴转动频率（当然也有一阶频率为舵弯曲频率的情况）。空气舵系统一阶扭转频率可以写成

$$\omega = \frac{1}{2\pi}\sqrt{\frac{K_n}{J}} \qquad\qquad (4-23)$$

式中　　K_n——舵系统的整体扭转刚度，$K_n = K \cdot r^2$；

J——空气舵系统的绕轴转动惯量（通常可以近似用舵面的转动惯量代替）；

r——摇臂力臂长度。

K——不同部件串联组成的舵系统的整体拉压刚度，可以表示为

$$\frac{1}{K} = \sum_1^n \frac{1}{k_i} \qquad\qquad (4-24)$$

式中　　k_i——舵系统不同部件的拉压刚度。

由于空气舵系统各环节存在间隙、摩擦等非线性因素，使得舵系统的整体扭转刚度 K_n 同样为一非线性变量，不仅受间隙、摩擦的影响，与舵面的外载、舵面的激振力也有关。

目前，尚无一个成熟的、系统的方法将控制系统提出的伺服特性要求指标，分解为各相关产品对质量特性、刚度特性以及对摩擦和间隙的要求。实际面临的情况是，控制系统的要求直接通过任务书下达给伺服系统，进行舱段设计的结构总体设计师看不到此要求。即使看到了这个要求，也不知如何分解该要求，也就无法传递要求和按照要求设计。由于系统各产品之间没有明确的指标分配界面，只能各自凭经验设计，制定验收指标。最后的结果是，各自的产品合格，而整个舵系统完成装配后测试出现了大量的不合格情况。

出现这样的问题，工程上往往采取一些补救的办法，比如，对伺服系统自身校正网络进行调整，或者在维持支撑舱段结构大方案不变的情况下对局部结构进行加强或对传递环节进行调整，或者控制系统根据仿真结果适当调整指标。幸运的话，采取这些措施可能会勉强实现设计要求和产品落实的闭环。

针对这个问题，一是从基础层面探索、研究相关的理论和方法，二是从工程实现的层面，应研究空气舵系统支撑舱段、舵面、传动环节与伺服机构之间设计指标的合理分配、以及分配指标的可检可测，并纳入设计流程：

1）在系统理论和方法不成熟的情况下，可以参照之前先验的成果，对舱、舵和伺服机构各自刚度指标进行初步分配，经仿真和样机产品的试验进行验证，对分配的指标进行调整，逐步积累子样。

2）建立空气舵系统动态特性与动静刚度之间的关系，通过对间隙、舱舵和传动机构各自的结构刚度、摩擦力等关键参数的影响因子研究，提取关键设计参数，确定关键参数的控制范围。考虑到建立动力学有限元模型与分析计算时，由于存在大量的非线性环节（如考虑各传递环节之间过渡配合、间隙配合导致的边界条件非线性，各传递环节之间摩擦导致的接触非线性，轴承结构运动学及刚度的等效等），系统复杂的非线性导致计算很难收敛，需要进行大量的前期处理、参数调整和结果修正。

3）根据各自产品特点归纳提炼指标分配方法，指导舵系统结构设计与伺服系统之间的指标分配，制订相应的试验验收方法，将指标闭环落地。

4.6.2　舵面"两心两线"的关系

舵面的压心、质心与轴线、节线（"两心"和"两线"）的关系如图 4 - 17 所示。舵面所受气动力的作用点即是舵面压力中心。空气舵系统舵面本身有多阶振型，一般我们着重关注一阶扭转和弯曲振型。将舵面一阶扭转和弯曲振幅为零的点分别连成一条线，称为扭转节线和弯曲节线。"两心两线"的位置关系影响着空气舵系统的特性。比如，为了减小伺服系统惯性力矩，往往希望舵面质心与舵轴的距离越小越好；舵面的铰链力矩与舵面压心有关，舵面压心离舵轴越远，舵面的铰链力矩越大。

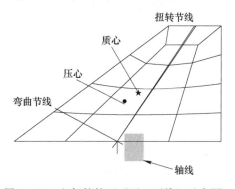

图 4 - 17　空气舵舵面"两心两线"示意图

舵面扭转频率和弯曲频率之间的关系，以及箭体的各阶频率，影响全箭的颤振特性。较为常见的是颤振破坏形式是空气舵舵面的颤振，也会遇到舵面和箭体某阶频率耦合的颤振。加配重调整舵系统质心位置以调节振动频率是一个常用方法。从抑制或消除颤振的角度考虑，希望尽可能把舵面质心前移，调节质心与扭转节线、弯曲节线的关系进而调整舵系统的固有频率，提高临界颤振速度。但要特别注意，增加配重后会导致舵系统刚度下降，动态特性变差，需要综合考虑各种因素的影响。

4.6.3　对舵面反操纵的再认识

空气舵舵面的铰链力矩是舵伺服系统的主要负载力矩，是伺服系统设计的关键指标。在总体气动外形和相关参数确定后，铰链力矩的大小与舵面转轴位置有一定关系。当舵面是静稳定的，即舵面压心位于舵轴之后，称之为正操纵；当舵面是静不稳定的，即舵面压心位于舵轴之前，称之为反操纵。舵面正反操纵反映了舵面本身的静稳定性。

　　在发生反操纵的情况下，由于舵系统存在反馈回路，舵偏角的急剧增大将产生一个与铰链力矩相反的控制力矩，在伺服机构本身刚度足够大和合适的反馈信号条件下，仍有可能达到舵系统的平衡状态，不会出现破坏。换句话说，一定量的反操纵还是允许存在的。但是当反操纵力矩梯度过大或在伺服机构本身刚度较差（如某些气压式伺服机构对反操纵效应非常敏感）时，易产生反操纵失控。改变舵轴的位置，可以在某些飞行空域避免出现反操纵。

　　反操纵力矩对电动伺服机构也会有一定的影响。电动伺服系统的闭环控制原理是，控制系统将控制信号通过 1553B 数字总线送至伺服控制驱动器，伺服控制驱动器将摆角指令解算为机电作动器线位移量，同时采集机电作动器线位移信号和永磁同步伺服电机状态数据，运行闭环控制算法，按照指令要求控制机电作动器摆动空气舵，其原理如图 4-18 所示。图中，铰链力矩系数的大小和极性的改变会使舵回路闭环传递函数发生变化，当负载力矩系数为负值（即反操纵）且绝对值达到一定值时会出现正根，此时舵回路系统会不稳定。

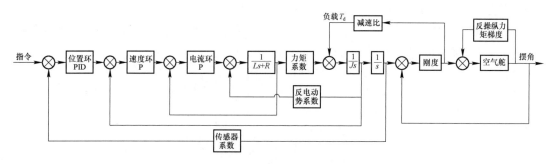

图 4-18　机电伺服闭环控制原理

　　假设空气舵最大铰链力矩为 1400N·m，按照工程经验，选择机电作动器最大输出力矩大于舵面受到最大铰链力矩的 1.5 倍，得到总的负载力矩为 2100N·m。在工作温度范围内，假设减速比为最大 119.2，最小 96.7，伺服电机最大输出力矩为 28N·m，机械效率按照 0.85 计算，确定机电作动器最大输出力矩为

$$T = T_e \cdot \eta_{mec} \cdot i = 28 \times 0.85 \times 96.7\text{N} \cdot \text{m} = 2301.46\text{N} \cdot \text{m}$$

　　根据控制系统对伺服系统的要求和机电作动器的特性参数，建立机电作动器和舵系统数学模型。在模型中考虑了机电作动器的转速、电流以及输出力矩的饱和非线性环节，舵系统综合刚度为关键参数，直接影响仿真结果的动态性能，模型中按照试验结果取值。通过下面的仿真，对比机电作动器在正、反操纵工况下的系统性能。

4.6.3.1　开环特性对比分析

　　根据稳定裕度的要求，对伺服系统的参数进行了设计，同时为抑制谐振使系统稳定，增加陷波滤波器环节。按照 60N·m/(°)、120N·m/(°)、180N·m/(°)、420N·m/(°)、495.6N·m/(°) 的反操纵力矩梯度进行加载，得到开环频率特性曲线如图 4-19 所示。

　　可以看到，正操纵条件下，控制回路开环传递函数始终是稳定的，且正操纵条件下的稳定裕度要大于反操纵。施加不同的反操纵力矩梯度，在 60N·m/(°) 的反操纵力矩梯度下，与正操纵相比，幅值裕度相差 3.5dB，相位裕度相差 3.7°，闭环系统依然稳定。但

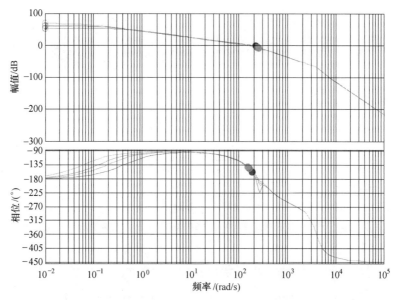

图 4-19　不同反操纵力矩梯度下的开环伯德图（见彩插）

随着反操纵力矩梯度的增加，相位穿越频率 ω_p 减小，幅值裕量减小，幅值穿越频率 ω_c 增大，相位裕量减小，超调量增大，系统稳定性下降。当施加的力矩梯度增大至 495.6N·m/(°)时，系统稳定裕度处于临界值，大于此值后，闭环已不稳定。

4.6.3.2　暂态特性

对系统进行 18.4°暂态特性的测试，如图 4-20~图 4-24 所示，同样控制参数情况，反操纵条件下的超调量大于正操纵条件，并且随着负载力矩梯度的增加而超调量增加。当反操纵力矩梯度超过一定值 91.3N·m/(°) 时，由于超出了电机的输出扭矩 28N·m，系统发散。即使是在临界值 91.3N·m/(°) 时，系统趋稳的调整时间变长，也不满足指标要求。

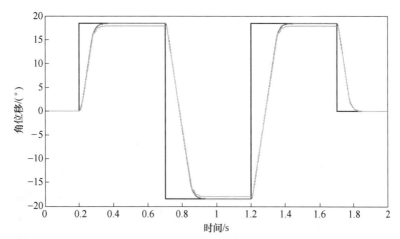

图 4-20　正操纵情况暂态特性（力矩 1400N·m，超调 0%，见彩插）

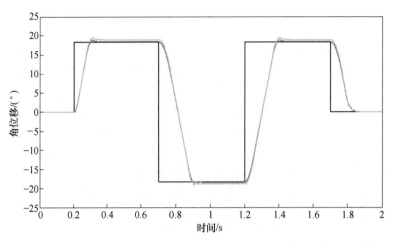

图 4-21　反操纵情况暂态特性（力矩 1400N·m，超调 2.3%，见彩插）

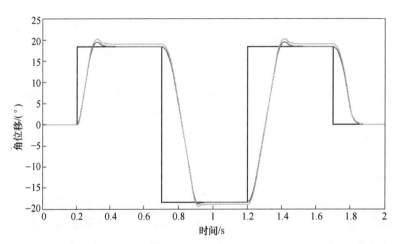

图 4-22　反操纵情况暂态特性（力矩 1550N·m，超调 6.3%，见彩插）

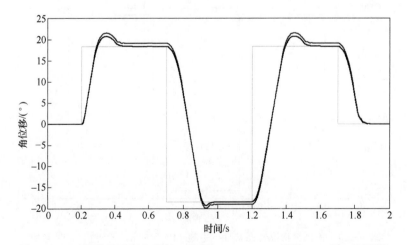

图 4-23　反操纵情况暂态特性（力矩 1700N·m，超调 12.8%，见彩插）

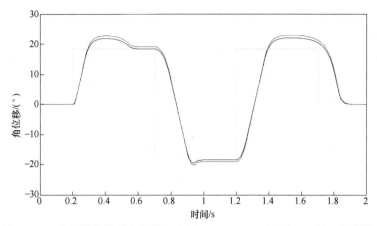

图 4-24　反操纵情况暂态特性（力矩 1747N·m，超调 18.8%，见彩插）

4.6.3.3　位置特性仿真结果

位置特性的仿真是在 1400N·m 力矩条件下发 23°指令下进行的。图 4-25 和图 4-26 分别是正操纵和反操纵情况下位置特性。在未进行指令补偿的前提下，正操纵舵面摆角小于指令；反操纵舵面摆角大于指令，存在约 0.7°的偏差。

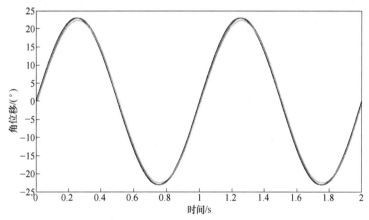

图 4-25　正操纵情况位置特性（力矩 1400N·m，见彩插）

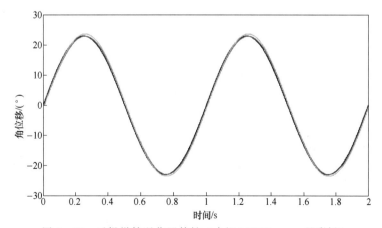

图 4-26　反操纵情况位置特性（力矩 1400N·m，见彩插）

4.6.3.4　频率特性

对电动伺服系统进行频率特性仿真，如图4-27和图4-28所示。当在电机工作能力范围内时，反操纵力矩梯度系数变化引起的频率特性无明显变化。随着反操纵铰链力矩的增加，电动伺服机构的系统稳定性和快速性会下降，超过一定范围，系统将变得不稳定。

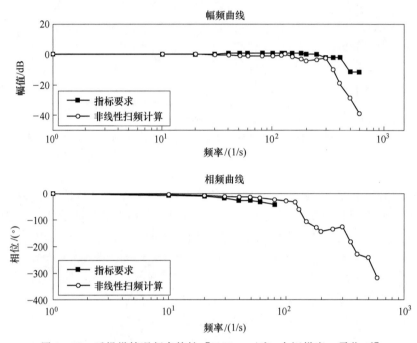

图4-27　反操纵情况频率特性［61N·m/(°)力矩梯度，零位2°］

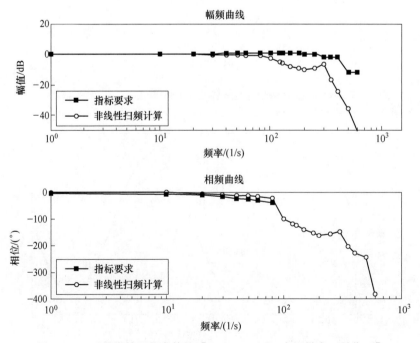

图4-28　反操纵情况频率特性［122N·m/(°)力矩梯度，零位2°］

　　因此，在电动伺服系统的设计过程中，应合理考虑反操纵条件下的指标要求，使得伺服机构在反操纵条件下安全工作。对于反操纵既要关注总的负载力矩，也要关注单位舵偏下的力矩系数（力矩梯度）。在反操纵情况下，超调量会变大，这对控制力矩提出了额外的需求。

　　过去一般是不允许反操纵出现的，现在只要合理设计，伺服系统和控制系统还是可以实现反操纵情况下的正常操纵。在最大反操纵力矩不超过伺服机构最大输出力矩的条件下，具有位置反馈的伺服机构一般都能正常工作。工程上，电动伺服系统采取的位置反馈、速度反馈、电流反馈的三环控制，可以较好地改善伺服系统动态特性。地面也可以研制反操纵负载台，进行伺服机构反操纵条件下的特性验证试验。

　　可以根据情况考虑对安全余量进行适当调整。为保证舵机在反操纵条件下能安全工作，参考文献 [22] 提供如下的工程经验公式：舵机最大输出力矩 $\geq 1.5 \times$ 舵面最大反操纵力矩。

4.7　故障情况下的处理

　　运载火箭可能出现的故障是多种多样的，比如，元器件或零部组件失效，设计因素考虑不全导致不能适应飞行环境，产品操作上的失误导致极性错误等等。在设计阶段，一个重要的工作就是运用 FMEA 方法分析可能的故障模式，然后通过设计覆盖、试验验证、过程控制等措施，尽可能从根本上消除故障或通过控制来避免故障的发生。然而，认识和工作上的缺失总是难免的，这就要求系统在功能、性能容许范围内，能够有一定的自调节和容错容差能力，以适应一些意料之外故障的发生。而这种能力，对于可靠性要求极高的火箭来说往往具有重要意义。当然，任何方法都有局限性，没有一劳永逸的方法。有些方法即使大的思路一致，在具体设计实施上也会千差万别，需要根据实际任务需求、产品功能特性寻找最适合自身特点的方法。

　　下面是几个这方面的示例，提供一些思路，供后续研究参考。

4.7.1　姿控喷管故障示例

　　关于航天飞行器姿控喷管故障下的诊断和处置的文献较少，在产品上的实施也是最近几年才愈发显得迫切。参考文献 [29] 提出了姿控喷管的故障诊断方法，是通过设计观测器，对比观测器输出信号和真实信号的残差，从而判定故障是否发生，属于基于模型的故障诊断。该方法的关键是故障发生时残差信号阈值确定，需要通过大量仿真归纳给出阈值的确定方法。参考文献 [30] 研究认为，基于观测器方案对于初始的故障不敏感，对检测时间要求尽量短的情形不太适合。

　　微分器应用于故障检测领域的报道较少，参考文献 [31，32] 研究了基于微分器的传感器故障检测，参考文献 [33] 设计了自适应增益的微分器，并应用于飞机舵面震荡的故障诊断。下面介绍一个基于跟踪微分器姿控喷管故障检测方法。

　　研究对象为某运载火箭液体姿控模型，姿控喷管布局如图 4 - 29 所示。$P1 \sim P6$ 为姿控喷管，单个喷管推力为 100N，$P1$、$P6$，$P3$、$P4$ 控制俯仰；$P1$，$P4$，$P3$、$P6$ 控制滚转；$P2$、$P5$ 控制偏航。姿控动力系统性能参数见表 4 - 7。

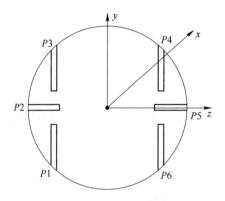

图 4 - 29　模型喷管布局

表 4 - 7　姿控动力性能参数

项目	性能参数
喷管最大推力偏差	10%
最短工作时间	0.04s
最短间隔时间	0.04s
热启动加速性	0.1s（80%）
热关闭减速性	0.1s（20%）
推力线横移	2mm
推力线偏斜	10′
转动惯量矩阵	diag（60，1600，1600）kgm²
转动惯量误差	7%
俯仰、偏航通道力臂长度	2000mm
滚转通道力臂长度	500mm
质心安装位置的误差限	30mm（x），5mm（y，z）
姿控喷管延时	5～15ms

　　喷管推力用为一阶环节加延时环节模拟，表示如下，其中延时环节的延时时间和一阶环节的时间常数满足热启动加速性和热关闭减速性的要求。

$$\frac{e^{0.01s}}{0.056s+1} \tag{4-25}$$

4.7.1.1　跟踪微分器设计

　　由于实际的执行机构存在安装偏差、推力大小偏差、延时等不确定因素，姿控喷管的输出与指令期望的输出会有一定的误差。姿控喷管正常工作时，误差会在一定"限度"内，当姿控喷管出现故障时，姿控喷管输出与指令期望输出会有较大不一致，误差超过这个"限度"。因此如果能估计出姿控喷管的输出并与指令期望的输出做比较，并寻找到合适的"限度"，便可以通过判断误差是否在"限度"之内来确定姿控喷管是否出现故障。

　　基本思路是，由于研究对象的姿态角速度可测，可以利用跟踪微分器跟踪角速度来得到角加速度，进而得到喷管实际的输出。

　　考虑姿态运动动力学方程

$$\boldsymbol{M}=\dot{\boldsymbol{H}}=\boldsymbol{J}\dot{\boldsymbol{\omega}}+\boldsymbol{\omega}\times\boldsymbol{J}\boldsymbol{\omega} \tag{4-26}$$

式中　$\boldsymbol{M}$——转矩；

J——转动惯量（已知）；

ω——角速度（可测），因此只要得到 $\dot{\omega}$ 就可以得到 M。

下面以 x 轴为例，其余两个轴可同理进行设计。设计跟踪微分器跟踪 ω_x，可得到 $\dot{\omega}_x$，跟踪微分器设计如下

$$\begin{cases} x_1 = x_2 \\ x_2 = -r_x \operatorname{sign}\left(x_1 - \omega_x + \dfrac{x_2 \,|\, x_2 \,|}{2r_x} \right) \end{cases} \tag{4-27}$$

式中，$x_1 = \omega_x$，其原理为对二阶系统设计最速控制律，当位置 x_1 跟踪上 ω_x 时便可认为速度 x_2 跟踪上 $\dot{\omega}_x$。此处可调节的参数为加速度 r_x，可以根据姿控喷管的加速、减速特性确定一个合适的 r_x。

实际使用的跟踪微分器为其离散形式，离散系统中从非零初值到达原点的最速控制综合函数记为

$$u = \operatorname{fhan}(x_1,\ x_2,\ r,\ h) \tag{4-28}$$

将式（4-28）展开如下：

$$\begin{cases} d = rh^2 \\ a_0 = hx_2 \\ y = x_1 + a_0 \\ a_1 = \sqrt{d\,(d + 8\,|\,y\,|)} \\ a_2 = a_0 + \operatorname{sign}(y)\,(a_1 - d)\,/2 \\ a = (a_0 + y)\,\operatorname{fsg}(y,\ d) + a_2\,(1 - \operatorname{fsg}(y,\ d)) \\ \operatorname{fhan} = -r\left(\dfrac{a}{d}\right)\operatorname{fsg}(a,\ d) - r\operatorname{sign}(a)\,(1 - \operatorname{fsg}(a,\ d)) \end{cases} \tag{4-29}$$

式中　h——离散步长，且

$$\operatorname{fsg}(x,\ d) = (\operatorname{sign}(x + d) - \operatorname{sign}(x - d))\,/2 \tag{4-30}$$

以 x 轴为例，用 $x_1 - \omega_x$ 替代 x_1，则得到离散化的跟踪微分器

$$\begin{cases} fh = \operatorname{fhan}(x_1 - \omega_x,\ x_2,\ r,\ h) \\ x_1(k+1) = x_1(k) + hx_2(k) \\ x_2(k+1) = x_2(k) + h \cdot fh \end{cases} \tag{4-31}$$

如果输入信号被噪声污染，那么跟踪微分器输出的微分信号将会放大噪声，但是如果将 $fh = \operatorname{fhan}(x_1,\ x_2,\ r,\ h)$ 中的 h 改为与步长独立的新变量 h_0，将其取为适当大于步长的参数，就可以抑制微分器对噪声的放大。

与原微分信号相比，理想的跟踪微分器输出的微分信号应该延时小且噪声小，为减小延时，应该增大 r 且减小 h_0，但这会放大噪声；为减小噪声则需要执行相反的操作从而使延时增大。综合考虑延时和噪声的影响选取合适的 r 值和 h_0 值也是不可行的，因为跟踪微分器跟踪较大的微分信号时会有比较大的延时，跟踪小的微分信号时会有比较小的延时，在抑制噪声的前提下难以选取合适的 r 和 h_0 来减小跟踪大微分信号的延时，并且这种不一致的延时难以补偿。

为保证噪声较小且延时可以补偿，采用串联低通滤波器的方法。首先选取合适的 h_0

和比较大的 r 值，此时跟踪微分器输出的信号噪声很大，但对于大的微分信号和小的微分信号的延时都很小，所以可以忽略两种延时的不一致；然后将这一信号通过低通滤波器，获得滤除噪声后的微分信号，低通滤波器会使信号产生一个一致的延时，跟踪微分器的延时远小于滤波器的延时，因此可以忽略微分器的延时，只补偿低通滤波器的延时就可以达到延时补偿的目的。低通滤波器的设计可以采用一阶环节或二阶环节等。由参考文献 [33] 可知，小时间常数的一阶环节可近似为延时环节，有

$$\frac{1}{Ts+1} \approx \mathrm{e}^{-Ts} \tag{4-32}$$

由模型参数可知，姿控喷管最短工作时间为 0.04s，因此角加速度增大、减小的最短周期为 0.08s，因此如果带宽达到 $1/0.08 \cdot 2\pi \approx 78.5$ 便可以达到要求，实际的带宽选择可参考此值并根据噪声的特性来考虑，如果低通滤波器为二阶环节，可将其等效为两个串联的一阶环节，并根据式（4-32）计算低通滤波器造成的延时。

4.7.1.2 控制力矩包络分析

根据得到的微分信号可以解出飞行器所受的力矩，该辨识力矩与指令力矩的误差由两部分构成：实际力矩与指令力矩的偏差，辨识力矩与实际力矩的偏差。前者的主要构成是姿控喷管推力偏差、姿控喷管安装误差、质心误差，后者的主要构成是转动惯量偏差、跟踪微分器输出信号的偏差。指令力矩加上这两种误差和的上限便是上包络，指令力矩加上这两种误差和的下限便是下包络，若辨识力矩处于上下包络内便可认为其工作正常，反之则发生了故障。

（1）实际力矩与指令力矩的偏差

令 $\overline{M}$ 表示指令力矩，M 表示实际力矩，$\widetilde{M}$ 表示两者的偏差，则

$$
\begin{aligned}
\widetilde{M} = M - \overline{M} &= \sum_{i=1}^{6} r_i \times F_i - \sum_{i=1}^{6} \overline{r}_i \times \overline{F}_i \\
&= \sum_{i=1}^{6} (\overline{r}_i + \Delta r_i) \times (\overline{F}_i + \Delta F_i) - \sum_{i=1}^{6} \overline{r}_i \times \overline{F}_i \\
&= \sum_{i=1}^{6} (\overline{r}_i \times \overline{F}_i + \overline{r}_i \times \Delta F_i + \Delta r_i \times \overline{F}_i + \Delta r_i \times \Delta F_i) - \sum_{i=1}^{6} \overline{r}_i \times \overline{F}_i \\
&= \sum_{i=1}^{6} (\overline{r}_i \times \Delta F_i + \Delta r_i \times \overline{F}_i + \Delta r_i \times \Delta F_i)
\end{aligned} \tag{4-33}
$$

其中 r_i 为实际的飞行器质心到第 i 个喷管中心线上的垂点的矢径，$\overline{r}_i$ 为标称值；F_i 为第 i 个喷管实际的推力，$\overline{F}_i$ 为标称值，且有

$$
\begin{cases}
r_i = \overline{r}_i + \Delta r_i \\
F_i = \overline{F}_i + \Delta F_i
\end{cases} \tag{4-34}
$$

式（4-33）化简到最后右边有 3 项，第 3 项属于高阶小量，可以直接略去；对于第 1 项中的 ΔF_i，包括了推力线的偏斜导致的方向变化和推力不稳定导致的推力大小变化，然而推力线偏斜通常小于 $10'$，可以忽略，因此只考虑推力大小变化；对于第 2 项，推力线偏移一般小于 2mm，但是考虑 r_i 为飞行器质心到喷管中心线上的垂点的矢径，因此质

心的变化也会影响 Δr_i ，故将 Δr_i 拆解为两部分

$$\Delta \boldsymbol{r}_i = \Delta \boldsymbol{r}_i' + \Delta \boldsymbol{r}_c \qquad (4-35)$$

其中 $\Delta \boldsymbol{r}_i'$ 为每个喷管的推力线偏移，各个喷管均不同，而 $\Delta \boldsymbol{r}_c$ 则是质心相对于标称质心的偏移，对各个喷管而言相同。因此式（4-33）可整理为

$$\begin{aligned}
\widetilde{\boldsymbol{M}} &\leqslant \max\Big[\sum_{i=1}^{6}(\overline{\boldsymbol{r}}_i \times \alpha_i \overline{\boldsymbol{F}}_i + (\Delta \boldsymbol{r}_i' + \Delta \boldsymbol{r}_c) \times \overline{\boldsymbol{F}}_i)\Big]\\
&= \max\Big[\sum_{i=1}^{6}\overline{\boldsymbol{r}}_i \times \alpha_i \overline{\boldsymbol{F}}_i + \sum_{i=1}^{6}\Delta \boldsymbol{r}_i' \times \overline{\boldsymbol{F}}_i + \sum_{i=1}^{6}\Delta \boldsymbol{r}_c \times \overline{\boldsymbol{F}}_i\Big]\\
&= \max\Big[\sum_{i=1}^{6}(\alpha_i \overline{\boldsymbol{r}}_i + \Delta \boldsymbol{r}_i') \times \overline{\boldsymbol{F}}_i + \Delta \boldsymbol{r}_c \times \sum_{i=1}^{6}\overline{\boldsymbol{F}}_i\Big]\\
&\approx \max\Big[\sum_{i=1}^{6}\alpha_i \overline{\boldsymbol{r}}_i \times \overline{\boldsymbol{F}}_i + \Delta \boldsymbol{r}_c \times \sum_{i=1}^{6}\overline{\boldsymbol{F}}_i\Big]
\end{aligned} \qquad (4-36)$$

式中　α_i ——第 i 个喷管的最大推力偏差。

当 α_i 取 0.1 或 -0.1 时上式取最大值，由模型数据可知 $\Delta \boldsymbol{r}_i'$ 相对于 $\alpha_i \overline{\boldsymbol{r}}$ 为小量，上式中将其忽略。因此执行机构输出力矩的偏差主要有两部分引起：推力大小的偏差和质心位置的偏差。

由于每时每刻喷管的开关状态都不一样，所以要添加喷管指令的开关信息

$$\begin{aligned}
\widetilde{\boldsymbol{M}} &\leqslant \widetilde{\boldsymbol{M}}_m\\
&= \max\Big[\sum_{i=1}^{6}\alpha_i \overline{\boldsymbol{r}}_i \times \mathrm{sw}(i)\overline{\boldsymbol{F}}_i + \Delta \boldsymbol{r}_c \times \sum_{i=1}^{6}\mathrm{sw}(i)\overline{\boldsymbol{F}}_i\Big]
\end{aligned} \qquad (4-37)$$

式中　$\mathrm{sw}(i)$ ——第 i 个喷管的开关函数。

其值取 1 或者 0，1 表示喷管开，0 表示喷管关。令 Δr_{xm}、Δr_{ym}、Δr_{zm} 分别为 $\Delta \boldsymbol{r}_c$ 在 3 个方向上的误差限，皆为正数，即有

$$\Delta \boldsymbol{r}_c = \begin{bmatrix} \Delta r_{cx}\\ \Delta r_{cy}\\ \Delta r_{cz} \end{bmatrix} \leqslant \begin{bmatrix} \Delta r_{xm}\\ \Delta r_{ym}\\ \Delta r_{zm} \end{bmatrix}, \quad \overline{\boldsymbol{F}}_i = \begin{bmatrix} F_{ix}\\ F_{iy}\\ F_{iz} \end{bmatrix} \qquad (4-38)$$

将式（4-37）等号右边第 2 项展开，考虑到 $\Delta \boldsymbol{r}_c$ 的分量都为正，得到

$$\begin{aligned}
\Delta \boldsymbol{r}_c \times \sum_{i=1}^{6}\mathrm{sw}(i)\overline{\boldsymbol{F}}_i &= \begin{bmatrix} \displaystyle\sum_{i=1}^{6}\mathrm{sw}(i)(\Delta r_{cy}\overline{F}_{iz} - \Delta r_{cz}\overline{F}_{iy})\\ \displaystyle\sum_{i=1}^{6}\mathrm{sw}(i)(\Delta r_{cz}\overline{F}_{ix} - \Delta r_{cx}\overline{F}_{iz})\\ \displaystyle\sum_{i=1}^{6}\mathrm{sw}(i)(\Delta r_{cx}\overline{F}_{iy} - \Delta r_{cy}\overline{F}_{ix}) \end{bmatrix}\\[2mm]
&\leqslant \begin{bmatrix} \Delta r_{zm}\Big|\displaystyle\sum_{i=1}^{6}\mathrm{sw}(i)\overline{F}_{iy}\Big| + \Delta r_{ym}\Big|\displaystyle\sum_{i=1}^{6}\mathrm{sw}(i)\overline{F}_{iz}\Big|\\ \Delta r_{xm}\Big|\displaystyle\sum_{i=1}^{6}\mathrm{sw}(i)\overline{F}_{iz}\Big| + \Delta r_{zm}\Big|\displaystyle\sum_{i=1}^{6}\mathrm{sw}(i)\overline{F}_{ix}\Big|\\ \Delta r_{ym}\Big|\displaystyle\sum_{i=1}^{6}\mathrm{sw}(i)\overline{F}_{ix}\Big| + \Delta r_{xm}\Big|\displaystyle\sum_{i=1}^{6}\mathrm{sw}(i)\overline{F}_{iy}\Big| \end{bmatrix}
\end{aligned} \qquad (4-39)$$

上式中 $\mathrm{sw}(i)$ 可以通过控制器指令得到，除此之外其他所有量都已知。将式（4-39）等号右边第一项展开可得

$$\sum_{i=1}^{6}\alpha_i\overline{\boldsymbol{r}}_i\times\mathrm{sw}(i)\overline{\boldsymbol{F}}_i=\begin{bmatrix}\sum_{i=1}^{6}\alpha_i\,\mathrm{sw}(i)\,(\overline{r}_{iy}\overline{F}_{iz}-\overline{r}_{iz}\overline{F}_{iy})\\[2mm]\sum_{i=1}^{6}\alpha_i\,\mathrm{sw}(i)\,(\boldsymbol{r}_{iz}\overline{F}_{ix}-\overline{r}_{ix}\overline{F}_{iz})\\[2mm]\sum_{i=1}^{6}\alpha_i\,\mathrm{sw}(i)\,(\overline{r}_{ix}\overline{F}_{iy}-\overline{r}_{iy}\overline{F}_{ix})\end{bmatrix}$$

$$\leqslant\begin{bmatrix}\sum_{i=1}^{6}\alpha_i\,\mathrm{sw}(i)\,|\,\overline{r}_{iy}\overline{F}_{iz}-\overline{r}_{iz}\overline{F}_{iy}\,|\\[2mm]\sum_{i=1}^{6}\alpha_i\,\mathrm{sw}(i)\,|\,\overline{r}_{iz}\overline{F}_{ix}-\overline{r}_{ix}\overline{F}_{iz}\,|\\[2mm]\sum_{i=1}^{6}\alpha_i\,\mathrm{sw}(i)\,|\,\overline{r}_{ix}\overline{F}_{iy}-\overline{r}_{iy}\overline{F}_{ix}\,|\end{bmatrix}\qquad(4-40)$$

式中 $\mathrm{sw}(i)$ 可以通过控制器指令得到，除此之外其他所有量都已知。因此实际力矩与指令力矩的偏差的上限可以由式（4-39）和式（4-40）确定。

（2）辨识力矩与实际力矩的偏差

根据跟踪微分器得到的角加速度和已知的标称转动惯量，可以计算飞行器所受力矩，辨识的力矩表示为

$$\hat{\boldsymbol{M}}=\overline{\boldsymbol{J}}\hat{\dot{\boldsymbol{\omega}}}+\boldsymbol{\omega}\times\overline{\boldsymbol{J}}\boldsymbol{\omega}\qquad(4-41)$$

其中 $\overline{\boldsymbol{J}}$ 为标称的转动惯量，$\hat{\dot{\boldsymbol{\omega}}}$ 为辨识得到的角加速度，$\hat{\boldsymbol{M}}$ 为辨识得到的力矩，$\boldsymbol{\omega}$ 为测量得到的角速度。与实际力矩比较，可得

$$\begin{aligned}\boldsymbol{M}-\hat{\boldsymbol{M}}&=\boldsymbol{J}\dot{\boldsymbol{\omega}}+\boldsymbol{\omega}\times\boldsymbol{J}\boldsymbol{\omega}+\boldsymbol{J}\hat{\dot{\boldsymbol{\omega}}}-\boldsymbol{J}\hat{\dot{\boldsymbol{\omega}}}-\overline{\boldsymbol{J}}\hat{\dot{\boldsymbol{\omega}}}-\boldsymbol{\omega}\times\overline{\boldsymbol{J}}\boldsymbol{\omega}\\&=\tilde{\boldsymbol{J}}\hat{\dot{\boldsymbol{\omega}}}+\boldsymbol{J}\hat{\dot{\boldsymbol{\omega}}}+\boldsymbol{\omega}+\tilde{\boldsymbol{J}}\boldsymbol{\omega}\end{aligned}\qquad(4-42)$$

其中 $\tilde{\boldsymbol{J}}=\boldsymbol{J}-\overline{\boldsymbol{J}}$，$\tilde{\boldsymbol{\omega}}=\dot{\boldsymbol{\omega}}-\hat{\dot{\boldsymbol{\omega}}}$，忽略转动惯量的惯性积，并展开上式，令 α_J 为转动惯量误差，可得

$$\begin{aligned}\widetilde{\boldsymbol{M}}'&=\boldsymbol{M}-\hat{\boldsymbol{M}}=\tilde{\boldsymbol{J}}\hat{\dot{\boldsymbol{\omega}}}+\boldsymbol{J}\tilde{\boldsymbol{\omega}}+\boldsymbol{\omega}\times\tilde{\boldsymbol{J}}\boldsymbol{\omega}\\[2mm]&=\begin{bmatrix}\tilde{J}_x\hat{\dot{\omega}}_x+J_x\tilde{\dot{\omega}}_x+(\tilde{J}_z-\tilde{J}_y)\omega_y\omega_z\\[2mm]\tilde{J}_y\hat{\dot{\omega}}_y+J_y\tilde{\dot{\omega}}_y+(\tilde{J}_z-\tilde{J}_x)\omega_x\omega_z\\[2mm]\tilde{J}_z\hat{\dot{\omega}}_z+J_z\tilde{\dot{\omega}}_z+(\tilde{J}_y-\tilde{J}_x)\omega_x\omega_y\end{bmatrix}\end{aligned}$$

$$\leqslant \begin{bmatrix} \alpha_J \overline{J}_x \mid \hat{\dot{\omega}}_x \mid + \mid J_x \tilde{\dot{\omega}}_x \mid + \alpha_J (\overline{J}_z + \overline{J}_y) \mid \omega_y \omega_z \mid \\ \alpha_J \overline{J}_y \mid \hat{\dot{\omega}}_y \mid + \mid J_y \tilde{\dot{\omega}}_y \mid + \alpha_J (\overline{J}_z + \overline{J}_x) \mid \omega_x \omega_z \mid \\ \alpha_J \overline{J}_z \mid \hat{\dot{\omega}}_z \mid + \mid J_z \tilde{\dot{\omega}}_z \mid + \alpha_J (\overline{J}_y + \overline{J}_x) \mid \omega_x \omega_y \mid \end{bmatrix} \quad (4-43)$$

可整理得到误差力矩的上限如下

$$\widetilde{\boldsymbol{M}}' \leqslant \alpha_J \begin{bmatrix} \overline{J}_x \mid \hat{\dot{\omega}}_x \mid + (\overline{J}_z + \overline{J}_y) \mid \omega_y \omega_z \mid \\ \overline{J}_y \mid \hat{\dot{\omega}}_y \mid + (\overline{J}_z + \overline{J}_x) \mid \omega_x \omega_z \mid \\ \overline{J}_z \mid \hat{\dot{\omega}}_z \mid + (\overline{J}_y + \overline{J}_x) \mid \omega_x \omega_y \mid \end{bmatrix} + \begin{bmatrix} \mid J_x \tilde{\dot{\omega}}_x \mid \\ \mid J_y \tilde{\dot{\omega}}_y \mid \\ \mid J_z \tilde{\dot{\omega}}_z \mid \end{bmatrix} \quad (4-44)$$

上式中 $\tilde{\dot{\boldsymbol{\omega}}}$ 可以通过统计跟踪微分器的特性得到，J_x、J_y、J_z 未知，但其上限不会超过标称值的 $1+\alpha_J$ 倍，所以上式整理为

$$\widetilde{\boldsymbol{M}}' \leqslant \widetilde{\boldsymbol{M}}'_m$$

$$= \alpha_J \begin{bmatrix} \overline{J}_x \mid \hat{\dot{\omega}}_x \mid + (\overline{J}_z + \overline{J}_y) \mid \omega_y \omega_z \mid \\ \overline{J}_y \mid \hat{\dot{\omega}}_y \mid + (\overline{J}_z + \overline{J}_x) \mid \omega_x \omega_z \mid \\ \overline{J}_z \mid \hat{\dot{\omega}}_z \mid + (\overline{J}_y + \overline{J}_x) \mid \omega_x \omega_y \mid \end{bmatrix} + (1 + \alpha_J) \begin{bmatrix} \mid \overline{J}_x \tilde{\dot{\omega}}_x \mid \\ \mid \overline{J}_y \tilde{\dot{\omega}}_y \mid \\ \mid \overline{J}_z \tilde{\dot{\omega}}_z \mid \end{bmatrix} \quad (4-45)$$

由此可知，辨识力矩与实际力矩的偏差主要由转动惯量偏差和跟踪微分器输出信号的误差两部分构成，其中转动惯量造成的偏差又由两部分构成：角加速度引起的辨识误差和角速度耦合引起的辨识误差。

（3）包络线的确定

根据控制系统发出的喷管开关指令，可以计算得到指令力矩 $\overline{\boldsymbol{M}}$，根据前面确定的两种力矩误差，可以得到喷管正常工作时辨识力矩的上限为

$$\boldsymbol{M}_{\max} = \overline{\boldsymbol{M}} + \widetilde{\boldsymbol{M}}_m + \widetilde{\boldsymbol{M}}'_m \quad (4-46)$$

下限为

$$\boldsymbol{M}_{\min} = \overline{\boldsymbol{M}} - \widetilde{\boldsymbol{M}}_m - \widetilde{\boldsymbol{M}}'_m \quad (4-47)$$

对于辨识力矩和实际力矩的偏差 $\widetilde{\boldsymbol{M}}'_m$，由于辨识得到的角加速度与真实的角加速度有一定的延时，而对延时的补偿不很精准，因此也要经过一定处理：当 $\widetilde{\boldsymbol{M}}'_m$ 增大时直接叠加，当 $\widetilde{\boldsymbol{M}}'_m$ 减小时增加一个延时环节，以便合理扩大包络范围。

4.7.1.3　仿真校验

仿真的工况包括喷管无法关闭、喷管无法打开和喷管极性错误等故障。仿真初始姿态为 $[0°, 0°, 0°]$，目标姿态为 $[10°, 10°, 10°]$。仿真时长 10s，故障情况下在仿真第 5s 时加入故障。图 4-30 所示是无故障和 P3、P4 喷管极性错误下的仿真情况，其中图 4-30（f）的力矩在 5.061s 时超出力矩上下包络，故障检出时间 0.061s。故障检出后，就可以根据故障的实际情况进行诊断和控制重构了。

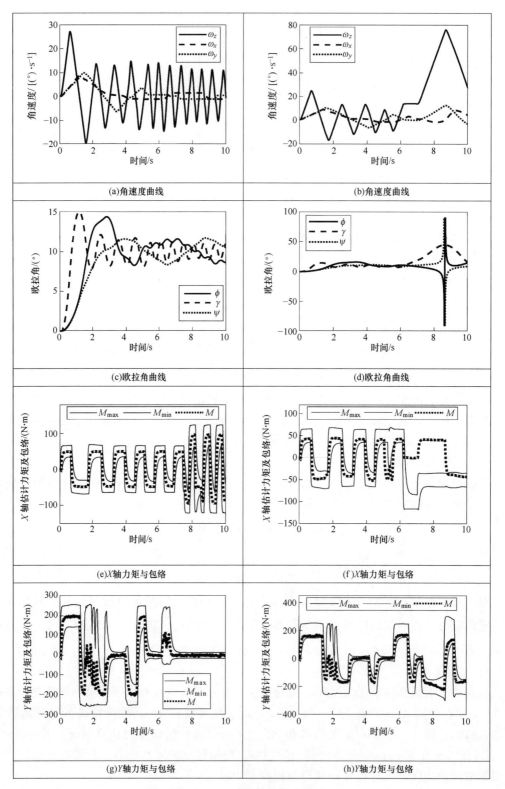

图 4 - 30 故障检测仿真情况

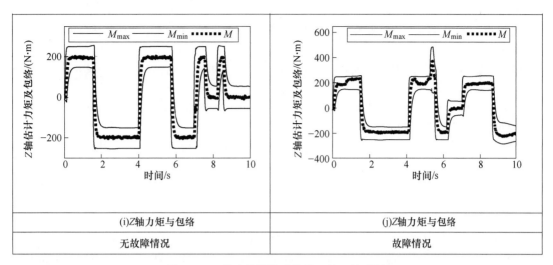

<table>
<tr><td align="center">(i)Z轴力矩与包络</td><td align="center">(j)Z轴力矩与包络</td></tr>
<tr><td align="center">无故障情况</td><td align="center">故障情况</td></tr>
</table>

图 4 - 30　故障检测仿真情况（续，见彩插）

4.7.2　推力异常情况下的轨迹重新规划

个别发动机发生推力下降甚至异常关机是运载火箭可能遇到的严重故障。统计国内外运载火箭发生故障的情况，在很多情况下是能够通过控制器的容错重构设计，依据故障特性迅速改变控制策略，利用其他正常工作的发动机进行补偿，使火箭仍然能够准确入轨，或即使不能准确入轨也能降级使用。

传统的制导方法是在大气层内采用摄动制导或者轨迹跟踪的方式，即事先离线设计一条标准弹道，运载火箭实际飞行时，控制系统保持火箭实际飞行轨迹在标准弹道附近。这种方法简单，易于实现，且对箭载计算机性能要求较低。但这种制导方法容错能力低，在飞行过程中发动机推力出现故障时，运载火箭性能降低，将无法产生足够的动力继续跟踪程序弹道飞行，这将导致实际飞行轨迹大幅度偏离既定轨道，甚至出现箭体失稳等严重后果。

飞行轨迹的在线生成问题可以归结为轨迹快速优化问题。故障情况下火箭飞行轨迹快速优化问题在本质上是一个带有状态约束和控制约束的最优控制问题。这方面有大量的成果可以借鉴，如参考文献 [35] 等，感兴趣的读者可以学习。

参 考 文 献

[1] 陈哲. 捷联惯导系统原理 [M]. 北京：宇航出版社，1986.

[2] 梁卓，刘娟，潘彦鹏，陈旭东，周国峰. 空速投放的机载飞行器初始地速和姿态确定方法 [J]. 导弹与航天运载技术，2016，344 (2)：59 - 76.

[3] DANIEL ROVNER. GN&C FOR PEGASUS AIR - LAUNCHED SPACE BOOSTER：design and first flight results [R]. SAE 911105，1991.

[4] A C CHARANIA，STEVE IASKOWITZ，BARRY MATSUMORI，et al. Launchone：virgin galactic's dedicated launch vehicle for small satellites [C]. SSC16 - II - 02 30th Annual AIAA/USU

Conference on Small Satellites.

[5] 任一鹏，等. 发动机喷管对火箭气动静稳定及控制特性影响研究 [J]. 宇航总体技术，2017，1 (3)：16 – 23.

[6] BRTTA SMITH, SEANP KENNY, LUISG CRESPO. Probabilistic parameter uncertainty analysis of single input single output control systems [R]. NASA/TM – 2005 – 213280.

[7] RICHARD C DORF, ROBERT H BISHOP. Modern control systems [M]. Addison Wesley Longman INC, 1998.

[8] 李学峰，王青，王辉，王通. 运载火箭飞行控制系统设计与验证 [M]. 北京：国防工业出版社，2014.

[9] ZHOU KEMING, JOHN C DOYLE. Essentials of robust control [M]. New Jersey：Prentice Hall，1997.

[10] GARY J BALAS, JOHN C DEYLE, KEITH GLOVER, ANDY PACKARD, ROY SMITH. μ - Analysis and synthesis toolbox [M]. [s. l.]：The Math Works Inc. , 1995.

[11] XIAOLONG YANG. Flight control design using a blend of modern adaptive and robust techniques [D]. Irvine：University of California，2003.

[12] 王志祥. 推力下降故障下运载火箭轨迹在线生成与姿控系统重构 [D]. 北京：国防科技大学，2016.

[13] TU J, CHOI K K, PARK Y H. A new study on reliability – based design optimization [J]. JOURNAL OF MECHANICAL DESIGN, 1999, 121 (4)：557 – 564.

[14] 严恺，吴燕生，张兵，钟震. 基于可靠性优化的固体火箭姿态控制器设计 [J]. 航天控制，2020，38 (6)：24 – 30.

[15] 刘百奇，韦常柱，雷建长. 基于概率的运载火箭控制系统设计方法研究 [J]. 宇航总体技术，2017，2 (2)：49 – 55.

[16] 王成华，及红娟，童轶男. 舵结构系统的飞行自激振动特性 [J]. 振动工程学报，2014，27 (6)：858 – 861.

[17] 王辰，王小军，张宏剑，王江，王端志，袁文全. 航天运载器舵类传动机构间隙影响研究 [J]. 动力学与控制学报，2017，15 (1)：44 – 50.

[18] J R 赖特，J E 库珀. 飞机气动弹性力学及载荷导论 [M]. 上海：上海交通大学出版社，2010.

[19] 宾正清，马永义. 自控飞行器低空反操纵问题 [J]. 宇航学报，1983，8 (2)：34 –50.

[20] 李光普. 舵反操纵问题研究 [J]. 上海航天，1986，24 (1)：18 – 24.

[21] 郭栋，李朝富. 反操纵负载力矩对电动伺服机构性能的影响分析 [J]. 航空兵器，2014，(2)：15 – 17.

[22] 丘淦兴，潜承运，等. 防空导弹自动驾驶仪设计 [M]. 北京：中国宇航出版社，1993.

[23] KYELIM LEE, JIHYOUNG CHA, SANGHO KO, SOON － YOUNG PARK, EUNHWOM JUNG. Fault dectection and diagnosis algorithms for an open – cycle liquid propellant rocket engine using the kalman filter and fault factor methods [J]. Acta Astronautica, 2018, 150：15 – 27.

[24] 李学锋. 运载火箭智慧控制系统技术研究 [J]. 宇航总体技术，2018，2 (2)：43 –48.

[25] 李乐尧. 高超声速飞行器的故障诊断与容错控制技术研究 [D]. 西安：西北工业大学，2015.

[26] 张凯，杨小龙，杨宇和. 基于跟踪微分器的姿控喷管故障检测 [J]. 宇航学报，2020，41 (2)：182 – 190.

[27] 程堂明，李家文，陈宇，等. 运载火箭伺服机构故障检测与诊断的扩展多模型自适应方法 [J]. 国防科技大学学报，2017，39 (5)：80 – 89.

[28] 程堂明，陈宇. 适应伺服机构卡死故障的控制指令重分配技术研究 [J]. 导弹与航天运载技术，

2017，39（1）：50 – 55.

[29] 张亚婷，张惠平，郑总准. 基于解析模型的姿控喷管故障诊断方法研究［C］. 一院科技委控制制导、精确制导、仿真技术专业组学术年会暨第十九届航天控制技术学术年会，2017.

[30] EFIMOV D，ZOLGHADRI A，RAISSI T. Actuatop faullt detection and compensation under feedback control［J］. Automatica，2011，47（8）：1699 – 1705.

[31] 龙志强，薛松，贺光，等. 基于信号比较的磁浮列车悬浮系统加速度计故障诊断［J］. 仪器仪表学报，2011，32（12）：2641 – 2647.

[32] 袁燎原. 飞行控制系统传感器信息融合与容错方法研究［D］. 西安：西北工业大学，2015.

[33] HALIM ALWI，CHRISTOPHER EDWARDS. Oscillatory failure case detection for aircraft using an adaptive sliding mode differentiator scheme［C］. American Control Conference. Washington：IEEE Press，2011：1384 – 1389.

[34] 韩京清. 自抗扰控制技术［M］. 北京：国防工业出版社，2008.

[35] 唐国金，罗亚中，雍恩米. 航天器轨迹优化理论、方法及应用［M］. 北京：科学出版社，2011.

[36] J DOYLE，K LENZ，A PACKARD. Design examples using μ – synthesis：space shuttle lateral axis fcs during reentry［M］. NATO ASI Series，Modelling，Rubust and Sensitivity Reduction in Control Systems，Vol. 34，Springer – Verlag，1987.

[37] GARY J BALAS，ANDREW K PACKARD，JOE RENFROW，et al. Control of the F – 14 aircraft lateral – directional axis during powered approach［J］. Journal of Guidance Control and Dynamics，1998，21（6）：899 – 908.

[38] GIUSEPPE CALAFIORE，FABRIZIO DABBENE. Prpbabilistic and randomized methods for design under uncertainty［M］. Berlin：Springer，2005.

[39] JEFF S. SHAMMA，MICHAEL ATHANS. Gain sheduling：potential hazards and possible remedies［J］. Control Systems Magazine，IEEE，1992，12（3）：101 –107.

第 5 章　挂机载荷环境和结构设计

载荷和力学环境条件是运载火箭结构设计、强度计算及箭上仪器设备力学环境适应性设计、试验的基础。空中发射运载火箭在挂飞阶段的载荷和力学环境工况应覆盖所有可能的飞行剖面。在制订设计和试验条件时，既要遵循国军标等相关标准规范，又要考虑到自身的特点，做到全面、覆盖，并具有合理的裕度。

5.1　挂机载荷

5.1.1　挂机静载荷和动载荷

运载火箭挂机时静载荷设计的输入为载机方提供的外挂物静载荷计算结果，该载荷计算结果是由载机方按照相关航空设计规范，在计算了各种可能飞行包线下的所有工况之后，根据一定原则提取出的供外挂运载器用于设计使用的载荷结果，可覆盖所有的工况的载荷。其中应包含在飞机飞行情况和地面情况下，外挂运载火箭质心处三个方向惯性力、力矩的结果。

在飞行情况下，计算不同高度、不同马赫数、不同质量、不同受载情况下的外挂运载火箭的载荷，由此给出火箭的载荷包线，即火箭在箭体坐标系 X、Y、Z 方向上的力和力矩最大值，最后根据飞机的飞行参数和风洞试验数据给出包线情况下火箭质心处载荷。典型飞行情况下载荷计算工况见表 5-1。

表 5-1　典型飞行情况载荷计算工况

序号	工况	序号	工况
1	稳定俯仰机动	6	稳定侧滑
2	急剧俯仰机动	7	低速急蹬方向舵
3	滚转改出机动	8	高速急蹬方向舵
4	无侧滑情况的非对称推力	9	垂直阵风
5	发动机故障	10	侧向阵风

在地面工况下，计算着陆冲击、地面操纵和地面滑行工况火箭的载荷。地面情况载荷计算时，一般可忽略外挂物的气动载荷，只考虑惯性载荷。

某载机提供的典型挂机状态载荷条件见表 5-2，其中包括了主要挂机飞行工况和地面工况。

表 5 - 2　典型挂机状态载荷输入条件示意

工况		P_x/N	P_y/N	P_z/N	M_x/N	M_y/N	M_z/N
挂机地面载荷	1	1673	−104725	−51984	−41	−4571	11897
	2	90403	−104135	0	0	0	45925
	3	138550	−288260	0	0	0	126469
	4	−89729	−336913	0	0	0	15085
	5	94625	−184332	39299	−4198	−60752	16813
	6	177499	−288325	0	0	0	123217
	7	−4408	−205372	45733	−5108	31804	−39188
	8	−50780	−336978	0	0	0	11833
	...	...	...	...	...	...	...
挂机飞行载荷	1	−3976	−105185	−17682	3138	−4766	−25208
	2	40909	−309588	−512	−38	2037	25520
	3	24884	−316738	−366	−96	1547	22820
	4	15185	−102360	−26710	−216	78069	22448
	5	14096	−105637	20721	4339	−73938	−5548
	6	−3149	−89612	−163	−81	846	−64630
	7	34038	−102637	−319	−38	1406	148669
	...	...	...	...	...	...	...

　　运载火箭挂飞静载荷的设计包括集中载荷计算和截面载荷计算。根据火箭质心处的集中载荷方向，吊耳、止动区及质心之间的位置关系及吊耳和挂钩间的静摩擦系数，计算吊耳、止动区和轴向限位块所受的集中载荷；建立考虑结构弹性的运载器动力学有限元模型，采用动力学分析方法计算运载器不同截面飞行全程随时间变化的截面载荷，并选取飞行全程每个截面弯矩载荷最大值，将其对应的时刻记为该截面的特征时刻。最后，采用吊耳轴向摩擦力载荷结果，对截面轴向力载荷结果进行修正，得到考虑前、后吊耳摩擦力的所有截面轴向力载荷。挂机载荷设计流程如图 5-1 所示。

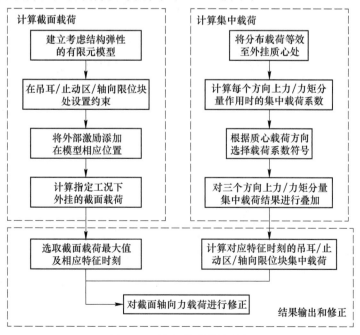

图 5-1　挂机载荷设计流程

　　吊挂集中载荷计算时依据 GJB 1C—2006《机载悬挂物和悬挂装置结合部位的通用设计准则》。计算时，假设火箭为刚体，止动器仅承受压缩载荷，吊耳仅承受垂直方向的拉伸载荷。将火箭在质心处受到的惯性力分解为载荷的六个方向分量，根据各点的位置关系列出单个力分量作用情况下的力和力矩的平衡方程，求解出吊点和止动点的载荷。最后将载荷的六个方向分量单独作用条件下的计算结果进行叠加，得到在合力作用下吊点和止动点的载荷计算结果。在合成时不考虑外载荷的方向。这里，特别需要注意沿轴向的载荷是由前后吊耳同时承受，还是仅由其中之一作为主承受，这里须明确要求，并在结构设计上予以保证。若设计之初在此处考虑不周全，可能会导致局部吊挂结构方案调整。GJB 1C—2006 提供的计算公式如图 5 - 2 所示。吊耳和止动器位置及参数示意分别如图 5 - 3 和图 5 - 4 所示。

D.6.1　前左或前右防摆止动器/悬挂物防摆止动支撑处反作用力的公式

　　计算公式如下：

$$R_y = AP_x + BP_y + CP_z + DM_x + EM_y + GM_z \qquad\qquad (D.1)$$

式中：

$A = 0.5L_5(S_1 + L_2) + L_3/(S \cdot \tan\varepsilon)$；

$B = (S_2/S)(0.5 + L_3/K)$；

$C = S_2 L_5/(S \cdot K)$；

$D = S_2/(S \cdot K)$；

$E = 1/(S \cdot \tan\varepsilon)$；

$G = 0.5/(S_1 + L_2)$；

$K = H + L_3 + S_3$；

$H = (L_5 - S_5)\tan\varepsilon$。

　　对于重心横向位于悬挂物防摆止动支撑处外侧的悬挂物（见表 D.1 的脚注），系数 B 为

$$B = L_2 L_3/[L(H + S_4 - L_3)]$$

　　对于重心纵向位于悬挂物前防摆止动支撑处之前的悬挂物，系数 B 为

$$B = [L_2/(L_2 - S_1)](0.5 + L_3/K)$$

　　对于重心横向位于悬挂物防摆止动支撑处外侧，而纵向又位于悬挂物前防摆止动支撑处之前的悬挂物，系数 B 为

$$B = L_2 L_3/[(L_2 - S_1)(H + S_4 - L_3)]$$

图 5 - 2　GJB 1C—2006 提供的吊挂载荷计算公式

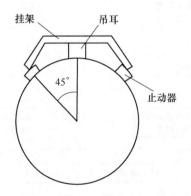

图 5 - 3　吊耳和止动器位置示意图

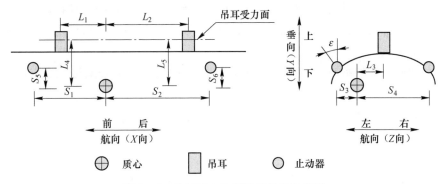

图 5 - 4　吊耳和止动器位置参数示意图

GJB 1C—2006 采用将所有单独计算出的分力进行叠加，既不考虑方向，也不考虑是否为 0，因此计算结果偏保守。实际上，在不同力分量单独作用时，前后吊点和前后止动六个受力点不是同时受力的，即在某些力分量作用时，某些受力点并未受力。

定义吊耳和止动区载荷加权系数 C_{Pk}^{y} 和 C_{Mk}^{y} ，C_{Pk}^{r} 和 C_{Mk}^{r} ，$k=x$，y，z。不同力分量单独作用情况下吊点和止动器的受力情况见表 5 - 3，共需要考虑载荷的六个方向分量分别为正和负的情况。表中数据为 0 表示在此种单独加载的情况下该受力点不受力，表中数据为 1 表示在此种单独加载的情况下该受力点受力。

表 5 - 3　不同载荷方向对应的加权系数

质心力方向			计算吊耳垂向力时		计算止动区止动力时	
			前吊耳加权系数 $C_{Pk}^{y}(1)$，$C_{Mk}^{y}(1)$	后吊耳加权系数 $C_{Pk}^{y}(2)$，$C_{Mk}^{y}(2)$	前止动区加权系数 $C_{Pk}^{r}(1)$，$C_{Mk}^{r}(1)$	后止动区加权系数 $C_{Pk}^{r}(2)$，$C_{Mk}^{r}(2)$
P_x	$\geqslant 0$	向前	0	1	1	0
	< 0	向后	1	0	0	1
P_y	$\geqslant 0$	向上	0	0	1	1
	< 0	向下	1	1	0	0
P_z	$\geqslant 0$	向右	1	1	1	1
	< 0	向左	1	1	1	1
M_x	$\geqslant 0$	绕前	1	1	1	1
	< 0	绕后	1	1	1	1
M_y	$\geqslant 0$	绕上	1	1	1	1
	< 0	绕下	1	1	1	1
M_z	$\geqslant 0$	绕右	0	1	1	0
	< 0	绕左	1	0	0	1

将质心处的集中载荷 P 的六个分量的绝对值 $|P_k|$、$|M_k|$，$k=x$，y，z 分别与其

单独作用时引起的吊耳垂向力系数和止动区止动力系数相乘，并按照外挂与悬挂系统之间的接触关系推导得出的加权系数进行加权叠加，得到质心处集中载荷作用下吊耳和止动区的载荷计算结果。

前吊耳和后吊耳的垂向力 $F_y(1)$ 和 $F_y(2)$ 叠加时按照以下公式进行，方向为垂直吊耳所在曲面指向火箭外部

$$F_y(m) = \sum_{k=x,\,y,\,z} (C_{p_k}^y \,|\, P_k \,|\, A_k^y(m) + C_{m_k}^y \,|\, M_k \,|\, B_k^y(m)) \qquad m \in [1,\,2]$$

$$(5-1)$$

前止动区和后止动区的止动力 $R(1)$ 和 $R(2)$ 叠加时按照以下公式进行，方向为垂直止动区所在曲面指向火箭内部

$$R(m) = \sum_{k=x,\,y,\,z} (C_{P_k}^r(m) \,|\, P_k \,|\, A_k^r + C_{M_k}^r(m) \,|\, M_k \,|\, \cdot B_k^r) \qquad m \in [1,\,2]$$

$$(5-2)$$

前吊耳和后吊耳侧向力 $F_z(1)$ 和 $F_z(2)$ 叠加时按照以下公式进行

$$F_z(m) = |P_y| A_y^z(m) + |P_z| A_z^z(m) + |M_k| B_x^z(m) \qquad m \in [1,\,2] \quad (5-3)$$

前吊耳和后吊耳的载荷系数具体计算公式为

$$A_x^y(m) = L_5/(S_i + L_j) + L_3/(S \cdot \tan\varepsilon)$$
$$A_y^y(m) = (L_i/L) \cdot [L_3/((L_5 - S_5)\tan\varepsilon + S_4 - L_3) + 1]$$
$$A_z^y(m) = S_i \cdot L_5/(S \cdot ((L_5 - S_5)\tan\varepsilon + L_3 + S_3))$$
$$A_y^z(m) = L_i \cdot L_3 \cdot \tan\varepsilon/[L \cdot ((L_5 - S_5)\tan\varepsilon + S_4 - L_3)]$$
$$A_z^z(m) = (S_i/S) \cdot [(L_5 \cdot \tan\varepsilon/((L_5 - S_5)\tan\varepsilon + L_3 + S_3)) - 1]$$
$$A_x^r(m) = 0.5L_5/(S_j + L_i) + L_3/(S \cdot \tan\varepsilon)$$
$$A_y^r(m) = (S_i/S) \cdot (0.5 + L_3/[(L_5 - S_5)\tan\varepsilon + L_3 + S_3])$$
$$A_z^r(m) = S_i \cdot L_5/(S \cdot ((L_5 - S_5)\tan\varepsilon + L_3 + S_3))$$

$$(5-4)$$

$$B_x^y(m) = S_i/(S \cdot ((L_5 - S_5)\tan\varepsilon + L_3 + S_3))$$
$$B_y^y(m) = 1/(S \cdot \tan\varepsilon)$$
$$B_z^y(m) = 1/(S_i + L_j)$$
$$B_x^z(m) = S_i \cdot \tan\varepsilon/(S \cdot ((L_5 - S_5)\tan\varepsilon + L_3 + S_3))$$
$$B_x^r(m) = S_i/(S \cdot ((L_5 - S_5)\tan\varepsilon + L_3 + S_3))$$
$$B_y^r(m) = 1/(S \cdot \tan\varepsilon)$$
$$B_z^r(m) = 0.5/(S_j + L_i)$$

$$(5-5)$$

式中 L_1，L_2，L_3，L_4，L_5 ——质心与吊耳之间的距离；
S_1，S_2，S_3，S_4，S_5，S_6 ——质心与止动区的距离。

当 $m=1$ 时，取 $i=2$，$j=1$；当 $m=2$ 时，取 $i=1$，$j=2$。

根据吊耳垂向力与吊耳和挂钩接触面的静摩擦系数 μ（可通过查阅手册或进行试件级摩擦试验确定），计算得到吊耳与挂钩接触面处的轴向静摩擦力 $\mu F_y(m)$，吊耳垂向力引起的轴向摩擦力可由以下计算公式得到，负号表示方向与 P_x 相反：

$$F_x(m) = \begin{cases} -P_x & \mu F_y(m) > P_x \\ -\mu F_y(m) & \mu F_y(m) \leqslant P_x \end{cases} \quad m \in [1, 2] \quad (5-6)$$

轴向限位块轴向力 $F_x' = -P_x$，"$-$" 号表示方向与 P_x 相反。

对于典型的计算工况，采用上述改进的集中力计算方法进行集中力载荷计算，计算结果较原方法，载荷均有不同程度的降低。吊耳和止动器载荷的计算结果分别如图 5-5 和图 5-6 所示。

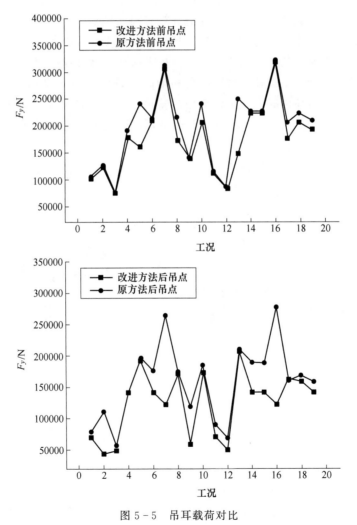

图 5-5   吊耳载荷对比

截面载荷计算采用有限元方法，根据给定的输入条件，建立计算模型并计算火箭截面载荷结果，包括弯矩载荷、剪力载荷和轴向力载荷。基于运载器的理论外形、结构尺寸和

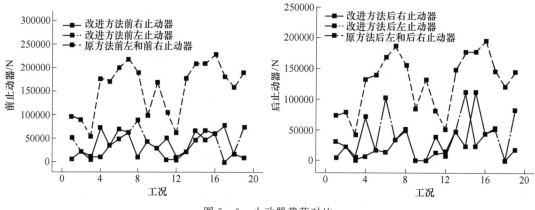

图 5-6　止动器载荷对比

总体参数，建立考虑运载器弹性的截面载荷计算有限元模型。根据火箭与载机之间悬挂系统的特点，在有限元模型中建立相应的约束条件。对挂飞过程中各工况的外激励施加在火箭动力学有限元模型对应位置。采用动力学分析方法计算运载器不同截面飞行全程随时间变化的截面载荷（包括弯矩载荷、剪力载荷和轴向力载荷），并选取飞行全程每个截面弯矩载荷最大值，将其对应的时刻记为该截面的特征时刻（对应载荷设计工况）；当外激励为静态激励时，可使用静力学计算方法计算运载器不同截面的弯矩载荷、剪力载荷和轴向力载荷，此时特征时刻为任意时刻。

　　将挂飞实测着陆和滑跑时段内的动态激励加载至动力学模型中，求解出的截面弯矩曲线如图 5-7 所示。

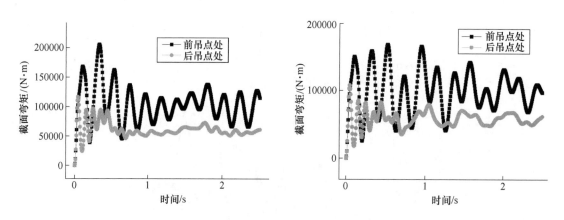

图 5-7　着陆和滑跑时段内截面弯矩曲线计算示例

　　需要说明的是，在进行箭体截面载荷计算时，由于载机提供的输入条件为运载器质心处的载荷情况。对于挂机飞行工况，该载荷结果由气动力和惯性力组成。这种提供方式直接将气动力按照一个集中载荷处理，无法考虑气动力的分布。因此，按照这种输入形式计算出载荷结果后，需对其由于气动力分布引起的偏差进行分析和评估。另外，对于承受吊耳和止动力载荷的部段，在进行强度设计时应按照工况进行分析，将每个工况的截面载荷和挂吊集中载荷同时施加。由于各种力分量的作用既有互相叠加又有互相抵消，因此应给出截面力和集中力的实际加载方向、方式和位置。

　　在进行可行性论证时，可根据国军标或经验数据来进行设计，但必须得到载机方的认可，具体可参考 GJB 67A—2008《军用飞机结构强度规范》中关于飞行载荷和地面载荷的部分。在进行方案设计时，载荷计算的输入条件为载机提供的运载器质心处六方向的过载情况，其中气动载荷为工程估算或 CFD 计算结果；惯性载荷为将运载器视作刚体，只考虑质量、质心和转动惯量得到的计算结果。在工程研制阶段，吊挂点处的局部结构设计工作完成之后，可使用考虑运载器局部弹性影响的有限元模型进行全箭截面和吊挂集中力载荷计算。具体方法为：在有限元软件中根据实际结构建立全箭的三维弹性模型，箭体可按真实质量和刚度分布处理为弹性体，吊耳和止动器作用区的局部结构模拟真实，吊耳和止动器构建为非线性弹簧，吊挂装置处理为刚体。在该模型中可直接计算出运载器与飞机的相互作用力，还可算出沿运载器分布的轴力、剪力和弯矩。需要说明的是，该方法不考虑结构及安装等方式的偏差，计算结果偏冒进，建议作为校核使用，若作为设计依据，需要适当考虑设计余量。

5.1.2　挂机疲劳载荷

　　空中发射运载火箭的使用是地面-空中反复交替的过程，也就是要承受地面载荷和飞行载荷的反复加载。地面载荷主要是飞机起落架轮胎与地面接触后产生的载荷，与飞机的状态和所受载荷有关，包括起飞滑跑、着陆撞击和着陆滑跑载荷、刹车及牵引载荷；飞行载荷主要是火箭挂载时随飞机运动受到的气流作用和飞机机动飞行产生的载荷，包括突风载荷、机动载荷等。

　　任务剖面代表了火箭的典型使用过程，是进行载荷谱编制的基础。火箭的载荷分析和载荷谱编制，一方面与飞机的使用要求有关，另一方面还和载机本身的特性有关。因此，应根据任务要求，在明确飞机使用剖面的前提下，确定火箭任务剖面的内容和相关参数。

　　（1）任务剖面的构成确定方法

　　按飞机的使用要求，采用聚类分析和主成分分析方法，确定：

　　1）任务类型，一般可分为低空飞行、中空飞行和高空飞行等；

　　2）每类型任务的使用百分比；

　　3）每类型任务一次飞行时间；

　　4）每类型任务所分任务段及其顺序，包括地面滑行、起飞爬升、巡航、待机、下滑着陆等；

　　5）每类型任务的结构有效负载布局，包括是否挂载、所挂载的质量、位置等；

　　6）每类型任务的着陆次数；

　　7）典型机场使用比例，主要包括铺砌跑道、半铺砌跑道和未铺砌跑道。

　　（2）任务剖面任务段分析

　　1）一次飞行在某任务段上的时间；

　　2）每个任务段占该类任务的使用百分比；

　　3）每个任务段占总使用的百分比；

　　4）每个任务段内的性能参数，如高度、速度、质量等。

5.1.2.1　突风载荷谱

运载火箭挂机飞行过程中遭受突风作用，产生强度较高、频次较多的突风疲劳载荷，可能会对结构产生较大损伤。突风强弱、频次与高度和留空时间有关，突风载荷是运输类飞机及吊挂负荷承受的主要疲劳载荷源。一般采用离散突风模型，进行结构响应分析，采用 TWIST 方法编制突风载荷谱。

假定引起飞机突风载荷的是大气中一个个独立的紊流团，一个紊流团引起一次阶跃的突风过载，采用 $1-\cos$ 函数描述离散突风。参考 GJB 67.6A—2008《飞机结构重复载荷、耐久性与损伤容限》，给出了不同高度下的离散突风速度超越数曲线。

离散突风速度与过载的转换关系，参考 GJB 67.2A—2008《军用飞机结构强度规范第 2 部分：飞行载荷》给出

$$n = n_0 \pm \Delta n \tag{5-7}$$

$$\Delta n = RU_{de} \tag{5-8}$$

$$R = \frac{\rho_0 C_{Na} V_E}{2G/S} K_W \tag{5-9}$$

式中　n ——阵风载荷系数；

n_0 ——取为 1.0；

Δn ——阵风载荷系数增量；

R ——机翼和机身垂直阵风响应参数（s/m）；

U_{de} ——当量阵风速度（m/s）；

ρ_0 ——海平面大气密度（kg/m³）；

C_{Na} ——全机法向力系数随攻角的变化率（1/rad）；

V_E ——当量空速（m/s）；

G/S ——翼载（N/m²）；

K_W ——离散阵风减缓因子，由下面两式决定

亚声速：
$$K_W = \frac{0.88\mu_g}{5.3 + \mu_g} \tag{5-10}$$

超声速：
$$K_W = \frac{\mu_g^{1.03}}{6.95 + \mu_g^{1.03}} \tag{5-11}$$

式中　μ_g ——飞机质量参数，具体为

$$\mu_g = \frac{2G/S}{gC_{Na}\rho_h \overline{C}}$$

式中　g ——重力加速度（m/s²）；

$\overline{C}$ ——机翼平均几何弦长（m）；

ρ_h ——所在高度的大气密度（kg/m³）。

按 TWIST 谱编制方法，要求不同的任务剖面谱应当随机排列且均匀地分散，同一任务剖面内的任务段谱应按照原来的任务段顺序进行排列，任务剖面谱内各个载荷循环随机排列且均匀地分散，每个任务段谱的初始及结束循环应为 $1g$ 过载对应的循环，以便与下一任务段谱对接。

根据任务段的飞行距离及总飞行次数，将单位距离的阵风速度超越数曲线换算为全寿

命期的超越数曲线；其次，基于任务剖面确定载荷级数，将低空飞行各任务段离散为 1 级、中空飞行和高空飞行各任务段离散为 5 级。离散后的各级突风次数在一个程序块中为整数，各任务段每次飞行的次数不少于 1 次，各级载荷的代表值（即当量载荷），按离散段等损伤折算确定。然后，按极值载荷对数正态分布准则，对每个任务段选取符合要求的阵风速度，将连续阵风超越数曲线作高载截取、低载截除以及分级离散，离散得到的各级阵风速度应属于同一个对数正态分布母体；根据阵风相似性准则，将离散后的阵风速度及对应超越数分配到 5 种飞行类型中，最终形成风速度分配表。阵风相似性准则要求为：不同飞行类型的阵风谱虽然严重程度不同，但是应当具有大致相同的形状，即超越数曲线形状相似。最后，得到不同任务段的 5 种飞行类型的载荷谱后，根据载荷排序要求，将各个任务段的载荷谱采用乘同余法随机排序形成完整的任务剖面谱。

5.1.2.2　机动载荷谱分析

机动载荷谱是运载火箭随飞机做机动飞行时产生的载荷，与飞机的运动过程相关，可以综合规范谱和运动模拟分析确定运载器的机动载荷谱。美国空、海军在 20 世纪 40～90 年代，在进行飞机结构寿命管理过程中，通过飞参记录仪或结构健康监测系统搜集到了空、海军所有型号飞机的过载-时间数据，经过数据处理、计数和统计分析，给出了各类飞机的质心过载累积超越数曲线，并整理成报告或数据手册，作为新研飞机编谱的依据，相关数据参考 JSSG—2006。我国国军标也借鉴美国空、海军数据，并综合我国相关型号的试飞和载荷谱实测，得到了我国运输类飞机的质心过载累积超越数曲线，并编入 GJB 67.6A—2008，可以作为编谱的基本输入。

运载火箭质心处的过载与挂载位置、飞机姿态等有关。为获得火箭机动过载超越数曲线，首先，建立飞机-火箭六自由度运动模型，以飞机质心过载为基本输入，考虑飞机的运动状态，输入飞机的姿态数据，对运动方程进行求解，构建飞机质心过载参数和运载器质心过载参数的传递方程；然后，根据火箭质心过载和飞机质心过载的关系，依据飞机的质心过载超越数曲线，推导得到火箭质心过载超越数曲线。

基于火箭质心过载累积超越数曲线，对每个任务段的过载累积超越数据采用

$$\Delta n_y = a \lg N + b \tag{5-12}$$

对 $(\Delta n_y, N)$ 数据对进行拟合，计算得到每个任务段的过载累积超越数曲线。

对任务段严重累积超越数曲线进行高载截取和低载截除。高载截取原则为：以 1000 次飞行该任务段出现 1 次的高载为截取值；低载截除原则为：确定关键部位的疲劳极限，截除到 70%～80% 疲劳极限对应的过载值。

将过载-累积超越数曲线离散为 $(\Delta n_y, N)_i$ 数据对，计算得到超越数 $\Delta N_i = N_i - N_{i-1}$，获得不同机动过载对应的超越数数据对 $(\Delta n_y, \Delta N)_i$，其中，$i = 1, 2, \cdots, n$。

最后，参考突风谱编制，采用 TWIST 编制方法，分析确定基于任务剖面的载荷级数，运用 5×5 谱各级载荷参数确定方法，进行载荷谱的当量化计算，确定当量载荷和当量载荷作用次数，按最高载荷为正态对数极值分布和相似性准则，对中空飞行和高空飞行任务剖面的载荷谱分别按 5 类不同的飞行类型编制，低空飞行任务剖面的载荷按 1 类飞行类型编制。

5.1.2.3　着陆载荷谱分析

飞机着陆时，主起落架先触地反弹，然后前起落架触地，大量的使用经验表明，前起

落架触地载荷对机体结构和箭体结构的影响很小。通过建立飞机运动方程，进行主起落架触地造成的撞击载荷的分析。

（1）确定着陆撞击载荷分析参数

1）飞机几何参数。包括飞机整体尺寸、质心位置、前/主起落架安装位置、安装角等参数；

2）各个任务剖面起飞、着陆过程的质量、速度等参数；

3）起落架参数。包括起落架几何尺寸、质量、机轮转动惯量、刚度函数、阻力函数等特性参数；不同地面操作时的行程位置、轮胎充气情况等状态参数；

4）模态参数。考虑飞机和火箭的弹性响应，分析飞机和运载火箭结构的主要模态参数，包括模态质量、模态刚度、全机的模态位移函数等。

（2）建立运动方程，简化的分析模型如图 5-8 所示，得到式（5-13）

1）机身简化为沿起落架轴线移动的单自由度刚体；

2）着陆时，假定起落架与机身轴线垂直；

3）缓冲结构等效为线性弹簧、线性阻尼；

4）起落架活动部分等效为沿起落架轴线移动的单自由度刚体；

5）轮胎等效为线性弹簧，忽略阻尼的影响。

$$\begin{cases} \ddot{x}_1 = \dfrac{1}{M}(-k_s x_1 + k_s x_2 - c_e \ddot{x}_1 + c_e \ddot{x}_2) \\ \ddot{x}_2 = \dfrac{1}{m}(k_s x_1 - (k_s + k_t \cos\theta)x_2 + c_e \ddot{x}_1 - c_e \ddot{x}_2) \end{cases} \tag{5-13}$$

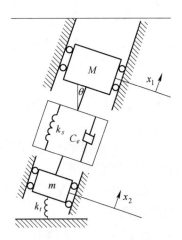

图 5-8　载荷简化分析模型

求解方程式（5-13），即可得到着陆撞击过程中火箭结构质心加速度随时间变化历程。受飞行员操作习惯、飞机质量、天气情况等的影响，飞机的下沉速度不是确定值，而是呈某种分布，每次着陆撞击载荷不同。为此，一般以 GJB 67.6A—2008 中给出的飞机下沉速度频次表为输入，进行着陆撞击载荷分析。

5.1.2.4　地面滑行载荷谱分析

地面滑行载荷谱是飞机结构在起飞滑行和着陆滑行过程中，由于跑道粗糙度以及飞机和火箭的弹性，产生的疲劳载荷历程。进行地面滑行载荷谱编制时，对各种地面操作分别开展响应分析。对地面滑跑等任务段，由于路面的不平度激励属于平稳随机过程，需要进行随机响应分析。

GJB 67.6A—2008 给出了 3 类共 9 种跑道类型的功率谱密度。在设计时，需要计算 9 种跑道下质心过载的滑跑载荷响应。具体步骤为：

1) 建立地面滑跑过程动力学模型，推导得到相应的运动微分方程；

2) 将任务段参数代入方程中得到质心过载相对于路面激励的频率响应函数；

3) 将路面激励的功率谱特性代入频率响应函数中，得到飞机质心的功率谱密度；

4) 由质心过载功率谱密度计算得到质心过载超越数曲线；

5) 按起飞滑跑-着陆滑跑过程，将起飞滑跑载荷谱和着陆滑跑载荷谱按顺序排列；对起飞和着陆滑跑任务段，3 类跑道载荷谱随机排列；对每类跑道的Ⅰ、Ⅱ、Ⅲ级跑道载荷谱随机排列，由此编制得到地面滑跑载荷谱。

针对空中飞行任务段，分别编制突风谱和机动谱，将每个任务段的突风谱和机动谱随机排列，编制得到飞行谱。针对地面任务段，分别编制地面滑行谱和着陆撞击谱，进而编制得到地面谱。综合飞行谱和地面谱，按各种飞行剖面（低空、中空和高空）的任务段顺序，按不同飞行类型（低空 1 种、中空 5 种、高空 5 种）将地面谱与机动谱、阵风谱按顺序协调施加，共组成 11 种典型飞行类型的飞行-地面谱。最后由这 11 种飞行类型按比例随机排序编制周期的飞行-地面谱。

整个疲劳载荷谱分析设计过程如图 5-9 所示。

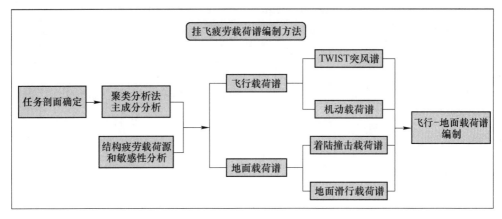

图 5-9 疲劳载荷谱分析设计

5.2 力学环境条件

5.2.1 随机振动试验条件设计

运载火箭挂机飞行中的振动环境主要来源包括：载机发动机噪声、运载火箭挂飞过程中箭体所受的气动激励、通过载机挂架传递过来的振动等。挂飞随机振动试验条件制定主要参考 GJB 150.16A—2009《军用装备试验室环境试验方法 第 16 部分：振动试验》。制定时考虑运载火箭的结构形式、外挂方式以及挂飞过程中的动压和马赫数，条件应覆盖所要求的运载火箭挂机起降次数及单次最大挂机飞行时间。

根据 GJB 150.16A—2009，机载外挂飞行器的挂飞振动主要通过功能振动试验和耐久振动试验考核。GJB 150.16A—2009 给出功能振动试验的谱型、赋值、拐点频率和时间等具体要求，见图 5-10 和表 5-4。

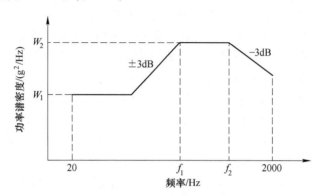

图 5-10　喷气式飞机外挂物挂飞随机振动响应谱

表 5-4　外挂空射运载器振动暴露量级详细内容

$W_1 = 5 \times 10^{-3} \times K_1 \times A_1 \times B_1 \times C_1 \times D_1 \times E_1$；$(g^2/Hz)$					
$W_2 = H \times (q/\rho)^2 \times K_2 \times A_2 \times B_2 \times C_2 \times D_2 \times E_2$；$(g^2/Hz)$					
$M \leqslant 0.9$，$K \leqslant 1$；$0.9 \leqslant M \leqslant 1$，$K = -4.8 \times M + 5.32$；$M \geqslant 1$，$K = 0.52$ $f_1 = 10^5 C(t/R^2)$，(Hz)；$f_2 = f_1 + 1000$，(Hz)					
分　类	因子		技术状态	因子	
气动状态良好	A_1	A_2		B_1	B_2
单一外挂运载器	1	1	带动力运载器前后部分	1	4
并排外挂运载器	1	2	其他外挂运载器的前半部分	1	2
其他外挂运载器后的外挂运载器	2	4	所有运载器前半部分	1	1
气动状态不好	C_1	C_2		D_1	D_2
单个外挂和一排外挂	2	4	外场组装的钢板鳍或尾锥		
在其他运载器后	1	2		8	16
其他	1	1	带动力的运载器	1	1
	E_1	E_2	其他运载器	1	1
燃烧弹	1/2	1/4			
其他运载器	1	1			

Ma：马赫数；H：5.59，常数；C：2.54，常数；
q：飞行动压，由载机提供的飞行包线确定；
ρ：运载器平均质量密度，$641kg/m^3 \leqslant \rho \leqslant 2403kg/m^3$；
t：运载器蒙皮平均厚度；
R：运载器平均半径。
f_1 在 $100 \sim 2000Hz$；对于带尾翼的自由落体外挂，$f_1 = 125Hz$。

计算功能振动试验条件时，首先根据运载火箭结构形式、外挂方式以及挂飞过程中的动压和马赫数等，在表中对数据进行取值，代入公式中计算出功率谱密度量值 W_1 和 W_2。以上述公式计算出的为功能振动试验条件，耐久试验条件在表中公式基础上考虑 1.6 倍的放大系数。功能振动试验条件持续时间和耐久振动时持续时间根据 GJB 150.16A—2009 和 HB 5830.15—1996《机载设备环境条件及试验方法：外挂振动》确定。GJB 150.16A—2009 中规定在进行随机振动试验时，应先进行一半时间的功能试验，再进行耐久试验，最后进行一半时间的功能试验。功能试验的一半时间为一次通电测试时间和 30min 二者中较长的那个时间。HB 5830.15—1996 中规定，当耐久试验条件量级是功能试验的 1.6 倍时，每 46min 试验对应 150h 飞行，超出部分可线性折算。

根据 GJB 150.16A—2009 中公式计算得到的挂飞随机振动试验条件频率范围为 20～2000Hz。对于大型外挂运载火箭，其挂机状态下的刚体和弹性频率通常低于 20Hz，依据国军标 GJB 150.16A—2009 中公式制定的试验条件，无法对大型外挂运载火箭低频环境适应性进行考核。因此需通过运载火箭与载机的联合模态试验，测量火箭在挂机状态下的刚体和弹性频率，将挂飞随机振动试验条件的起始频率向下延伸，覆盖火箭在挂机状态下的刚体和弹性频率。在此基础上，开展火箭挂机飞行试验，在不同的飞行高度、飞行速度、飞行时长、飞行姿态、飞行动作组合下，获取多次挂飞的各舱段随机振动数据，对挂飞随机振动试验条件进行修正。某运载器挂飞实测振动功率谱密度曲线如图 5-11 所示。

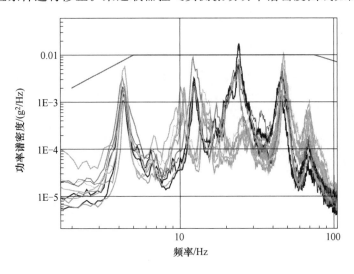

图 5-11 某挂飞实测随机振动功率谱密度曲线（见彩插）

5.2.2 冲击试验条件设计

通过多次挂飞下各舱段实测数据分析，可以发现大型外挂火箭在起飞、着陆、机动和突风等工况下，动态响应的频率较低，无明显的高频冲击响应。上述工况的动态激励对火箭的影响可通过动载荷条件考核。因此火箭挂机飞行段冲击试验条件依据 GJB 150.18A—2009《军用装备试验室环境试验方法　第 18 部分：冲击试验》制定。选择程序 I 功能性冲击，对处在工作状态下的设备进行冲击试验，以评估在冲击作用下装备的结构完好性和功能一致性。功能性冲击可采用冲击响应谱条件，如图 5 - 12 所示；也可采用经典脉冲冲击作为试验条件，如图 5 - 13 所示。

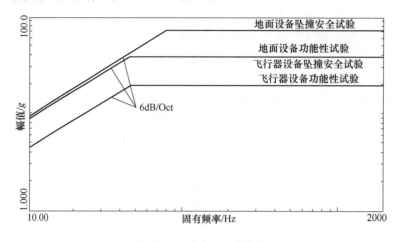

图 5 - 12　冲击响应谱条件

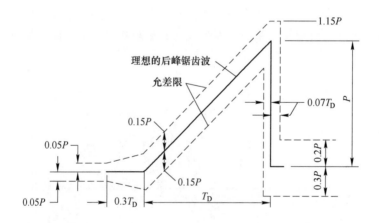

试　　验	最小峰值 P/g		标称持续时间 T_D/ms	
	飞行器设备[a]	地面设备	飞行器设备[a]	地面设备
功能性试验	20	40[b]	11	11

[a]　推荐用于无防冲击的装备和质量低于 136kg 的装备。

[b]　对安装在卡车和拖车上的装备，用 20g 峰值。

图 5 - 13　经典脉冲冲击条件

5.2.3　加速度试验条件设计

运载火箭挂机飞行段加速度试验条件依据 GJB 150.15A—2009《军用装备试验室环境试验方法　第 15 部分：加速度试验》制定。在没有实测数据及相似型号设计结果时，按照 GJB 150.15A—2009 中安装在机身上的飞机外挂物条件计算得到供设备使用的试验推荐加速度值（见表 5 - 5）。

表 5 - 5　GJB 150.15A—2009 加速试验条件推荐值

飞行器分类[a]		前向加速度[b] A g	试验量值					
			飞行器加速度方向（见 GJB 150.15A 中图 1）					
			前	后	上	下	侧向	
							左	右
飞机[cd]		2.0	1.0A	3.0A	4.5A	1.5A	2.0A	2.0A
直升机		[e]	2.0	2.0	7.0	3.0	4.0	4.0
载人航天器		6.0～12.0[f]	10.0A	0.33A	1.5A	0.5A	0.66A	0.66A
飞机外挂物	安装在机翼/浮筒上	2.0	5.0A	5.0A	6.0A	3.25A	3.75A	3.75A
	机翼翼尖	2.0	5.0A	5.0A	7.75A	4.5A	4.5A	4.5A
	安装在机身上	2.0	3.5A	4.0A	4.5A	2.7A	1.5A	1.5A
陆基导弹		[gh]	1.1A	0.33A	1.1A'[i]	1.1A'[i]	1.1A'[i]	1.1A'[i]

[a]　按不同平台和安装在平台的不同位置取值；仅当平台量值未知时，使用表中的值。

[b]　当飞行器前向加速度未知时，用该列值；已知时，A 采用已知值。

[c]　对于舰载飞机，A 至少取 4，这代表了弹射的基本情况。

[d]　对于强击机和歼击机，应适当增加俯仰、偏航和横滚加速度（见 GJB 150.15A 中的 4.3.4）。

[e]　直升机的前向加速度与其他方向的加速度无关，试验等级以在役的和新一代直升机设计要求为依据。

[f]　前向加速度未知时，应取上限值。

[g]　A 是由最高燃烧温度的推力曲线数据推导而来的。

[h]　有时最大机动加速度和最大纵向加速度会同时出现，此时对试件应在最大加速度方向将试验量值乘以适当系数进行试验。

[i]　A' 为最大机动加速度。

在得到载机方提供的载荷输入数据后，提取运载火箭质心处过载情况，核算以上条件是否覆盖挂机飞行段各工况下运载器各部段最大预示加速度。如果不能覆盖，则需要对加速度试验条件进行修订。

5.2.4　噪声试验条件设计

挂飞过程中的噪声主要由地面飞机发动机开机、飞机起飞和飞行过程中发动机喷流，以及挂飞过程中的气动噪声产生。在没有获得挂机全剖面数据的情况下，运载火箭挂机飞行段噪声试验条件量值可依据 GJB 150.17A—2009《军用装备试验室环境试验方法　第 17 部分：噪声试验》制定，应覆盖多次起降和挂飞时间的要求。同时，GJB 150.17A—2009 中规定，若装备承受的宽带随机噪声的总声压级小于 130dB，或承受的每赫兹带宽声压级小于 100dB，则不要求进行噪声试验。

运载火箭研制过程中，应在对噪声敏感的舱段安装噪声传感器，对挂机飞行过程中的噪声环境进行测量。某运载火箭挂飞过程中噪声环境实际测量结果如图 5 - 14 所示。可以看出，实测的挂飞段舱内总声压级曲线量级远小于最初制定的噪声条件，并且小于130dB。因此，依据 GJB 150.17A—2009 规定，此运载火箭可不进行挂飞噪声试验。

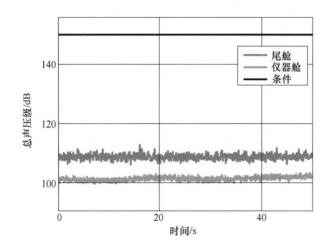

图 5-14 某运载火箭挂机飞行段总声压级曲线（见彩插）

5.3 典型结构设计

火箭不同的部段、不同的使用情况，结构设计的要求也有所不同。通常，要求结构在设计载荷（一般为使用载荷的 1.3～1.5 倍）条件下，不允许进入屈服，即在设计载荷下结构的应力水平 σ 小于结构材料的屈服强度 σ_s。更保守的设计是，在设计载荷下的结构应力水平 σ 不大于材料的疲劳强度 σ_{-1}。也有在使用载荷下不发生塑性变形为设计准则的情况，这往往是由于局部的结构约束而导致的，这种情况下对于机载挂飞结构而言有点偏冒进，需格外关注。

5.3.1 端框连接结构

复合材料舱段的端框连接区结构如图 5-15 所示，包含金属嵌块、复合材料端框、铆钉、螺钉等多个部件，截面载荷大，力传递路线复杂，结构强度除考虑常规静载荷强度设计外，挂飞段疲劳载荷强度是设计工作的重点。应特别关注局部高应力区，特别是螺钉、铆钉连接集中区域。

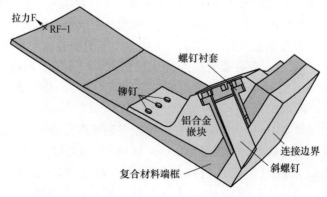

图 5-15 端框连接局部结构示意

在设计载荷条件作用下，端框局部连接区在截面载荷作用下产生的变形情况示意如图 5-16 所示，铝合金嵌块和复合材料端框应力强度仿真试验结果如图 5-17 和图 5-18 所示。结果表明，在铝合金嵌块的根部拐角过渡区、铆钉孔及螺钉孔等部位，以及复合材料端框的铆钉孔和根部拐角过渡区部位，均存在高应力集中区。

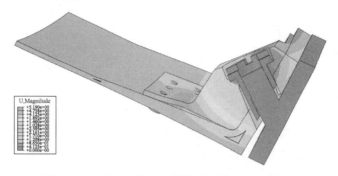

图 5-16　端框连接局部结构变形情况（见彩插）

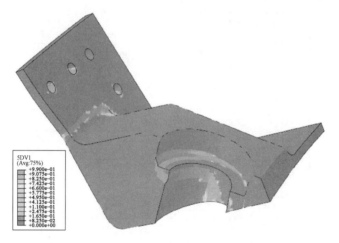

图 5-17　铝合金嵌块应力强度仿真结果（见彩插）

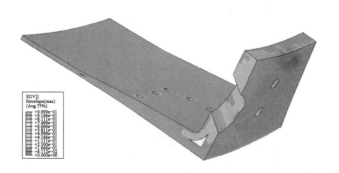

图 5-18　复合材料端框应力强度仿真结果（见彩插）

在没有给出正式的疲劳载荷谱前，可以参照 GJB 67.6A 中推荐的统计数据和统计方法，形成疲劳载荷谱条件，开展初步的端框连接局部区疲劳设计及加速试验验证。根据 GJB 67.6A 制定的挂机飞行疲劳载荷谱见表 5-6。

表 5-6 单次飞行疲劳载荷谱及其等效处理结果

工况	n_x/g	n_{yz}/g	频数	疲劳寿命 N/次	等效损伤/$(1/N)$
滑跑	—	0.68	1	35591	0
	—	0.83	3	10763	0.0003
	—	0.98	60	3972	0.0151
	—	1.13	810	1690	0.4793
	—	1.28	4950	800	6.1875
	—	1.43	9000	412	21.8447
	—	1.58	9000	226	39.823
	—	1.73	4950	131	37.7863
	—	1.88	810	80	10.125
	—	2.03	60	50	1.2
	—	2.18	3	33	0.0909
	—	2.33	1	22	0.0455
飞行	—	0.3	2	4826809	0
	—	0.15	6	308915776	0
	—	0.45	32	423753	0.0001
	—	0.75	378	19771	0.0191
	—	0.9	1404	6621	0.2121
	—	1.05	3960	2626	1.508
	—	1.2	11160	1178	9.4737
	—	1.35	30600	581	52.6678
	—	1.8	19440	103	188.7379
	—	2.1	2592	41	63.2195
	—	2.4	324	18	18
	—	2.7	36	9	4
飞行	—	3	6	5	1.2
	—	3.3	2	3	0.6667
	—	3.6	2	2	1
	—	3.9	2	1	2
着陆	—	1.67	6	162	0.037
	—	1.85	9	88	0.1023
	—	2.05	8	47	0.1702
	—	2.24	5	28	0.1786
	—	2.44	3	17	0.1765
	—	2.65	1	10	0.1
	—	3.28	1	3	0.3333

续表

工况	n_x/g	n_{yz}/g	频数	疲劳寿命 N/次	等效损伤/(1/N)
滑跑	—	0.68	1	35591	0
	—	0.83	3	10763	0.0003
	—	0.98	60	3972	0.0151
	—	1.13	810	1690	0.4793
	—	1.28	4950	800	6.1875
	—	1.43	9000	412	21.8447
	—	1.58	9000	226	39.823
	—	1.73	4950	131	37.7863
	—	1.88	810	80	10.125
	—	2.03	60	50	1.2
	—	2.18	3	33	0.0909
	—	2.33	1	22	0.0455
刹车	−0.5	1.8	10	103	0.0971
	−1	1.8	3	103	0.0291
转弯	−0.5	1.9	5	75	0.0667
	−0.5	1.9	5	75	0.0667
合计	/				579.3

（1）疲劳寿命估算

最大挂飞载荷作用下，端框连接局部区应力水平基本处于弹性变形范围，疲劳寿命计算分析可按高周疲劳问题对待，结构材料应力 S 与寿命 N 假定满足幂函数关系：

$$S^\alpha N = C \tag{5-14}$$

式中，α 和 C 为材料常数，α 值一般取 5～8，铝合金材料对应的 α 可参照 MIL-STD-810F 规定，取 $\alpha=6.0$。以飞行阶段对应最大法向过载应力水平时的疲劳寿命为基准，假定其量值为 N 次，由上式计算得其他法向过载应力水平对应的疲劳寿命 N，具体见表 5-6 中的疲劳寿命 N。

（2）加速疲劳条件确定

根据 Palmgren-Miner 假设，某一应力水平所引起的疲劳损伤正比于该应力水平的载荷施加次数与该应力水平对应的疲劳寿命之比，计算得到各个过载应力引起的等效材料损伤情况，具体见表 5-6 中等效损伤 1/N。

将表 5-6 中各等效损伤求和，得到单次飞行各种载荷所有频数作用下引起的材料总损伤，相当于最大载荷一次作用引起的损伤程度的约 579 倍，由此确定：按照最大使用载荷条件加载，等效的加速试验加载次数为 579.3 次，取整按照 580 次考虑。

（3）分散系数选取

对于耐久性试验，GJB 67.6A—2008《军用飞机结构强度规范　第 6 部分：重复载荷、耐久性和损伤容限》要求，至少完成反映飞机严重使用情况的耐久性试验载荷谱下 2

倍使用寿命期的耐久性试验，或完成反映飞机基本使用情况的耐久性试验载荷谱下不小于3倍使用寿命期的耐久性试验，用于保证结构的耐久性。表5-6给出的单次飞行疲劳载荷谱已经反映了挂飞经受的最大应力使用情况，因此分散系数按照2倍使用寿命选取。

（4）疲劳试验

按照疲劳载荷谱初步估算结果外推，得到单次飞行的最大使用载荷条件，亦即疲劳试验加载条件见表5-7。

表5-7　单次挂机最大截面载荷条件

截面位置/m	截面弯矩/(N·m)	截面剪力/N	截面轴力/N
0.0508	0	388	99
0.7828	284	4783	1226
2.3828	14970	13642	3498
3.1968	29707	21474	5506
3.8918	46974	29741	7626

按照 M 个起降循环，并取2倍的分散系数，可以得到疲劳试验的总加载次数为 $2 \times M \times 580 = 960M$ 次。

取两种状态共8件复合材料端框原理样件开展疲劳强度验证，原理样件如图5-19所示。经过 9.6×10^8 次疲劳载荷加载后，在补充进行一次最大静力载荷摸底试验，8件产品均未发生掉载或破坏现象，初步验证了端框局部连接结构的设计方案的正确性和对疲劳环境的适应性。

图5-19　端框原理样件照片

5.3.2　吊耳连接结构

5.3.2.1　吊耳结构设计

吊耳连接结构如图5-20所示，一个吊耳用六个螺栓与壳体连接，吊耳连接螺栓编号如图5-21所示。设计时考虑两种载荷工况，分别如图5-22、图5-23所示。

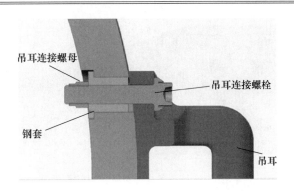

图 5 - 20　吊耳及连接结构示意图

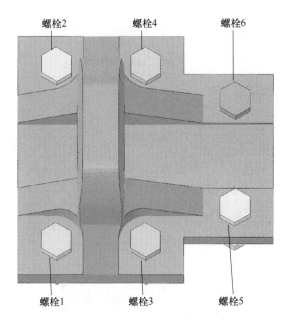

图 5 - 21　吊耳连接螺栓编号示意图

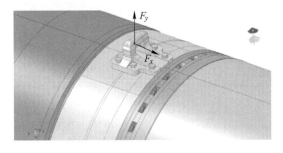

图 5 - 22　吊耳工况 1 载荷方向示意图

（1）工况 1 使用载荷计算结果

工况 1 使用载荷条件下，吊耳与螺栓头局部挤压部位发生塑性变形，吊耳轴向位移、应力和应变分布分别如图 5 - 24～图 5 - 26 所示。最大塑性应变 0.06%，最大应力约 700MPa。

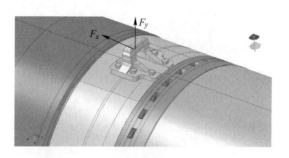

图 5 - 23 吊耳工况 2 载荷方向示意图

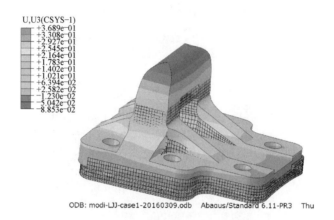

图 5 - 24 吊耳轴向位移分布（见彩插）

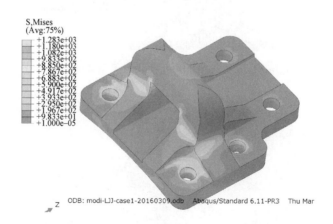

图 5 - 25 吊耳 mises 应力分布（见彩插）

吊耳连接螺栓由于承受拉、弯、挤压等综合作用，螺栓上有局部塑性变形发生，如图 5 - 27 所示。最大塑性应变出现在 2 号螺栓，最大塑性应变 0.18%，螺栓最大拉弯耦合力出现在 1 号、2 号螺栓，螺栓拉弯耦合力约 20t，螺栓理论承载力 29t，满足设计要求。

（2）工况 1 设计载荷计算结果

工况 1 设计载荷条件下，吊耳局部发生塑性变形，吊耳轴向位移、应力和应变分布分别如图 5 - 28～图 5 - 30 所示。最大塑性应变 0.7%，吊耳大部分区域应力低于 800MPa。

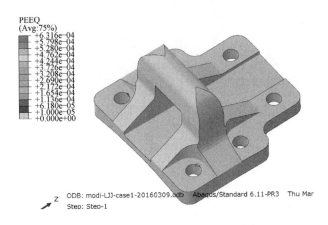

图 5 - 26　吊耳塑性应变分布（见彩插）

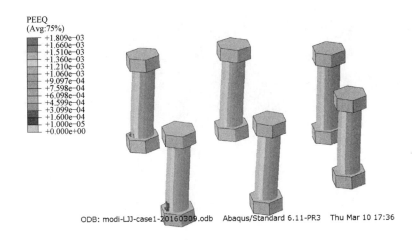

图 5 - 27　吊耳连接螺栓塑性应变分布（见彩插）

吊耳连接螺栓由于承受拉、弯、挤压等综合作用，螺栓上有局部塑性变形发生，如图 5 - 31 所示。最大塑性应变出现在 2 号螺栓，最大塑性应变 0.6%，螺栓最大拉弯耦合力出现在 1 号、2 号螺栓，螺栓拉弯耦合力约 25t，螺栓理论承载力 29t，满足设计要求。

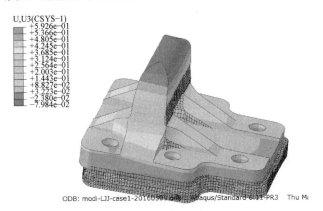

图 5 - 28　吊耳轴向位移分布（见彩插）

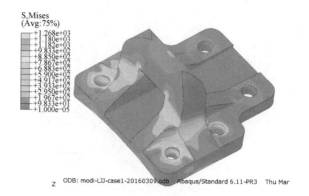

图 5 - 29　吊耳 mises 应力分布（见彩插）

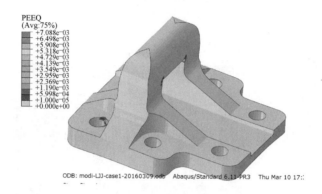

图 5 - 30　吊耳塑性应变分布（见彩插）

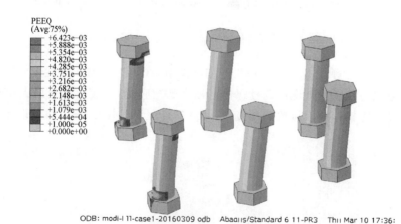

图 5 - 31　吊耳链接螺栓塑性应变分布（见彩插）

（3）工况 2 使用载荷计算结果

工况 2 使用载荷条件下，吊耳在吊挂横梁拐角以及螺孔周围有局部结构发生塑性变形，计算情况如图 5 - 32～图 5 - 34 所示。其中，最大塑性应变 0.01%，其余部位没有发生塑性变形，整体强度满足要求，吊耳上大部分应力低于 600MPa。

在使用载荷下，吊耳连接螺栓没有发生塑性变形，如图 5-35 所示。螺栓最大拉弯耦合力出现在 3 号、4 号螺栓，螺栓拉弯耦合力约 19.6t，螺栓理论承载力 29t，满足设计要求。

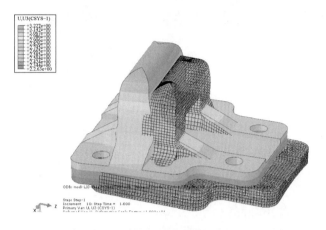

图 5-32　吊耳轴向位移分布（见彩插）

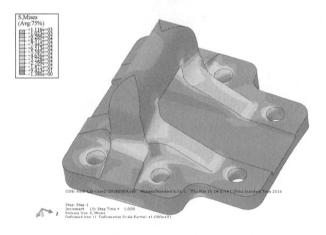

图 5-33　吊耳 mises 应力分布（见彩插）

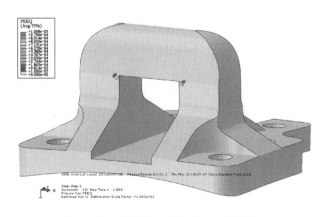

图 5-34　吊耳塑性应变分布（见彩插）

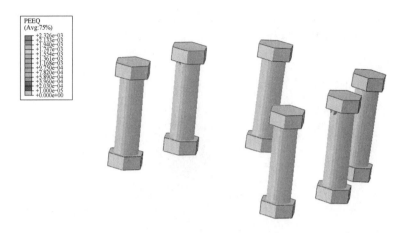

图 5-35　吊耳连接螺栓塑性应变分布（见彩插）

（4）工况 2 设计载荷计算结果

在工况 2 设计载荷条件下，吊耳轴向位移分布如图 5-36 所示，应力和应变计算结果如图 5-37 和图 5-38 所示。吊耳在吊挂横梁拐角以及螺孔周围有局部结构发生塑性变形，最大塑性应变 0.79%，其余部位没有发生塑性变形，吊耳大部分区域应力低于 800MPa，整体强度满足要求。

吊耳连接螺栓由于承受拉、弯、挤压等综合作用，螺栓上有局部塑性变形发生，如图 5-39 所示。最大塑性应变出现在 4 号螺栓，最大塑性应变 0.33%，螺栓最大拉弯耦合力出现在 3 号、4 号螺栓，螺栓拉弯耦合力约 23.6t，螺栓理论承载力 29t，满足设计要求。

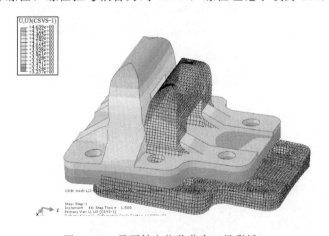

图 5-36　吊耳轴向位移分布（见彩插）

通过典型工况的有限元仿真分析，在使用载荷条件下，吊耳及螺栓基本没有发生塑性变形；在设计载荷条件下，吊耳及螺栓有局部区域发生了塑性变形。后续需要根据疲劳载荷谱和材料疲劳性能进行疲劳寿命的试验验证。

由于结构的限制，吊耳不可避免地无法安装在结构舱段上，而必须连接在薄壁的发动机壳体筒段上。这种情况下，结构设计的可靠性面临更大挑战。大尺寸薄壁壳体上布置吊耳结构，要满足挂飞外载作用下的可靠性要求，同时，也不能因此导致发动机付出太多的

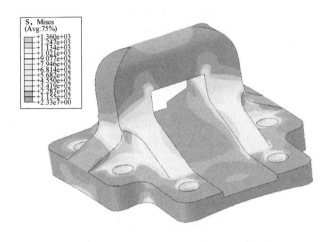

图 5 - 37　吊耳 mises 应力分布（见彩插）

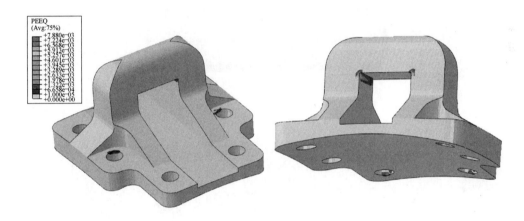

图 5 - 38　吊耳塑性应变分布（见彩插）

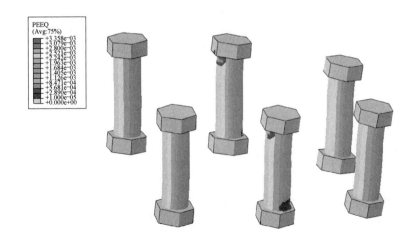

图 5 - 39　吊耳连接螺栓塑性应变分布（见彩插）

结构质量代价，更不能影响发动机自身工作时承载内压的要求。由于薄壁壳体在外载荷集中力的作用下极易导致结构变形，从而对固体发动机的绝热层粘接界面、装药结构造成影响，极端情况下会导致药柱的结构完整性破坏，使得发动机在工作过程中局部烧穿或发生爆炸。

某发动机前后两个吊耳焊接在壳体上，如图 5 - 40 所示。壳体采用 D406A 超高强度钢材料，材料的屈服强度为 1350MPa。为确保挂机安全，设计准则确定为：设计载荷作用下的应力水平低于壳体材料的屈服强度。在载荷条件的制定上，特别关注了前后吊耳各自所受的轴向和法向及止动区的法向约束，对实际挂机飞行工况下的载荷进行了精细化的考虑，如，在实际挂飞时哪些载荷是不可能同时施加的。根据确定的载荷条件，对吊耳和止动区载荷的联合作用下的应力分布进行了仿真分析，结果如图 5 - 41 所示。壳体最大应力出现在前吊耳侧向过渡区，应力为 866.8MPa，远低于材料的屈服强度，经地面整机静力试验验证，设计结果满足挂飞可靠性要求。

图 5 - 40　固体发动机上吊耳布置示意图

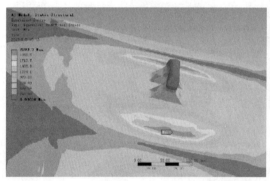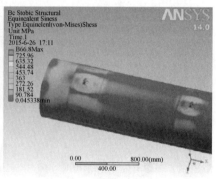

图 5 - 41　固体发动机上吊耳应力分布示意图（见彩插）

5.3.2.2　吊耳检验验收

大型运载火箭采用机腹外挂方式时，吊耳及其结构设计也应遵循相应的标准。目前有效的标准包括：GJB 283—1987《第Ⅰ重量级悬挂物吊耳》、GJB 284—1987《第Ⅰ重量级悬挂物吊耳技术条件》、GJB 287—1987《飞机副油箱用 762mm 吊距的吊耳》、GJB 288—1987《飞机副油箱用 762mm 吊距的吊耳技术条件》、GJB 637—1988《第Ⅱ、Ⅲ、Ⅳ重量级机载悬挂物用吊耳》以及 GJB 5377—2005《航空炸弹第Ⅱ重量级通用吊耳规范》。GJB 637—1988《第Ⅱ、Ⅲ、Ⅳ重量级机载悬挂物用吊耳》参照美军军用规范 MIL - L - 0081558A《1000 磅级机载悬挂物用吊耳》制定，明确的吊耳结构尺寸和要求仅适用最大质量 2500kg 的情况，见表 5 - 8。尽管如此，标准中规定的试验方法和检验规则对大型机载外挂运载火箭的设计、生产和产品验收还是有很强的借鉴意义。

标准中吊耳检验要求规定，生产性试制的吊耳，经硬度检验、磁粉探伤合格后，从每个热处理批中抽取 25 件进行试验，全部符合标准要求后方能转入正常生产；正常生产的吊耳，在生产质量稳定的情况下，经硬度检验、磁粉探伤合格后，从交验的每个热处理批中抽取 3 件进行拉力试验，若有一件不合格，该件所代表的热处理批为不合格。

表 5-8 悬挂物用吊耳质量范围

质量级	质量范围/kg	吊耳数	吊耳间距/mm	吊耳图（参见文献［26］）
II	51～700	2	355.6	1
			762	2
III	701～1250	2	762	2
IV	1251～2500	2	762	2

生产性试制和正常生产的吊耳，每检验批中抽取 3 件进行盐雾试验，应满足标准要求，若有一件不合格，该检验批为不合格。对交验的吊耳，随机抽取代表性样件，对致命性缺陷进行百分之百检验。重缺陷 AQL（容许质量等级）为 1.5，轻缺陷 AQL 为 1.5，检验项目见表 5-9。

表 5-9 吊耳检验项目

分类	检验项目	××级吊耳	检验方法
致命缺陷	硬度 磁粉探伤	HRC39～44 吊耳轴轴向和径向	测定硬度 目检
重缺陷	螺纹	…	螺纹环规
	螺纹大径	…	卡规
	耳轴厚度	…	量规
	…	…	…
轻缺陷	外观质量	涂镀层遗漏或不完整	目视
	标志质量	遗漏错打或鉴别不清	目视
	…	…	…

参 考 文 献

［1］机载悬挂物和悬挂装置结合部位的通用设计准则：GJB 1C—2006［S］. 北京：总装备部军标出版发行部，2006.

［2］军用飞机结构强度规范 第 2 部分 飞行载荷：GJB 67.2A—2008［S］. 北京：总装备部军标出版发行部，2008.

［3］军用飞机结构强度规范 第 3 部分 其他载荷：GJB 67.3A—2008［S］. 北京：总装备部军标出版发行部，2008.

［4］军用飞机结构强度规范 第 4 部分 地面载荷：GJB 67.4A—2008［S］. 北京：总装备部军标出版发行部，2008.

［5］军用飞机结构强度规范 第 6 部分 重复载荷、耐久性和损伤容限：GJB 67.6A—2008［S］. 北

京：总装备部军标出版发行部，2008.

[6] 军用装备试验室环境试验方法　第 1 部分　通用要求：GJB 150.1A—2009 [S]．北京：总装备部军标出版发行部，2009.

[7] 军用装备试验室环境试验方法　第 15 部分　加速度试验：GJB 150.15A—2009 [S]．北京：总装备部军标出版发行部，2009.

[8] 军用装备试验室环境试验方法　第 16 部分　振动试验：GJB 150.16A—2009 [S]．北京：总装备部军标出版发行部，2009.

[9] 军用装备试验室环境试验方法　第 17 部分　噪声试验：GJB 150.17A—2009 [S]．北京：总装备部军标出版发行部，2009.

[10] 军用装备试验室环境试验方法　第 18 部分　冲击试验：GJB 150.18A—2009 [S]．北京：总装备部军标出版发行部，2009.

[11] 机载设备环境条件及试验方法　外挂振动：HB 5830.15—1996 [S]．北京：中国航空工业总公司，1996.

[12] 装备环境工程通用要求：GJB 4239—2001 [S]．北京：国防科学技术工业委员会，2001.

[13] 动力学环境数据采集和分析指南：GJB/Z 181—2015 [S]．北京：总装备部军标出版发行部，2015.

[14] 航天器模态试验方法：GJB 2706A—2008 [S]．北京：国防科学技术工业委员会，2008.

[15] 运载器、上面级和航天器试验要求：GJB 1027A—2005 [S]．北京：国防科学技术工业委员会，2005.

[16] 霍文辉，孙小平，付友波. 基于实测数据的飞-续-飞疲劳载荷谱研究 [J]. 现代制造技术与装备，2021，291 (2)：22 - 24.

[17] 闫楚良. 我国飞机结构寿命可靠性评定理论与试验方法及创新 [J]. 中国发明与专利，2018，15 (9)：6 - 11.

[18] 田永卫，闫楚良，张书明，闫光. 飞机随机振动环境实测试验数据的归纳方法 [J]. 振动、测试与诊断，2014，34 (6)：1129 - 1133.

[19] 冯克，南宫自军，王亮. 战术导弹结构疲劳危险部位筛选方法研究 [J]. 战术导弹技术，2018，228 (6) 26 - 34.

[20] 李炳蔚，戴新进. 导弹支撑方案的载荷优化设计方法 [J]. 导弹与航天运载技术，2013，327 (4)：22 - 26.

[21] 王云霞，杨乐，富婷婷. 机载固体火箭发动机壳体吊耳加强结构强度计算与试验研究 [J]. 强度与环境，2015，42 (6)：17 - 22.

[22] 第 I 重量级悬挂物吊耳：GJB 283—1987 [S]．北京：国防科学技术工业委员会，1987.

[23] 第 I 重量级悬挂物吊耳技术条件：GJB 284—1987 [S]．北京：国防科学技术工业委员会，1987.

[24] 飞机副油箱用 762mm 吊距的吊耳：GJB 287—1987 [S]．北京：国防科学技术工业委员会，1987.

[25] 飞机副油箱用 762mm 吊距的吊耳技术条件：GJB 288—1987 [S]．北京：国防科学技术工业委员会，1987.

[26] 第 II、III、IV 重量级机载悬挂物用吊耳：GJB 637—1988 [S]．北京：国防科学技术工业委员会，1988.

[27] 航空炸弹第 II 重量级通用吊耳规范：GJB 5377—2005 [S]．北京：国防科学技术工业委员会，2005.

第6章　地面试验和天地一致性

航天发射的高风险，源于航天大系统的复杂性以及实现过程和环境的不确定性。吃透技术和规律是确保成功的基础和前提。技术认识和规律把握是一个螺旋式上升的过程，需要不断地实践、认识、再实践、再认识。多年的经验使我们对型号研制有了一个共同认识，那就是一切通过地面试验。同时，应将工程中问题或试验中的现象，抽象为物理模型和数学模型，并通过对物理现象本质的深刻洞察，鉴别影响因素的权重，从而抓住关键问题和关键矛盾，用理论指导难题的解决。随着研制经验的积累、技术水平的提升、竞争形势加剧，研制产品质量要求不断提高，研制周期却大大缩短，对运载火箭研制这项复杂的系统工程在技术、管理上提出了更为苛刻的要求。地面试验不是简单、盲目地试错，应是对设计的验证。因此，地面试验不仅要充分，核心是有效，而有效的关键是对天地差异分析确认到位，从而做到研制风险可控。

6.1　地面试验内涵和分类

6.1.1　地面试验内涵

地面试验是仿真试验或实物试验或二者结合，在地面模拟环境条件下，对产品设计制造质量进行验证的过程。地面试验是评估验证航天产品（全系统、分系统、单机等）设计功能、性能和可靠性、安全性等通用质量特性的关键环节，是研制工作的重要组成部分，始终贯穿于系统设计、制造、鉴定和验收的全过程，也是多年来形成的研制程序中最重要的工作内容之一。地面试验安排得是否合理、充分和有效，直接关系到运载火箭的技术水平，决定着研制方案，甚至影响到飞行成败。

开展充分试验验证是取得成功的基础。除陆基发射运载火箭常规的试验外，国内外空中发射运载火箭的研制中，通常还需要在载机与火箭匹配性方面开展大量试验验证工作。在地面载机与运载火箭匹配和模态试验基础上，通过多架次的挂飞试验获取飞行载荷环境参数并验证运载器挂机的协调性、匹配性。在这个阶段，要关注挂飞火箭状态的真实性，特别是箭体的模态、各可动部件（如空气舵系统）的动态性能应尽可能真实。如果需要，可以考虑安装相应的振动、压力（包括表面气动脉动压力）、温度传感器。之后通过典型状态的运载火箭、载机分离试验验证机箭交互流程的正确性、验证机箭分离的安全性，同步可搭载考核相关项目，如发动机点火、拉起控制等等。最后是通过飞行试验，对关键指标、关键技术和技术难点进行分步验证，实现风险的逐步释放。

例如，维珍轨道公司的发射者一号在首飞前，开展了多项大型试验，来验证相关关键技术。维珍轨道公司曾安排了载机携带一枚火箭模型升空，火箭内部装模拟液，用来模拟装载推进剂后的实际质量，测试与载机的机械适配性。另外，维珍轨道公司还安排了火箭与载机的分离试验，验证火箭和载机分离的安全性。正是通过合理安排试验，循序渐进地开展验证，才使得大量关键技术得到考核，降低任务实施的风险。

传统地面试验体系以实物试验和半实物仿真试验为主。随着型号研制要求的不断提高，传统的以实物为主的验证方法已无法满足型号研制需求。随着数字样机技术和数值仿真技术的发展，全箭数字模装试验、全箭虚拟模态试验、虚拟风洞试验、结构强度虚拟试验等在地面试验验证中正发挥越来越大的作用，数字仿真模拟试验（即虚拟试验）已成为地面试验体系的重要组成部分。

虚拟试验是利用虚拟（数字）样机在虚拟环境下开展试验的一门技术，通过在计算机上建立虚拟（数字）样机和虚拟环境，开展虚拟试验以预示产品在其使用环境下的功能和性能，在设计早期通过仿真模型，提前验证设计的合理性，支持设计的快速迭代优化，在实物试验阶段开展试验的预示，提升实物试验的有效性及试验的一次成功率。技术成熟的虚拟试验可以代替实物试验，甚至可以开展基于实物无法开展的试验，也可以在实物产品生产和飞行之前预示生产和飞行过程，识别薄弱环节，为更好地防控风险提供支持，从而减少研制迭代，加快研制进程，降低研发成本。

6.1.2　地面试验分类

地面试验是指在地面条件下进行的所有试验，包括实物试验和仿真试验，各产品层级都需要开展地面试验。空中试验是以飞机为载体进行的空中条件的试验，包括挂飞机箭电气匹配试验、挂飞环境试验、传递对准试验、投放分离试验和自主飞行试验等。

地面试验有多种分类方法，一般情况下可以按试验对象、试验目的和试验性质进行分类。

按照试验对象，地面试验可分为元器件、部组件、单机试验、分系统试验和全系统试验。这主要是根据系统组成的级别，对结构的零部组件、电子设备的元器件、单机和系统开展的试验。试验对象产品层级不同，试验的目的和内容也有所不相同。

按照试验目的，地面试验可分为设计类试验，验证类试验和考核类试验等。**设计类试验**主要是为了获取设计所需要参数的试验，如机箭分离网格测力试验、各级测力、测压风洞试验，获取机箭分离、各级飞行设计所需的气动参数。通过测热风洞试验，可获取各局部位置的气动热环境参数。风洞试验结果还可以用于校验和修正 CFD 仿真模型，从而利用校验和修正后的模型开展更多状态的虚拟试验；**验证类**试验是指验证设计的正确性试验，如通过发动机与级间段联合静力试验，验证结构在挂飞载荷下的承载能力；通过全箭模拟挂机振动试验，验证结构对挂机振动环境的适应性；还有各级级间分离试验、可靠性试验和环境试验等。匹配性的试验也可以包含在验证类试验中，其目的是验证单机和系统、系统间电气、机械接口的匹配性，如载机和运载火箭的机械、电气匹配试验；**考核类**试验主要是对运载火箭各单机、分系统和系统指标的满足情况进行试验考核。

按试验性质，地面试验可分为全数字仿真试验（也称数字化试验或虚拟试验）、半实物仿真试验和实物试验。这些试验有为设计服务的，也有以验证和考核产品性能为目的的。

地面试验的分类如图 6-1 所示。

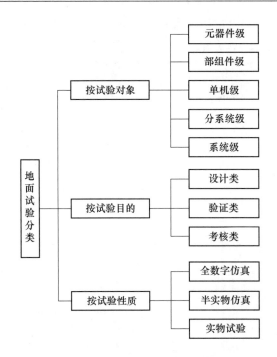

图 6-1　运载火箭地面试验分类

6.2　地面试验设计

6.2.1　地面试验项目设计

运载火箭的全寿命周期使用流程是地面试验覆盖性策划的主线。全寿命周期使用剖面是指火箭从出厂到完成发射任务期间的各种事件（装卸、运输、贮存和发射、飞行等）以及面临的相应环境。确定全寿命周期环境剖面是进行地面试验设计的基础，一般可以从以下几个步骤着手：

首先，梳理火箭从验收出厂到最后完成发射任务各阶段所可能遇到的各种事件；辨识火箭在所经历的各个事件中，产品的状态（是否加电，是否有信息交换等）和所面临的环境（包括自然环境、力热学环境或它们的组合）；通过仿真试验、实物试验和飞行实测来确定这些环境条件及其强度（严酷度）和它们的变化规律（包括统计特性）。在上述工作基础上，确定需要做什么类型的试验（单项试验或综合（环境）试验），制定试验的条件。全寿命周期使用剖面并不表示它与试验顺序的对应关系，但它将有助于对试验项目及试验顺序的策划。

以力学环境试验为例，火箭由交付到挂机的力学环境剖面包括起吊、运输、转载、吊挂、待机、起飞、挂飞、投放等；投放后，与力学环境相关的自主飞行动作和环境为：投放（冲击）→空气舵起控→一级发动机点火（冲击）→发动机工作（振动、噪声、过载）→一二级分离（冲击）→二级发动机点火（冲击）→二级发动机工作（振动、过载）→三级发动机点火（冲击）→三级发动机工作（振动、过载）→星箭体分离（冲击）。

根据上述过程，全寿命周期力学环境剖面、环境类型及地面试验设计见表 6-1。

表 6-1 全寿命周期力学环境剖面、环境类型及地面试验

使用剖面	动作	环境类型	地面试验
交付运输	起吊	过载	静力试验
	装箱运输	振动	随机振动试验
		冲击	半正弦冲击试验
挂机飞行	转载	过载	静力试验
	转运	振动	随机振动试验
	吊挂	过载	静力试验
	起飞	冲击	半正弦冲击试验
	挂机飞行	振动	随机振动试验
		过载	静力试验 疲劳试验
		噪声	噪声试验
	着陆	冲击	半正弦冲击
	卸载	过载	静力试验
	转运	振动	随机振动试验
	转载	过载	静力试验
	投放	冲击	半正弦冲击试验 投放分离试验
自主飞行	一级发动机点火	冲击	高频冲击 发动机试车试验
		噪声	噪声试验
		振动	正弦振动试验
	一级飞行	振动	随机振动试验
		噪声	噪声试验 风洞测压试验
		过载	离心试验/静力试验
	一二级分离	冲击	高频冲击试验 分离试验
	二级发动机点火	冲击	高频冲击试验 发动机试车试验
	二级飞行	振动	随机振动试验
		过载	离心试验/静力试验
	整流罩分离	冲击	高频冲击试验 分离试验

续表

使用剖面	动作	环境类型	地面试验
自主飞行	二三级分离	冲击	高频冲击试验 分离试验
	三级发动机点火	冲击	高频冲击试验 发动机试车试验
	三级飞行	振动	随机振动试验
		过载	离心试验/静力试验
	星箭分离	冲击	高频冲击试验 分离试验

6.2.2　地面试验设计原则

从地面试验策划开始，经历试验的准备、组织与实施，试验结果的分析，在试验的全过程中，参考文献 [1] 结合型号研制经验，将地面试验中需关注的相关要素，总结为"十条准则"，是地面试验的核心关注点。

为了确保地面试验有效，地面试验设计应严格遵循产品状态到位、试验条件覆盖的基本原则。地面试验技术状态的真实性与条件的覆盖性，经过地面试验验证后的技术状态的严格控制，后续产品生产质量与地面试验产品一致性的严格把握，才是一次成功、次次成功的基础。

首次成功是再次成功的基础。飞行试验结果的严肃剖析，特别是与地面试验之间对比分析，才能不断认识天地差异，并采取有效的措施规避风险，做到次次成功。每次成功源于首次飞行试验的成功，而首发成功的基础则依赖于研制过程地面试验策划的全面、正确、充分、覆盖。因此地面试验的设计策划是确保一次成功、次次成功的基本措施。

6.2.3　试验技术状态控制

地面试验必须强调参试产品状态的真实性、完整性。地面试验状态与飞行试验状态保持一致，试验模拟的过程与飞行一致，才能确保地面试验的有效性。研制过程中因各种因素的影响，不能做到产品状态和模拟过程与飞行状态一致，则应当明确试验产品的状态处于何种阶段，是正式产品还是模拟产品，是借用产品还是新生产产品，产品的状态对试验结果有什么影响。如果有软件参加试验，也必须明确软件的状态和版本。

同时，强调试验产品真实性和试验过程环境条件的一致性，其目的是为避免试验模拟的不真实，避免为试验而试验，达不到地面试验的有效验证与考核。产品技术状态是依据地面试验验证最终确定的，如果地面验证的产品不真实，就难以确定后续产品的技术状态，即使确定了，在后续的系统级地面试验或者飞行试验中也会出现问题，试验的有效性就大打折扣。

6.2.4　地面试验条件覆盖性

地面试验过程中，要重视分析试验所施加的条件与飞行试验条件之间的差异性对试验结果的影响，分析飞行过程中多环境的同时施加与地面单一环境模拟的等效性。按照"两不到两到"的要求，分析地面试验条件过严或者不足对飞行条件的覆盖性。

飞行试验的风险在于地面试验能做的均做了，测试该覆盖也都覆盖了，唯有模拟不到的环境条件天地差异所带来的风险，要靠飞行试验验证。但这种风险在飞行试验之前仍可以靠仿真分析手段进行补充验证分析和"两不到两到"来规避。由于条件的约束和天地差异性，无法充分进行地面试验验证的，底线是做好最坏情况控制和产品一致性控制。

众多飞行试验失利的原因往往是对地面试验的条件与飞行试验存在的差异认识不清，分析不透，地面试验照抄照搬成熟型号的做法，仅知其然，不知其所以然。研制实践证明，只有详细比较权衡飞行试验状态与地面试验的差别，通过仿真试验摸边探底，提升验证的充分性，才能少出问题或者不出问题。从以往成熟型号移植来的综合环境试验思路，加上按照飞行时序通电测试、按照飞行过程剖面施加噪声、振动、温度等环境条件，不仅可以避免边界模拟不真实带来的困惑，也为所进行试验的真实有效性，进而为飞行试验有十足的把握提供了可信的依据。

6.2.5　测试及试验边界条件真实性

地面试验过程中，必须确保地面试验对飞行状态边界条件模拟的真实性和有效性，不能因为边界条件的不真实导致过试验或欠试验，也不能因为边界条件的不到位导致进行破坏性试验时陪试工装先损坏，无法达到试验目的。

研制过程中边界模拟不真实导致结果过严或过松的现象多次出现。地面静力试验因边界条件不真实导致试验件损坏，以致结构产品状态无法确定；发动机地面试车测试的尾段热流条件比飞行试验低，原因是火箭飞行到一定高度后，发动机的喷流膨胀所辐射的区域不同于地面，若按照地面试验条件确定热环境进行设计必出问题，必须考虑飞行条件下的热环境变化。

只有将地面与天上环境条件的差异分析透彻，地面试验模拟的边界以及条件能够覆盖飞行，且不过分，才能把握住地面试验的真实有效性。

6.2.6　虚拟试验的正确性

全数字仿真试验（即虚拟试验）技术是利用图形建模、数学建模、数据建模、混合建模及软件开发等技术得到可以在计算机上表达或运行的数字（虚拟）样机、虚拟环境及相互作用关系，在此基础上开展虚拟试验，并获得数字（虚拟）样机在虚拟环境下对输入的响应。虚拟试验可以进一步分为基于几何样机的虚拟试验、基于功能样机的虚拟试验和基于性能样机的虚拟试验。

虚拟试验的关键在于如何保证虚拟试验的正确性。跟实物试验类似，首先要确保虚拟试验的对象——数字样机模型或数值仿真模型的正确性，这些必须要有与实物试验比对的预先研究基础，通过与实物试验结果的对比，建立正确的建模方法和试验规范，在某些情况下还需要用部分实物试验结果修正仿真模型或参数，才能保证虚拟试验结果的正确，真正发挥虚拟试验对实物试验的补充作用，甚至替代作用。

6.3　典型地面试验

6.3.1　全箭模态试验

运载火箭全箭模态试验是一个常规性的试验。目的是获取火箭各级零秒状态和末秒状态的模态参数，供动力学分析和控制系统设计使用。试验积累数据还可以用于验证火箭数值仿真模型建模方法，建立虚拟试验规范，对基础配置参数进行修正等。

全箭模态实物试验采取前后两点水平悬挂试验方案，模拟飞行时自由-自由边界状态。试验时在箭体表面沿象限布设加速度传感器，利用多个激振器激励，采用多点正弦调谐方法得到模态参数。

悬挂系统的选择应确保对试验的结果不造成影响。为了验证水平悬挂系统对模态试验结果的影响，应对激振位置、激振力大小、水平悬挂前后吊点位置、前后吊点包带宽度、伺服通电和不通电的状态进行对比试验。某火箭模态试验结果见表 6-2。

表 6-2　一级零秒和一级末秒模态试验结果

激振方向	模态名称	一级零秒频率/Hz	一级末秒频率/Hz
Ⅰ-Ⅲ象限（Y 向）	俯仰一阶	11.28	12.33
	俯仰二阶	25.3	30.46
	俯仰三阶	42.8	56.84
	俯仰四阶	66.3	76.36
Ⅱ-Ⅳ象限（Z 向）	偏航一阶	10.94	12.28
	偏航二阶	25.25	30.82
	偏航三阶	43.90	58.59
	偏航四阶	64.6	77.63
扭转	一阶	37.6	58.53

早在美国飞马座火箭首飞之前，就通过简化的有限元模型对模态参数进行了数值仿真试验，获得了几个弯曲模态的计算结果，见表 6-3，并直接用数值仿真试验结果进行了控制系统设计并参加了飞行试验。通过实际飞行过程火箭上的加速度计数据的谱分析，垂直一阶弯曲 11Hz、垂直二阶弯曲 30Hz，这些结果都在 5% 的准则要求范围之内。

随着型号研制的积累和数值仿真模型的完善，数字模态试验也逐渐成熟。对于系列化的运载火箭，这个试验可以用仿真试验取代。

表 6-3　模态的计算值

序号	模　态	频率/Hz
1	水平一阶弯曲	11.80
2	垂直一阶弯曲	11.88
3	水平二阶弯曲	28.98

续表

序号	模 态	频率/Hz
4	垂直二阶弯曲	29.76
5	水平三阶弯曲	36.30
6	垂直三阶弯曲	36.41
7	水平四阶弯曲	49.44
8	垂直四阶弯曲	50.00

6.3.2 空气舵系统动特性试验

空气舵系统动特性试验包括空气舵及传动机构动刚度试验、小系统传递特性试验、空气舵系统模态试验。其中，空气舵及传动机构动刚度试验主要是获取空气舵机械环节的刚度特性；小系统传递特性试验用于获取舱舵小系统的传递特性，回答是否满足控制系统指标要求，为控制系统和伺服系统改进设计提供依据；空气舵系统模态试验主要获取空气舵系统模态特性，为进行气动弹性分析、舵系统结构设计提供依据。

（1）动刚度试验

将空气舵及传动机构固定在地面上，通过激振器施加激励，实时控制激励力进行扫描激励，测量空气舵面的响应，通过数据后处理获得动刚度曲线。试验状态如图 6-2 所示。

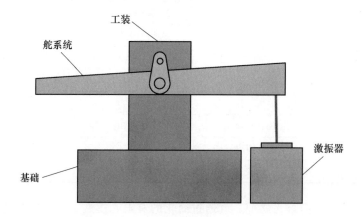

图 6-2 动刚度试验状态示意图

（2）小系统传递特性试验

测量空气舵在不同负载、不同舵偏、不同角度幅值情况下，小系统各传递环节的角传递特性。参试产品为舱舵小系统，包括舱段、空气舵及传动机构、机电伺服系统。试验时，舱段前端面与工装固支，机电伺服系统通电，模拟真实飞行工作状态。试验状态如图 6-3 所示。

对于单个伺服-空气舵系统，在确定的舵偏和受载情况下，操纵机构以不同摆幅分级进行频率扫描摆动，测量不同角度幅值时尾舱伺服小系统各传递环节之间的角传递特性。

（3）空气舵系统模态试验

为了获取空气舵系统模态特性，利用图 6-3 所示系统，开展了舱舵系统模态试验。

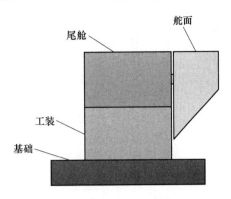

图 6-3　小系统传递特性试验状态示意图

舵面加速度计的布置如图 6-4 所示。试验时，伺服系统作动器分别为不通电和通电状态，模拟挂机飞行及自主飞行工作状态，通过地面设备向伺服控制器发送指令，使舵面保持在要求的舵偏角度。在舵面压心处使用橡皮绳施加不同静态载荷，使用激振器对舵面进行正弦扫频激励，测量不同激振力和不同负载状态下尾舱系统的模态参数，包括频率、振型、模态质量及模态阻尼比。

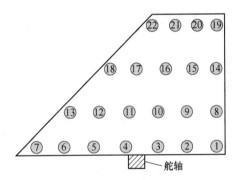

图 6-4　舵面测点布置示意图

某空气舵系统的模态频率试验结果见表 6-4。根据实际飞行工况下的载荷条件，选择在 40~50kg 加载力范围内的频率作为设计、分析的依据，伺服不通电情况下一阶扭转频率约为 35Hz，二阶弯曲频率约为 56~58Hz。

表 6-4　空气舵系统模态频率结果

伺服状态	激振力	加载力	一阶模态频率/Hz	二阶模态频率/Hz
不通电	50N	空载	31.8	52.2
		30kg	32.4	55
		40kg	35.2	58.6
		50kg	35	56.9
	100N	空载	32.2	59.8
		30kg	32.3	59.8
		40kg	32.3	59.9
		50kg	34.4	61

续表

伺服状态	激振力	加载力	一阶模态频率/Hz	二阶模态频率/Hz
通电	50N	空载	31.5	52.5
		50kg	39.9	67.6
		100kg	44.4	79.5
	100N	150kg	47.9	82.4
		空载	27.7	59.2
		50kg	36.3	62.9
		100kg	42.7	71
	150N	150kg	43.8	76.3
		空载	34.5	63.6
		50kg	36.3	65
		100kg	41.4	68.5
	200N	150kg	42.8	74.1
		空载	34.6	67.5
		50kg	36.2	69
		100kg	43.8	76.3
		150kg	42.6	71.3

6.3.3　全箭伺服弹性试验

6.3.3.1　试验目的

1）测量控制系统开环状态各环节和整体传递（从伺服系统输入指令到敏感装置输出）特性数据，验证姿态控制设计输入模型及参数，为气动伺服弹性分析提供依据。

2）验证控制系统伺服弹性稳定性，获取稳定裕度。在操纵机构空载状态，分别测量空气舵在不同初始位置、不同摆幅工况下，控制系统各环节和箭体三通道传递特性数据。

在确定的加载状态下，分别测量空气舵在不同初始位置、不同摆幅工况下，控制系统和伺服系统各环节、箭体三通道传递特性数据。

3）闭环伺服弹性试验。控制系统闭环，在控制系统额定静态增益下，通过控制系统激励和外部机械激励的方式进行俯仰、偏航、滚转三通道试验，记录全箭和操纵机构响应，验证控制系统的闭环稳定性。其中，外部机械激励试验根据开环试验结果确定，确保所有模态都能被激起。如果额定静态增益试验未发现系统不稳定现象，则进行增益拉偏试验。控制系统闭环，提高控制系统的增益，重复进行俯仰、偏航、滚转三通道闭环试验，并增加滚转和偏航通道联合拉偏试验，观察记录全箭和操纵机构响应，直到达到不稳定为止，获取控制系统的闭环稳定裕度。

伺服弹性试验时全箭为水平状态，采取弹性支撑或悬吊系统模拟火箭飞行中的自由-自由边界。

6.3.3.2　开环伺服弹性试验

开环伺服弹性试验参试产品及试验系统由箭体、1553B 总线测试仪、试验数据采集设备、敏感装置单元测试仪、悬吊与外负载施加系统组成。

试验时，1553B 总线测试仪向伺服机构发送控制指令，同时提供控制指令信号给试验数据采集设备采集；伺服机构按控制指令驱动操纵机构进行偏转，伺服机构输出和操纵机构偏转角运动信号，输出给试验数据采集设备采集；操纵机构运动惯性力通过结构传力引起箭体结构的运动，敏感装置安装处的箭体姿态角运动信号由传感器敏感，输出给试验数据采集设备采集；箭体姿态经过敏感装置安装结构及支座（一般包括减振环节）后，由敏感装置测量此姿态角，通过综合控制计算机输出至 1553B 总线测试仪，或经敏感装置单元测试仪输出给试验数据采集设备采集。试验原理如图 6-5 所示。

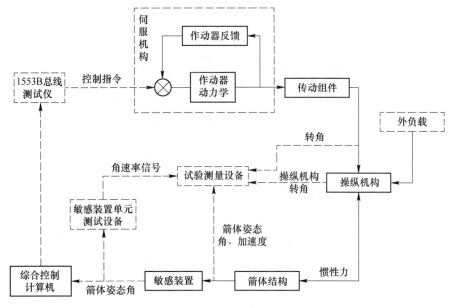

注：图中箭体产品使用实框表示，　地面设备和测试系统产品使用虚框表示。

图 6-5　开环伺服弹性试验原理框图

6.3.3.3　闭环伺服弹性试验

闭环伺服弹性试验参试产品及试验系统由箭体、敏感装置单元测试设备、试验测量系统、外激励系统、悬吊系统组成。试验时，空气舵均处于空载状态。

与开环试验不同，闭环试验采用完整的箭体控制系统。在控制系统进入闭环工作状态后，综合控制计算机发出伺服脉冲指令使箭体产生初始运动，并通过控制解算实现姿态的闭环控制。也可由地面设备分别对空气舵及箭体其他部位施加短暂的正弦或随机激励，飞控装置依据姿态角偏差向一级伺服发送控制指令。观察和记录箭体和操纵机构的响应。

飞行过程中的操纵力和箭体所受的气动力无法模拟，但这些因素可在姿控闭环仿真和稳定性分析中加入。试验原理如图 6-6 所示。

在闭环试验中，飞行控制软件在既定激励的作用下按照姿控网络进行姿态控制，同时保存伺服指令数据，并在每项试验完成后进行数据分析。

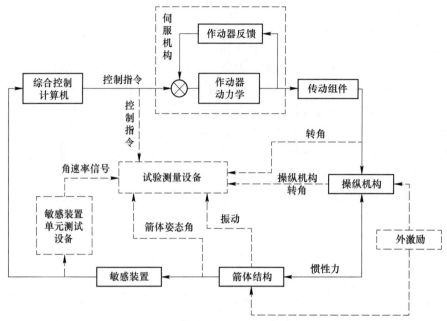

注：图中箭体产品使用实框表示，地面设备和测试
系统产品使用虚框表示。

图 6-6　典型闭环伺服弹性试验原理框图

（1）闭环状态舵指令脉冲响应

舵指令脉冲为一定形式的三角波脉冲信号。通过调整脉冲信号宽度和幅值、脉冲间隔和数量，观察记录箭体和操纵机构响应。脉冲宽度根据开环分析的危险频点、频带选择，使脉冲的主要能量频率成分出现在危险频点附近或危险频带中。脉冲幅值可按照最大偏角的 20％、40％、60％、80％分档尝试。

舵指令脉冲由控制系统在综合控制计算机中预编程实现，根据时序要求，附加舵摆角指令在时序零秒后延时 2s 开始发送，三角波舵指令脉冲信号示意如图 6-7 所示。

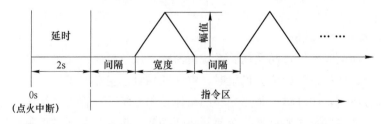

图 6-7　三角波指令示意图

（2）箭体外激励状态

若舵指令脉冲激励不能激起所有感兴趣的频率，则应对箭体进行外激励。

外激励形式可以为正弦扫频、随机激励或脉冲激励。激振位置、方向、量级以能引起火箭三通道的明显姿态角响应为原则，且需确保不超过使用环境条件。

如某火箭在进行幅频特性试验后，对数据分析发现，俯仰通道指令存在抖动，箭体特性在15Hz处网络幅值有较明显放大，但未呈现逐步放大趋势，说明闭环系统是稳定的。针对该15Hz振荡现象，对姿控网络进行了适应性调整，适当降低该频点幅值的放大，网络参数修改前后的效果如图6-8所示。

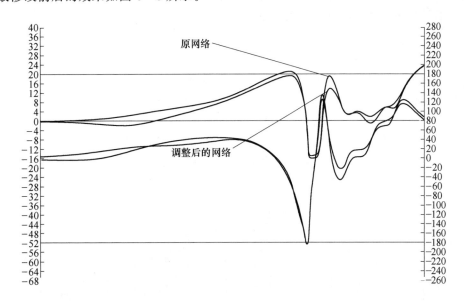

图 6-8　俯仰通道幅频特性对比（见彩插）

6.3.4　模拟挂机状态振动试验

挂机状态振动试验，目的是获取火箭在挂机状态下全箭的振动响应情况，为修订挂机段力学环境条件提供依据。试验时火箭水平放置，火箭与悬挂发射装置（挂架）连接，挂架与试验模拟飞机边界连接，试验模拟飞机边界与弹性支撑装置连接，模拟飞机边界的质量和转动惯量。试验实施方案如图6-9所示。

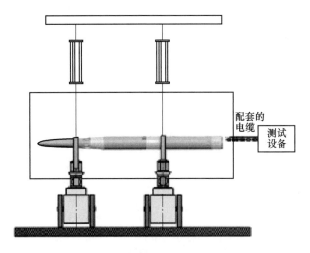

图 6-9　模拟挂机状态振动试验示意图

试验时采用多点（两点或三点激励的方式）。试验采用响应控制的方式，控制点为火箭质心。激励施加在箭体刚度较大的位置，对于细长体，可以采用多个振动台同时激励。试验中的挂飞随机振动耐久性试验条件依据国军标 GJB 150.16A 制定。根据实际挂飞次数、每次最长挂飞时间确定试验时间。

6.3.5　级间热分离试验

级间热分离试验是验证多级火箭分离的最重要的试验，也是火箭系统在地面所做的比较接近真实条件的一项大型综合试验。一般采取上面级发动机、伺服系统及分离系统联合试验的方式，也称"三合一"试验，试验目的是验证分离方案的正确性，考核分离系统性能、热分离过程中的结构协调性和环境适应性，并获取分离过程相关运动学参数。固体运载火箭级间热分离试验时，通常将试验各参试系统水平固定在试车台上，典型的联合试验状态如图 6-10 所示。

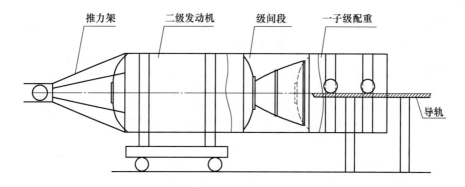

图 6-10　级间热分离试验示意图

地面热分离试验获取的级间段内气体压力变化曲线如图 6-11 所示，压力峰值约 530kPa，压力峰脉宽约 10ms。飞行试验时同一型压力传感器在同一测点获得的级间段内部气体压力峰值约 162kPa，压力峰脉宽约 20ms，如图 6-12 所示。设计条件是依据地面

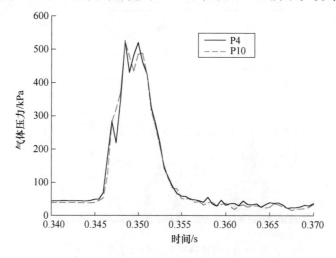

图 6-11　地面热分离试验级间段内气体压力变化曲线

试验结果给定的，即内壁压力约 0.6MPa，作用时间 30～40ms，设计条件覆盖遥测结果。但是，飞行试验测得的压力峰值远小于地面热分离试验，压力峰脉宽约为地面热分离试验结果的 2 倍。二者存在明显的差异。

　　针对地面试验和飞行试验结果的差异，通过 CFD 仿真试验对两个状态下的级间热分离压力结果进行分析。

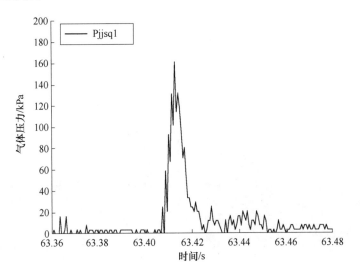

图 6-12　飞行试验级间分离级间段内气体压力变化曲线

6.3.5.1　地面级间热分离虚拟试验

　　针对级间热分离压力的天地差异性，首先对地面试验状态进行仿真分析。地面级间热分离试验状态仿真网格模型如图 6-13 所示。

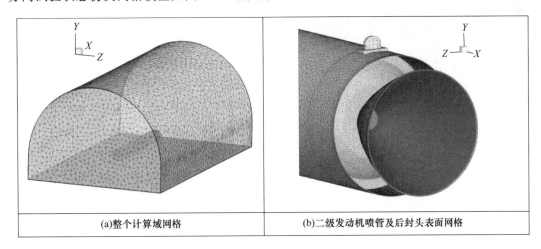

图 6-13　地面级间热分离试验状态 CFD 计算网格

　　为了方便分析对比，在一级发动机前封头设置点 2 至点 7 六个特征点（图 6-14），在二级发动机喷管外表面设点 26 至点 28 三个特征点，在级间段分离面以上内表面设点 29 和点 30 两个特征点（图 6-15），在分离面以下内表面设点 46 至点 48 三个特征点（图 6-

16）。级间热分离地面试验状态 CFD 仿真结果如图 6-14～图 6-16 所示。

1）一级发动机前封头、二级发动机后封头及喷管外表面、级间段分离面以下内壁的压力波动规律类似，峰值大小及相应的出现时间略有差异；

2）一级发动机前封头压力峰值约 1.1MPa，二级发动机后封头及喷管外壁压力峰值约 0.62MPa，级间段切割抛片内壁压力峰值约 0.37MPa；

3）以喷管堵片打开时间为零点，12ms 后级间段内压力逐步下降，再无明显峰值产生。以上结果表明，仿真计算结果与"三合一"试验测量结果较为符合。

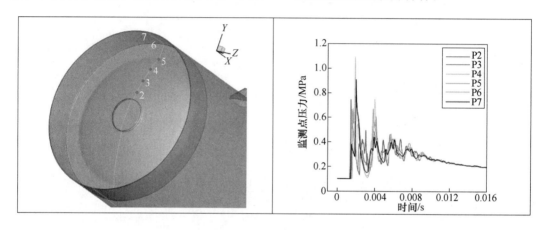

图 6-14　地面试验状态 CFD 计算结果（一级发动机前封头表面压力，见彩插）

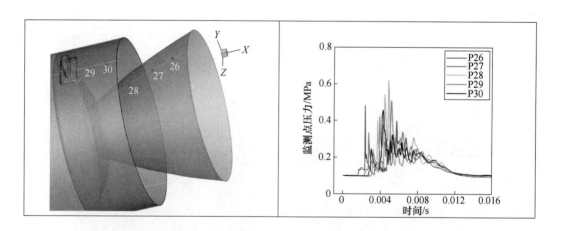

图 6-15　地面试验状态 CFD 计算结果（级间段分离面以上压力，见彩插）

详细考察压力变化剧烈的 0～10ms 时间段，选择测点 P5、P28 的压力时间变化历程（图 6-17），并结合压力峰值出现时刻的流场（图 6-18），对热分离阶段级间段内气体流动情况进行分析。

1）$T=0$ms 时刻，二级发动机堵片打开，高温高压燃气从喷管喉部流出，经喷管膨胀加速后形成第一道激波。

2）第一道激波首先作用于一级发动机前封头，使得 P5（及其他）产生第一个峰值。

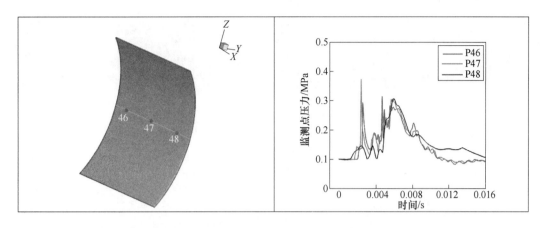

图 6-16　地面试验状态 CFD 计算结果（级间段分离面以下内壁压力，见彩插）

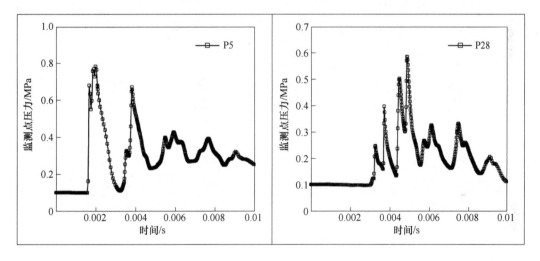

图 6-17　地面试验状态 CFD 计算结果（P5、P28 测点）

　　3）第一道激波经过 P5 后，激波到达一级发动机前封头和级间段形成的拐角处发生反射，产生一道反射激波。

　　4）反射激波再次经过 P5，P5 处产生第二个压力峰值，反射激波强度要高于第一道激波，所以 P5 处第二个压力峰值要略高于第一个峰值。

　　5）反射激波经反射后膨胀，一部分能量沿喷管与分离面下内壁面形成的通道流入分离面以上级间段与喷管形成的空腔内。同时，由上游流入的高速气流在空腔 Q1 中沿喷管外壁面继续膨胀加速，并形成第二道激波。

　　6）第二道激波经过 P28 点，引起 P28 测点压力升高，形成第一个压力峰值。

　　7）第二道激波在经过 P28 之后，继续向前传播，并同样在一级发动机前封头和级间段形成的拐角处汇聚反射后形成一道更强的激波。此激波再次经过 P28 点后产生了第二个压力峰值。

　　8）与此同时，喷管内又有新的激波形成，并且随着激波的运动往复经过 P5 测点。随着新的能量不断向级间段舱内注入，整个舱内压力逐渐升高，喷口处激波向喷管内移

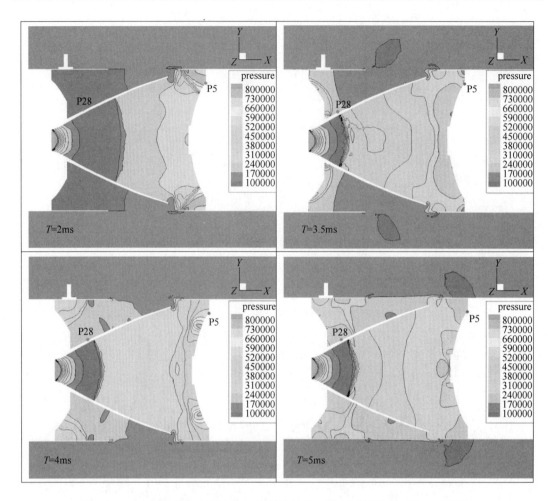

图 6-18 地面热分离试验状态 CFD 计算结果（典型时刻压力云图，见彩插）

动，往复几次逐步达到稳定。

9）由于舱内静压增大，声速增大，约 $T=12\text{ms}$ 后整个舱内不再有新的激波产生，监测点的压力曲线也不再有新的峰值产生。与此同时，分离距离不断增大，舱内的高压燃气向外扩散，压力开始逐步减小，最后恢复到环境压力。

6.3.5.2 飞行状态级间热分离虚拟试验

飞行试验级间热分离状态仿真模型特征点与地面热分离仿真状态布置一致。级间分离飞行状态 CFD 仿真结果如图 6-19～图 6-21 所示。由图可见，二级发动机后封头及喷管外壁面压力峰值约 0.14MPa，持续时间约 16ms，与飞行试验遥测结果较为接近。

测点 P5、P28 的压力时间变化历程如图 6-22 所示，典型时刻的流场如图 6-23 所示，腔内激波运动变化规律与地面试验状态类似，但发生的具体时间和激波强度有差异。

6.3.5.3 仿真试验结果差异性分析

地面试验状态和飞行试验状态下测点 P5、P2 的压力变化历程对比如图 6-24 所示，典型状态下流场对比如图 6-25 所示。从图中比较可以看出：

1）飞行试验状态下，第一道激波传播速度比地面试验状态更快，第一个峰值出现的

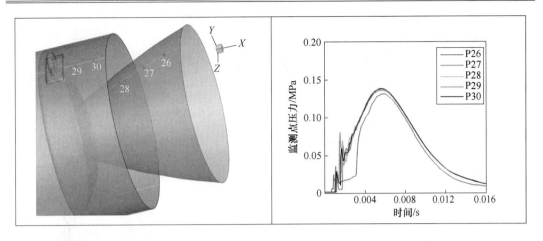

图 6-19　飞行状态 CFD 计算结果（级间段分离面以上压力，见彩插）

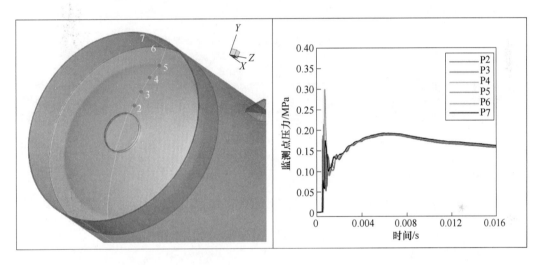

图 6-20　飞行状态 CFD 计算结果（一级发动机面前封头表面压力，见彩插）

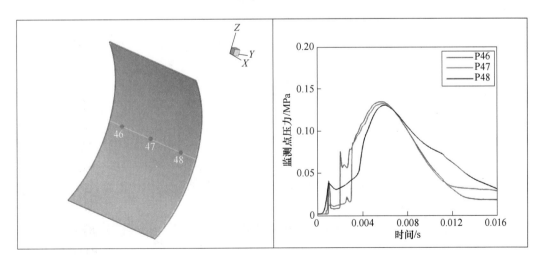

图 6-21　飞行状态 CFD 计算结果（级间段分离面以下内壁压力，见彩插）

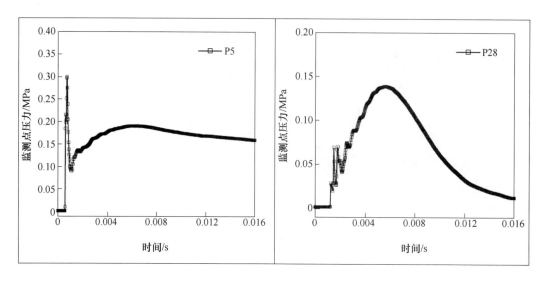

图 6-22　飞行状态 CFD 计算结果（P5、P28 测点）

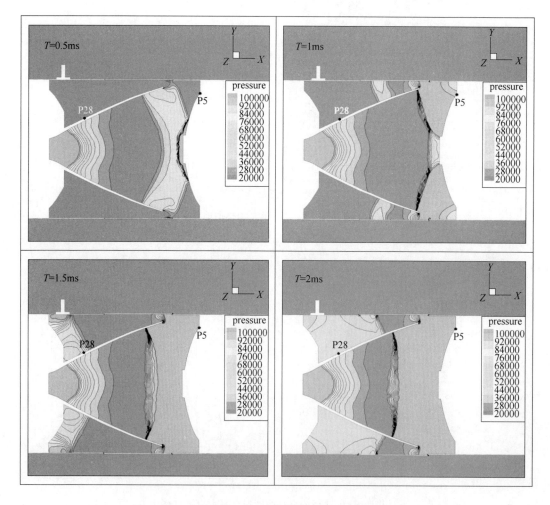

图 6-23　飞行状态 CFD 计算结果（典型时刻压力云图）

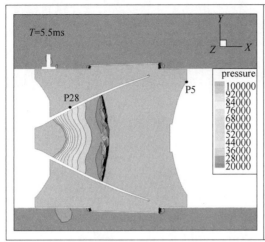
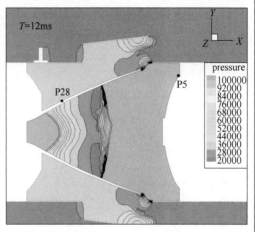

图 6 - 23　飞行状态 CFD 计算结果（典型时刻压力云图，续，见彩插）

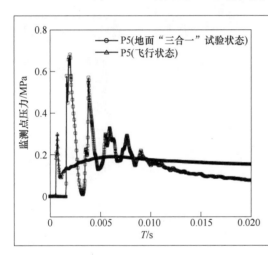
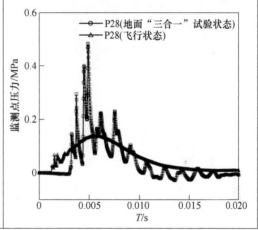

图 6 - 24　飞行状态和地面试验状态 CFD 计算结果比较

时间比地面试验状态提前；

2）地面试验状态下，级间段内气体初始压力为 101320Pa（对应海平面环境压力）；而飞行试验状态下，级间段内气体初始压力 1750Pa（对应级间分离高度处的环境压力），由于飞行试验状态背压小，膨胀后马赫数更高，激波后总压损失大，因此飞行试验状态的级间段分离面以上的气体压力及壁面压力均小于地面试验状态；

3）飞行试验状态的激波速度快，环境背压低，舱内压力在较长一段时间内都会高于环境压力，而地面试验状态的级间压力很快会降到环境压力，因而飞行试验状态的级间压力脉宽较地面状态宽。

除了上述分析的地面试验状态与飞行试验状态的环境背压差异引起的激波总压损失导致级间压力的天地差异之外，堵片打开时的发动机内弹道参数对级间压力也有明显影响。

动力系统无法准确确定堵片打开时的燃烧室总压，只能给出其大概范围。通过对比计算，分析堵片打开时不同燃烧室总压情况下级间压力的差异。飞行状态下发动机堵片打开

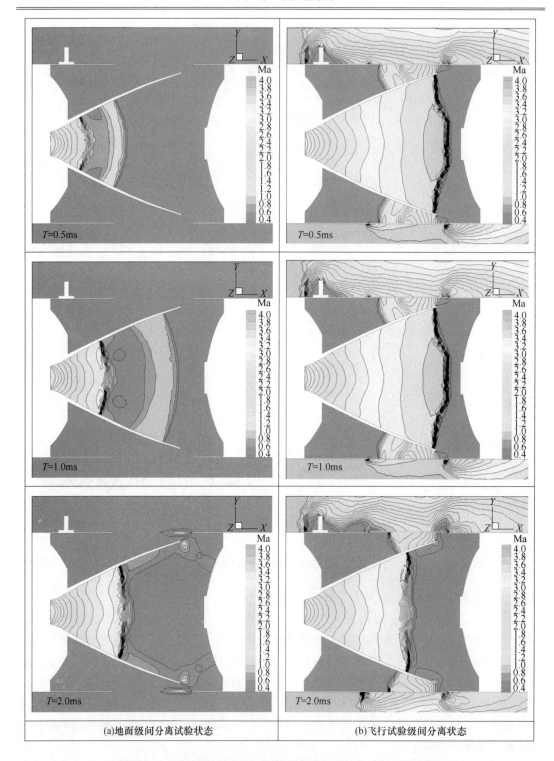

图 6-25　地面试验状态与飞行试验状态仿真结果比较（见彩插）

时燃烧室不同总压值的级间段分离面以上的壁面压力如图 6-26 所示，堵片打开时燃烧室总压越高，级间分离压力峰值越高，这是由于发动机堵片打开时燃烧室总压的不同，会影响进入级间段舱内燃气的压力值，从而影响燃气在喷管内膨胀过程中的激波强度和激波运动速度，进而会影响反射气流在分离面以上腔体内膨胀过程中的激波强度和激波运动速度，从而影响级间段分离面的内壁面压力。

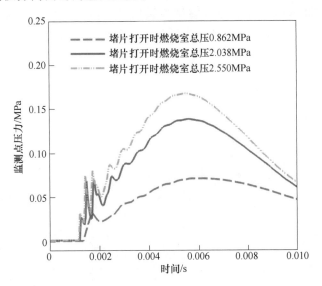

图 6-26   飞行试验状态堵片打开时燃烧室不同总压的级间分离压力差异比较

6.3.6   分离环境下电连接器分离运动虚拟试验

6.3.6.1   分离运动过程

级间热分离时，电连接器分离过程按时序动作链路可以分为以下几个环节：

1）下面级抛片带动钢索运动至钢索拉直；

2）钢索拉动插头解锁杆，解锁杆运动一定行程使插头、插座解锁；

3）插头在解锁后的初始速度和钢索拉力作用下运动；

4）插头拔出插座；

5）插头在电缆拉动下继续运动，最后实现完全分离。

级间热分离过程中，由于级间段存在复杂的高速、非定常高压气体流动，在电连接器分离过程中插头外部受到高压气体作用，根据 CFD 计算结果和历次试验结果分析，提取流场参数，按照电连接器插头外表面压力近似等于电连接器所处位置的止滞压力（总压），近似估算电连接器插头外表面压力峰值约 0.25～0.33MPa。分离过程中，电连接器插头与插座间形成的窄缝隙内部的压力上升缓慢，短时间内无法迅速达到与外界高压气体的平衡，内部存在负压。

由于结构的限制，喷管喷管与级间段结构间空间狭小，电连接器只能倾斜安装在发动机喷管的加强环上，如图 6-27 所示。级间分离壳体切割后，下面级抛片运动拉动钢索，钢索张紧时斜拉角度为 2°～13°，此时下面级抛片运动速度为 14～22m/s。在分离冲量、斜拉及内压的共同作用下，钢索易出现拉脱，此时，电连接器插座是否会在内压作用下回弹锁死，存在无法正常分离的风险。

6.3.6.2 电连接器解锁过程

电连接器在解锁过程中，连接器芯轴尾部受到钢索拉力作用下向后移动，压缩其尾部的解锁弹簧（弹簧力100N），芯轴运动约3mm时连接器锁紧机构实现解锁；之后，芯轴在钢索拉力作用下继续运动至12mm解锁弹簧压并，插头在内部分离弹簧、解锁弹簧、钢索拉力共同作用下拔出插座。解锁分离过程主要分为三个阶段：

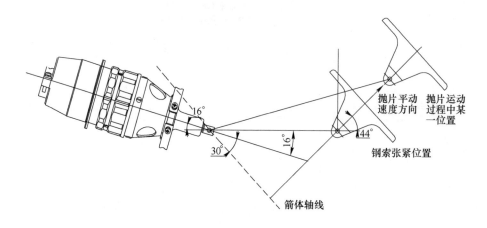

图 6-27　电连接器安装示意图

第一阶段：连接器插头上的芯轴在机械拉力的作用下运动约3mm，连接器锁紧机构实现解锁，如图6-28所示。

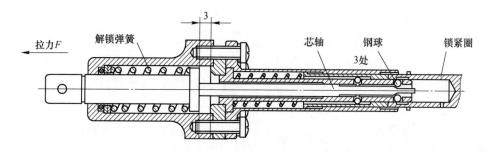

图 6-28　连接器锁紧机构解锁

第二阶段：连接器解锁后，插头与插座在分离弹簧（84芯产品约140N，49芯产品约190N）力的作用下推动插头与插座分离；此时，由于拉力 F 的持续存在，插头芯轴在该力作用下继续压缩解锁弹簧。

第三阶段：芯轴继续向后运动约9mm（总位移约12mm），解锁弹簧压死，此时芯轴、解锁弹簧及插头的外套筒产生刚性碰撞，芯轴在拉力 F 的作用下拉动插头与插座实现分离，如图6-29所示。

6.3.6.3 分离钢索分离过程仿真

基于ABAQUS建立钢索三维弹性仿真模型（图6-30），针对钢索拉脱过程受力情况进行了初步分析。此时下面级运动速度为20m/s，加速度为5000m/s²，钢索材料为70♯弹簧钢，考虑钢索塑性，同时在计算模型中通过增加钢环约束模拟钢索打保险丝状态。

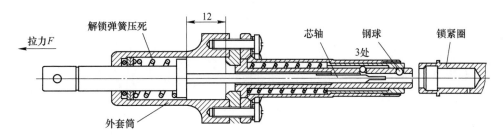

图 6-29　解锁弹簧压死

图 6-30　打保险丝状态的钢索模型

仿真结果显示变形过程如图 6-31 和图 6-32 所示。从图中可以看到，最大应力为 1750MPa，最大等效塑性应变在 0.627%，未达到屈服极限，不会发生钢索断裂的情况。钢索拉脱时间在 1.7ms 左右。仿真计算的结果与实际钢索拉脱试验结果相比，钢索拉脱的模式、拉脱过程的受力历程吻合较好。按 20mm/min 加载速度的拉伸试验得到打保险状态下钢索拉脱的拉力最大值为 1850N。按下面级抛片速度 20m/s、过载 5000m/s² 仿真计算得到的拉力最大值为 1536N，略低于试验测量结果，这是因为模型中采用钢环对钢索的约束不如实际加保险丝紧，导致钢索整体刚度略低于实际值。

图 6-31　打保险状态钢索拉脱过程应力云图（注：图中显示结果隐藏钢环，见彩插）

在考虑钢索实测拉力-位移曲线、级间分离时间-压力曲线和下面级抛片运动情况下，对钢索分离过程进行仿真试验。

（1）芯杆拉出 3mm 的状态

芯杆拉出 3mm 时，时间 0.95ms，芯杆速度为 6.2m/s，钢索变形量为 20.6mm，钢索拉力为 568N，如图 6-33 所示。

图 6-32　打保险状态钢索拉脱过程等效塑性应变云图（见彩插）

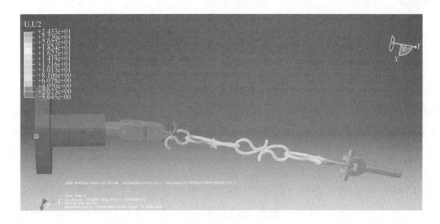

图 6-33　芯杆拉出 3mm 的位移云图（见彩插）

（2）芯杆拉出 12mm 的状态

芯杆拉出 12mm 时，时间为 1.9ms，芯杆速度为 12m/s，钢索变形量为 35.81mm，钢索拉力为 1299N，如图 6-34 所示。

图 6-34　芯杆拉出 12mm 的位移云图（见彩插）

（3）钢索拉脱状态

在芯杆拉至 12mm 时，弹簧压死，钢索继续被抛片拉伸，最终钢索拉脱时刻的钢索变形量为 43.7mm，时间为 2.3ms，如图 6-35 所示。

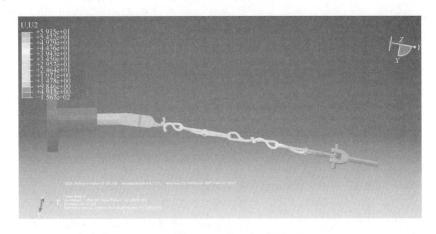

图 6-35　钢索拉脱状态的位移云图（见彩插）

通过比对分析，数值仿真试验结果与地面试验结果基本吻合，设计状态下，分离钢索最大拉力 1500～2000N 情况下，在芯杆运动 12mm 过程中，钢索不会拉脱，可以保证电连接器正常解锁。

6.3.6.4　电连接器分离过程虚拟试验

经地面试验、仿真分析，分离钢索拉断力不小于 1500N，电连接器机械分离力为 60～100N，在内压的作用下，可以正常解锁。插头解锁后，钢索带动插头继续运动，钢索变形继续增大，变形量为 36～40mm 之后拉脱，钢索拉脱时间不超过 2ms。钢索若拉断，可能插头在热分离内压力下回锁。

基于对上述机理的认识，将分离插头、插座、分离钢索按实际状态装配并建立有限元模型，以钢索拉紧时刻为计算零点，对插头、插座分离后的运动进行仿真。图 6-36 中的两个红点为分离仿真过程中两个特征点的位置，用于观察在钢索拉断和外压作用下插头回弹的位移。

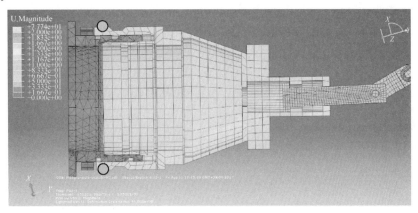

图 6-36　电连接器分离计算模型（见彩插）

图 6-37 为典型工况的仿真结果，图中红色、棕色曲线为插头上两个特征点的位移曲线，绿色、黄色为两点的速度曲线，均为三方向合成位移、合成速度。在 1.9ms 时钢索拉断后，2.5ms 时芯轴弹回，两点平均位移 2.5mm。其后位移一直保持在 2mm 以上，不满足插头插合而再次锁定的必要条件（芯轴弹回原位且插头位移≤1.25mm 钢球半径），因此不会发生回锁。

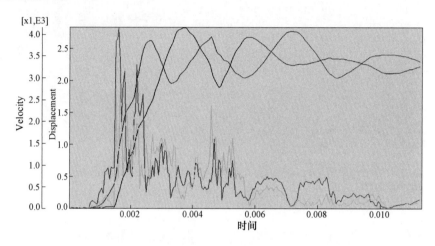

图 6-37　插头速度和位移曲线 （见彩插）

参 考 文 献

［1］朱广生. 大型地面试验的策划和管控 ［J］. 质量与可靠性，2012，162 （6）：24-28.

［2］CARYL L JOHNSON. Determinationof drop transient forcing functions for the pegasus launch vehicle ［R］. AIAA-94-1703.

［3］沈治，朱广生，吴亚东，高波. 基于爆炸激波管的固体火箭级间热分离天地差异研究 ［J］. 中国科学：物理学 力学 天文学，2021，51 （10）：104701-1～104708-13.

第7章 研制流程及风险控制

运载火箭系统的研制是一个系统工程。系统工程强调整体性和综合性，其目标是在各种强约束条件下，探索和开发能够满足要求的系统。它既是一种科学，也是一门艺术。在面对多重相互矛盾的限制条件时，要探寻可行的、安全的、平衡的设计方案，这是科学性的体现。艺术之处体现在需要何时、何处进行探索。从这个角度讲，系统设计师必须培养独特的直觉和技能，以使自己能够聚焦精力对总体设计方案进行评估和不断优化，而不是偏好某一系统而牺牲其他系统。

系统工程要求对系统的设计实现、管理运行以及退役有一套规范的路径和方法。这些路径和方法体现了从需求到全面完成工程目标需要经历的研制步骤和阶段，是型号研制规律的客观反映，是有时代性的，也就是说不是一成不变的。空中发射运载火箭系统的研制也遵循这一客观规律。同时，由于和载机结合带来的平台约束和新的环境，空中发射和陆基发射相比有其自身的特点。随着认识的深入和技术的进步，新的理念和新的设计方法可以在研制中起到控制风险、事半功倍的效果。

7.1 对研制流程的再认识

通常，运载火箭系统的研制可分为方案论证、方案设计、工程研制（包括初样研制和试样研制）和鉴定定型几个阶段，如图7-1所示。

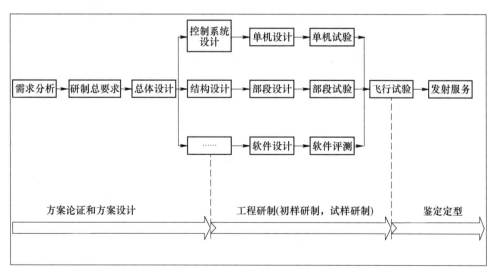

图7-1 运载火箭系统研制流程

方案论证阶段主要工作是对任务需求进行分析，对系统主要技术指标要求全面性、合理性以及方案和实现技术途径比较论证，提出可行性论证报告，确定关键技术和重点攻关的技术项目，提出关键技术攻关计划。

方案设计阶段的核心工作是系统总体、分系统技术方案设计和关键技术攻关。空中发射运载火箭特有的关键技术有，火箭与载机组合体气动设计及安全性、火箭对载机平台及其环境的适应性、箭机分离及火箭初始姿态稳定、大攻角拉起控制等。

工程研制的初样阶段，主要完成总体、分系统和单机的初样设计以及产品的生产，总体、分系统和单机地面试验验证。空中发射的运载火箭应在这个阶段完成挂飞试验、箭机分离试验和方案验证性飞行试验。

工程研制的试样阶段，是在初样设计的基础上，完善总体和分系统试样设计，完成产品生产和试样阶段地面试验，方案考核性飞行试验，确定鉴定定型技术状态。

最后，根据要求完成鉴定定型规定项目的考核，完成鉴定定型。

上述研制流程明显的特点是具有阶段性和里程碑性质。阶段和阶段之间界面严格清晰，一个阶段结束是进行下一个阶段工作的前提和基础。这种分阶段的自上而下层层指标分解、自下而上方案逐级闭合的模式，核心是源于对整个研制状态和风险的管控。虽然在一个阶段内部有迭代，下一阶段的部分工作也可能提前到上一阶段，但总体上还是以阶段串行为主的研制模式。比如，方案论证阶段有总体小回路的设计，即总体内部有不同专业之间的迭代，也有不同方案之间的比较；方案设计阶段有总体和分系统、分系统和单机设计之间的迭代，也有一些关键样机的试制和试验；工程研制阶段根据地面试验结果，反过来对设计方案进行调整和改进。随着认识和技术的进步，工程研制的初样阶段和试样阶段的划分有些也不是很严格，甚至逐步模糊。以往在初样阶段主要是进行地面试验的验证，飞行试验往往安排在试样阶段。为了尽快验证关键技术，释放技术风险，很多型号研制在初样阶段就进行飞行试验也成为常态。

这样一个研制流程在取得巨大成功的同时，还是有一些值得改进的方面。比如，由于用户方和设计方各自认识的角度、认识的深度不一样，可能导致需求辨识不全面，而用户这种需求一旦后期再提出，极可能导致方案的反复。在设计师系统内部，由于设计初期上一级对下一级的方案实现没有把握，因此在提出约束指标时可能会保守，逐级层层分解，而下游专业一旦实现了指标要求，出于进度的或者其他利益上的考虑，便没有动力再进行优化改进。再如，设计师系统可能对技术认识不到位，对火箭的某些特殊性把握不足，仿真分析不到位或试验验证不覆盖，也会导致应该在早期方案阶段暴露的问题，一直拖到工程研制的后期才显现，导致能采取的技术措施有限或无法采取改进措施。如何在型号早期的方案论证和方案设计阶段采取先进的技术手段，将顶层需求管理与设计要求实现紧耦合，对海量方案反复迭代优选，利用数字样机和虚拟试验进行先期验证，尽可能早地暴露问题，从而实现型号研制高质量、高效率、高效益的目标。

7.2 全寿命周期风险识别和控制

风险的识别和控制是航天型号研制的主线，毫不夸张地说，研制的过程就是不断识别风险和使风险得到控制的过程。

根据风险综合评价结果，梳理确定出高风险、中风险和低风险项目，分别有针对性地提出消除、降低、转移或接受的应对措施，确保风险应对措施充分、有效和合理。对各类风险特别是高、中风险项目，应制定彻底消除或降低风险的措施，采取计算、分析、试验等手段，验证这些风险控制措施的有效性，在后续研制各阶段持续对实施效果展开评估，并对采取措施后的项目重新进行风险综合评价。对确实不能消除的风险项目，应将其作为质量控制节点和评审的重点内容，在研制的各环节中密切关注，跟踪并记录其后续状态变化情况，防止其危害程度进一步发展。

7.2.1　风险识别线索

风险识别与控制是一个反复迭代的过程。研制各阶段应从技术、产品、操作和管理四个维度进行风险识别，识别的线索示例见表 7-1。根据型号自身的阶段和特点，识别的线索需不断调整完善。

表 7-1　各阶段风险识别线索示例

序号	类别	风险识别线索	方案阶段	初样阶段	试样阶段	鉴定定型和批生产阶段
1	技术	需求分析	√			
2		设计准则和技术指标分析	√	√	√	
3		安全性和故障容限	√	√	√	
4		方案正确性分析	√	√		
5		技术继承性分析	√	√	√	
6		技术成熟度评估	√	√		
7		设计裕度量化分析	√	√	√	
8		试验（含仿真）验证全面性、充分性、有效性分析	√	√	√	√
9		测试覆盖性分析		√	√	√
10		环境适应性分析		√	√	
11		单点故障及强制检验点设置充分性和控制有效性分析		√	√	
12		技术状态更改情况分析		√	√	√
13	产品	新工艺/工艺稳定性分析	√	√	√	√
14		新器件、新材料分析	√	√		
15		新产品分析	√	√		
16		产品继承性和成熟度分析	√	√	√	
17		借用件适用性分析	√	√	√	
18		关键特性识别全面性分析	√	√	√	
19		接口的协调性和匹配性分析	√	√	√	
20		产品最终使用状态分析			√	√

序号	类别	风险识别线索	方案阶段	初样阶段	试样阶段	鉴定定型和批生产阶段
21	产品	数据超差与临界分析			√	√
22		质量问题归零和举一反三的检查与分析		√	√	√
23		故障预案充分性及其验证情况分析			√	√
24		软件验证确认分析		√	√	√
25	操作	操作安全性	√	√	√	√
26		新人员分析		√	√	√
27		紧固件使用与拧紧力矩确认情况分析		√	√	√
28		人的可靠性分析，"易错""难操作/盲操作"和"难检测/不可检测"确认情况分析	√	√		√
29		防差错分析	√	√	√	√
30		多余物控制		√	√	√
31	管理	新单位分析	√	√		
32		产品生产、交付、交接验收和实物状态检查确认		√	√	√

7.2.1.1　方案阶段

（1）需求分析

对任务特点、环境条件、使用状态等方面进行分析，梳理所采用技术的特点、难点和关键点，分析所选用（借用）产品的使用环境、使用状态。

（2）设计准则和技术指标分析

针对任务特点，明确设计应遵循的准则，对技术指标可实现性和存在的风险进行分析。

（3）安全性和故障容限

根据型号研制、生产、试验、使用和退役全寿命周期的安全性要求、危险源、安全事故发生的可能性和危害程度，分析型号安全性风险。根据型号类型、危险程度和研制生产特点，明确故障容限等健壮性设计要求，分析在非单一（多重）故障状态下保障安全的措施和存在的风险。

（4）方案正确性分析

对总体方案的可行性进行分析，确保总体方案正确可行，避免在型号后续研制过程中出现方案颠覆或重大反复的情况。

（5）技术继承性分析

结合型号特点，重点关注继承其他相似型号（产品）的成熟技术方案，对飞行剖面及使用环境有变化的型号（产品）进行分析。

（6）新技术分析

重点关注未经飞行试验考核的新技术，对型号（产品）新技术的可靠性和地面试验验证的充分性进行分析。

（7）新工艺分析

重点关注未经飞行验证的新工艺，对新工艺的设计合理性、验证充分性、文件完备性、工艺稳定性进行分析。

（8）新器件、新材料分析

重点关注未经飞行验证的新器件、新材料，对选用的合理性、验证充分性、使用正确性进行分析。

（9）新产品分析

重点关注本型号（产品）中新产品的功能和性能符合性、可靠性、安全性设计符合性、质量保证符合性、操作符合性等方面进行分析。应对选用的通用产品的成熟等级进行分析，确保选用的通用产品成熟等级满足该阶段研制要求。

（10）产品继承性和产品成熟度分析

分析产品选用和新产品设计、生产的继承性，减少技术和产品状态变化带来的风险；对选用标准化、产品化或已经成功的产品，应分析其产品成熟度，以减少在不同研制阶段选用时，可能存在的风险。

（11）借用件适用性分析

对借用其他型号在研或定型产品，应分析使用环境、接口和技术参数、指标的适用性，功能、性能和安全性、可靠性方面的匹配性，有明确的技术状态管理程序，掌握借用件在研状态变化对本型号的影响，控制由于参数不协调、状态不匹配造成的风险。

（12）操作安全性

对产品在型号全寿命周期，如生产、试验、贮存、搬运、使用、维护、销毁等，对操作人员安全可能造成的风险，或由于操作（或误操作）可能造成安全事故的风险进行分析，在产品设计、工艺、试验、使用和销毁文件中注明操作要求或注意事项，或需要采取的技术和管理措施，以杜绝操作安全性风险。

（13）人的可靠性分析

对人的操作在型号系统中的可靠性进行分析，以采取技能培训或其他技术措施，防范由于人的不可靠因素导致的产品质量不合格或型号任务失败的风险。

（14）防差错分析

对由于相同或相类似产品、相同或相类似功能，由于错误操作产生严重后果的风险进行分析，在技术上、管理上采取防差错措施，以降低出现差错风险，或能够直观地识别出差错，或防止差错导致严重后果的风险。

（15）新单位分析

对首次承担型号（产品）任务的新单位的资质、质量体系运行情况、产品保证措施等方面进行识别与分析。

（16）技术成熟度评估

重点关注包含关键技术的型号（产品），以及设计理论、设计方法或试验方法不成熟的项目。

（17）曾经发生过影响成败问题的型号（产品）

对曾经发生过影响任务成败的型号（产品）进行复查和分析。对其他相似型号（产品）发生的影响任务成败的质量问题，在本型号中进行举一反三分析。

（18）设计裕度量化分析

型号总体、分系统和单机产品围绕关键特性参数，开展设计裕度分析工作。

7.2.1.2　初样研制阶段

（1）方案阶段风险的遗留风险

跟踪方案阶段遗留风险及其变化，采取有效的风险应对措施，使风险得到控制或降级，同时识别和分析本阶段新增风险项目，并不断迭代风险识别、分析、评价等过程。

（2）各级产品接口的协调性和匹配性分析

重点识别型号内各分系统间接口、分系统内单机产品之间的接口，接口匹配性或协调性复杂、边界条件不清的产品、部位以及难以保证系统匹配一次成功的项目（或产品）的风险情况。

（3）试验（含仿真）验证分析的全面性、充分性、有效性分析

重点关注地面试验无法考核或考核不充分，又无法进行仿真模拟和理论计算的项目；地面试验无法考核或考核不充分，虽进行了仿真模拟和理论分析，但仿真模拟和理论分析不能真实模拟实际状态、边界条件或动态环境的项目；型号研制方案阶段试验考核不充分的项目。

（4）测试覆盖性分析

对产品测试性要求进行策划，在不同研制阶段，确定一组测试参数和指标，能够表征产品或型号功能、性能和质量处于良好状态，并在各种产品状态测试中规定测试方法和评定准则，以减少测试参数设置不当对产品状态造成错误判断的风险。同时，对无法通过测试参数或指标确定产品状态的，应该在产品较低层次明确保证措施，以减少不可检、不可测导致的风险。

（5）环境适应性分析

重点关注首次参加飞行试验考核的项目，包括力、热、电磁等环境适应性项目，环境条件和试验还未能覆盖飞行动态环境的项目，未经试验验证和考核的环境条件，环境条件恶化对系统和单机有影响的项目。

（6）关键特性识别全面性分析

按照可靠性设计要求，在总体、分系统、单机产品层面系统梳理和识别影响成败的设计、工艺、过程控制三类关键特性，对新研型号（产品）的三类关键特性要做到100%分析。在此基础上，确定各级产品基线。

产品设计关键特性应重点围绕用户要求、任务保障、系统兼容、环境适应、可靠性、安全性、维修性等方面来分析确定。产品工艺关键特性应重点围绕产品设计关键特性的工艺实现及不可检测项目来确定。产品研制过程控制关键特性应重点围绕产品设计关键特性和工艺关键特性的生产实现来确定。

（7）设计裕度量化分析

重点关注型号总体、分系统和单机产品围绕关键特性参数，开展设计裕度量化分析工

作。在初样阶段结束前，应完成关键特性参数及其裕度的 100％验证工作。

（8）单点故障及强制检验点设置充分性和控制有效性分析

对Ⅰ、Ⅱ类单点失效环节要做到 100％识别；对单点失效环节，又是不可检、不可测的关键特性要做到 100％量化控制；在产品验收、出厂评审、转阶段评审等重大节点，应对型号各级产品单点故障模式识别的充分性和准确性、强制检验点设置的合理性和控制的有效性进行复查，对于不可接受的残余风险，须制定应对预案并明确其后续控制措施。

（9）新器件、新材料分析

重点关注未经飞行验证的新器件、新材料，对选用的合理性、验证充分性、使用正确性进行识别。

（10）新人员分析

对首次承担本型号（产品）的上岗人员的素质、责任意识、上岗培训等情况进行检查，特别要对新人员在专业技术、岗位技能方面进行分析。

7.2.1.3　试样研制阶段

（1）初样阶段遗留风险

持续跟踪初样阶段的风险及其变化情况，并将未消除或未得到有效控制的风险纳入本阶段的风险项目。

（2）技术状态更改情况分析

重点关注技术状态发生变化的项目，识别本阶段由于技术状态变化导致的型号风险并制定相应的控制措施。

（3）工艺稳定性和敏感性分析

重点关注工艺实现方面的项目，工艺难以满足设计指标的项目，工艺攻关不彻底、工艺不稳定影响关键产品质量的项目，工艺状态发生变化的项目。

（4）设计裕度量化分析

重点关注型号总体、分系统和单机产品围绕关键特性参数，开展设计裕度量化分析工作。

在产品交付前、型号出厂前，应分别对单机、分系统和总体关键特性参数的设计裕度及其鉴定试验的充分性进行 100％确认。

（5）紧固件使用与拧紧力矩确认情况

检查确认型号产品紧固件使用情况，针对有力矩要求的项目，确认其要求是否合理并实施；针对无力矩要求的项目，确认其是否影响使用。

（6）"易错""难操作/盲操作"和"难检测/不可检测"确认情况

重点针对总装过程，检查确认"易错""难操作/盲操作"和"难检测/不可检测"项目的操作过程是否符合设计及工艺文件要求，总装质量是否满足设计要求。

（7）产品最终使用状态分析

单机（系统）产品和软件状态确认。产品和软件验收交付前，承制单位要开展产品和软件的实际状态与设计文件一致性的确认工作；在单机产品和软件验收时，通过验收测试、产品检验、数据包审查及接口联试等对单机产品和软件产品的状态进行量化确认，并形成验收过程实测记录和验收评审结论。

最终状态确认。型号出厂前，应对各级产品的状态与设计状态、验证状态的一致性进行复查和确认；对总装总测阶段开展的安装、连接、拧紧、绑扎、固定、走向、防护、开关、测试等环节的状态与文件、图纸的一致性进行量化分析。进入发射场后，应对发射阶段开展的安装、连接、拧紧、绑扎、固定、走向、防护、开关、测试等环节的状态与文件、图纸的一致性进行量化确认。

（8）数据超差与临界分析

关键特性参数的记录必须100%量化，对于数据记录不完整的情况，必要时进行实物检查，完善数据。

对飞行过多次的型号和关键通用产品，出厂前和进场后按照要求完成关键特性数据成功包络线的详细分析，对超出成功包络线的参数给出对本次任务影响的明确结论。

对数据判读和比对情况进行复查，检查数据的一致性，对数据偏离和差异的机理进行分析，对让步使用的超差项进行影响分析和确认，对数据临界项进行变化趋势及风险分析。

（9）质量问题归零和举一反三的检查与分析

对本型号出现的质量问题，要严格按照"双五条"标准检查归零的彻底性，检查归零评审中专家意见和建议的落实情况，检查技术归零措施的验证情况；对其他型号发生的质量问题在本型号举一反三的全面性、采取措施及验证情况进行复查；对定位于单机产品的质量问题，产品承制单位应组织做好质量问题归零和对同类产品举一反三检查与分析工作。

（10）故障预案充分性及其验证情况分析

根据用户需求及飞行程序，研究分析以往型号测试、发射、飞行、在轨过程中发生的故障和异常现象，结合本型号的特点，梳理故障模式，制定故障预案，并对故障预案进行测试试验或仿真分析；对不具备系统级测试验证条件的故障预案，要进行专项仿真分析或分系统级别的验证测试。

（11）过程控制分析

重点关注在设计、工艺、生产试验过程由于控制不严格或者缺乏量化控制引起的风险。

（12）测试覆盖性分析

重点分析可测试项目的状态与产品实际工作状态的差异性、地面无法验证的飞行工作状态仿真分析的有效性、质量问题归零及举一反三后的试验验证充分性、关键特性指标的测试覆盖性及试验验证的充分性，开展对不可测试项目的过程控制记录的检查。

（13）试验充分性

重点针对型号总体、分系统、单机在安排单项及系统级的地面试验时，充分考虑地面试验项目设置的合理性、试验内容的充分性和试验结果的有效性。

（14）多余物控制

重点关注运动部件产品，如活门、接插件、继电器、惯性器件、帆板驱动机构等多余物控制工作，设计上是否明确了多余物控制要求，是否有容错设计和防控措施；工艺上是否落实了设计要求和标准规范提出的多余物控制要求，采用了不易产生多余物的工艺方法；对难以消除多余物的环节，是否采用了先进的多余物清除和检测技术，检验点设置是否科学合理。

（15）软件验证确认分析

重点进行软件可靠性、安全性分析，FPGA 抗空间辐射设计分析，对软件代码走查、第三方评测的覆盖性、有效性进行审查。

（16）产品生产、交付、交接验收和实物状态检查确认

针对产品生产、交付路线及检查、交接验收、实物状态进行检查记录，责任人确认签署。特别要关注交接的实物状态。

7.2.1.4　鉴定定型阶段

1）逐项对照指标回答是否满足研制总要求。

2）鉴定定型飞行试验和鉴定定型地面试验的充分性和有效性，重点关注地面试验状态与真实飞行状态存在差异的项目。

3）生产工艺的稳定性对批生产的适应性，重点关注状态发生变化的项目。

4）技术文件的完整性，重点关注涉及装备维护、保养、使用文件的配套情况。

5）遗留问题的处理情况，重点关注处理方案可行性、有效性。

6）多余物控制的有效性，重点关注设计要求和标准规范提出的多余物控制要求的落实情况。

7）不可检不可测产品的质量控制，重点关注影响飞行试验成败的不可检不可测的机构、火工、动力、分离等关键产品的质量控制措施落实情况。

7.2.1.5　批生产阶段

1）"人、机、料、法、环、测"适应性，重点关注与定型状态差异的项目。

2）产品质量的稳定性，重点关注产品技术状态更改及工艺更改的项目。

3）工艺稳定性，重点关注批次间工艺与材料参数离散的项目。

4）元器件、原材料选用、更替情况，重点关注元器件、原材料断档、停产情况，及性能指标的差异性。

5）工艺总方案的适宜性，重点关注工艺流程、布局的合理性、正确性。

6）多余物控制的有效性，重点关注设计要求和标准规范提出的多余物控制要求的落实情况。

7）不可检不可测产品质量控制，重点关注影响飞行试验成败的不可检不可测的机构、火工、动力、分离等关键产品的质量控制措施落实情况。

8）数据超差与临界分析，对飞行过多次的型号和产品开展关键特性的数据成功包络线分析。

7.2.2　风险识别和控制实例

运载火箭单点产品和单点环节多，如何采用关键特性的识别和控制方法，实现产品质量控制的精准和有效是一个重大问题。下面是运载火箭产品关键特性识别与控制的一个例子。总的思路（如图 7-2 所示）是，通过 FMEA 方法识别产品的单点故障模式和故障原因，梳理设计、工艺、过程控制三类关键特性，形成单点产品关键特性控制措施；采用"四不到四到"方法从五个环节确认关键特性控制措施落实的有效性。

"四不到四到"是指产品测试不到的项目要验收到，验收不到的项目要工序检验到，工序检验不到的项目要工艺保证到，工艺保证不到的项目要人员保障到。**测试不到**的项

目，是指电子、电气产品交付后，在上一级及以上系统测试时不能覆盖的功能、性能，或对于结构类和火工类产品，在技术准备过程中无法直接验证规定的功能、性能。**验收不到**的项目，是指不能通过实测数据及其他直接证据对产品是否满足规定的功能、性能进行认定。**工序检验不到**，是指元器件、原材料从入厂到单机完成生产组装，直至准备提交验收全过程的各项检测或检验活动不能覆盖规定的功能、性能。**工艺保证不到**，是指产品在生产过程中，不能通过工艺方法、工艺参数、工装设备等各类工艺措施保证产品满足规定的功能、性能。**人员保障到**是针对工艺保证不到的项目，通过相关人员的经验和技能对产品质量进行保障。其中涉及测试、验收、检验、工艺和人员五个环节。

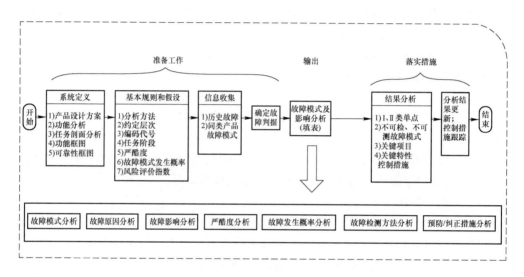

图 7-2　关键特性识别与控制思路

7.2.2.1　全面识别单点故障模式

制定产品 FMEA 及单点失效方法要求，明确产品单点识别的工作流程，实施要点、各类产品 FMEA 分析模板，实现流程规范化和表格模板化。通过"人，机，料，法，环，测"六个要素及产品故障模式库，全面系统识别单点故障模式，确保故障模式识别全面。

7.2.2.2　分类制定单点故障模式控制措施

以某复合材料壳体为例。其强度失效为 I 类单点故障模式。围绕此失效模式，从设计关键特性、工艺关键特性、过程控制关键特性制定相应的控制措施。三类关键特性的识别和控制实施分级分类管控，纳入研制流程，迭代开展，实现设计关键特性 100% 可验证，工艺关键特性 100% 可量化，过程关键特性 100% 可确认。

（1）设计特性设置

对结构壳体的物理特性、随炉试样强度、缺陷要求等做如下要求：

1）复合材料壳体上下端框厚度 $8^{+0.5}_{0}$ mm，蒙皮厚度 3.6mm；

2）3.6mm 厚蒙皮随炉试样，要求：

0°方向拉伸强度≥740MPa；

0°方向压缩强度≥600MPa；

0°方向弯曲强度≥860MPa；

0°方向剪切强度≥70MPa。

3）缺陷要求：分层、气孔总缺陷面积要求<1.5%，其中分层面积≤0.7%，气孔数量<30，且气孔数量>20 时的分层缺陷区域边缘间距>100mm。

（2）工艺关键特性设置

1）上下端框成型预留机加余量 3mm，机加保证壳体端框厚度。

2）预浸料使用前按技术条件要求进行复验，确保预浸料的单层厚度，按照铺层数量进行铺层，生产过程中进行 2 次吸胶预压实，确保蒙皮厚度满足技术条件要求。

3）预浸料按要求复验性能数据，制定 3.6mm 蒙皮随炉试样铺层过程的铺层顺序表格，严格按照铺层顺序进行铺制，并按固化制度进行固化。

4）预浸料按要求复验挥发分含量，依据树脂特性制定合理的预压实及固化工艺参数，保证产品内部质量。

（3）过程控制关键特性设置

1）测量壳体端框毛坯数据，计算加工余量，根据加工余量加工壳体上下端面直至加工到位。

2）预浸料复验指标：含胶量 V±3%，纤维面密度 ρ±5g/m²，吸胶次数 2 次，85～90℃，保温 1h。

3）预浸料性能指标：纵向弯曲强度≥1600MPa，纵向层剪强度≥90MPa；

3.6mm 蒙皮随炉试样按 45°、0°、90°、45°、0°、90°、－45°、45°、90°、0°的顺序进行铺制，随炉试样板按壳体固化制度进行固化，并按相应标准进行加工、测试。

4）挥发分含量≤1%；

固化参数：T±5℃/保温 4h，压力 P＋（0.1±0.02）MPa［若加压后真空表压≥－0.080MPa，停真空，通大气，压力增至（0.1±0.02）MPa］。过程严格按工艺文件要求进行，并填写固化记录表格，确保固化参数满足工艺文件要求，以保证产品内部质量。

7.2.2.3　五环节确认

按照 Q/QJA 728—2020"四不到四到"工作指南，"结构件承力无法直接测量和验证，主要通过控制原材料生产工艺、产品热处理、成形工艺，增加原材料复验、检测随炉试件等工艺保证措施，来保障结构强度"。舱段壳体强度是无法测试到的项目，也无法通过产品验收环节直接测量得到强度数据。

对于验收不到的性能，分解成保障整体功能实现的零组件的设计特性：

1）对壳体端框和蒙皮厚度进行设置，通过对产品实物选定位置测量多个参数，形成包络范围，确认产品实物测量数据在设计要求包络范围内。

2）对舱段壳体的随炉试样进行性能试验，通过对随炉测试结果满足设计特性要求，来确认产品性能符合。

对测试不到和验收不到的性能，转化为利用过程特性和工艺特性确认环节，通过工序检验和工艺保证措施保障舱段强度符合设计要求：

1）对产品原材料复验性能进行核对，满足复验预浸料复验技术条件要求含胶量 34%±3%，挥发分≤1%，面密度（165±5）g/m，常温纵向弯曲强度≥1400MPa，常温层间剪切强度≥80MPa；

2）严格遵守工艺文件的铺层要求角度；

3）控制随炉固化制度符合工艺文件要求的温度，保温时间，升降温速率；

4）试样加工尺寸严格要求符合测试标准；

5）测试过程（温度，装夹等）符合测试标准。

人员保障措施：在工艺文件中要明确要求高级工以上人员操作。

7.3　新技术与研制流程改进

传统的研制流程是基于自然语言、以文本、表格或图片等形式对用户需求、设计方案等进行描述，依靠的是一系列的术语与参数（其中术语对系统进行定性描述，而参数则是对系统定量的描述），即基于文本和静态图表的系统工程。基于文本和静态图表的系统工程在系统工程发展的历史中发挥了巨大的作用。随着计算机技术和数字建模技术的发展，越来越多的信息可以以数字化的方式表达并存储在计算机中，我们可以充分利用计算机的高效处理能力帮助设计师完成系统工程中的各项任务，比如：可以利用数字化图形表达烦琐复杂的数据关系，用数字化图表表达复杂系统内部各组成之间的接口关系以及相互之间的逻辑关系，以三维模型表达复杂结构的空间关系等。同时，在设计过程中建立的数字化模型还可以作为建立各类仿真模型的数据源，用于开展各类仿真试验，帮助更早地发现系统中的隐患，更准确地预示系统的行为，减少研制后期的反复，实现更有效的风险控制。

7.3.1　基于模型的系统工程方法

航天型号项目庞大、系统复杂、可靠性安全性要求高，研制周期紧，研制成本高，系统设计与研制难度大，必须有与之相适应的系统设计方法，才能保证任务的顺利完成。纵观航天发展历程，航天系统工程一直以来都是复杂航天型号任务设计与实施的有力支撑，同时人类每一次重大航天任务都会促进系统工程的跨越式发展，使航天系统设计能力得到不断提升。

20 世纪 60 年代，"阿波罗"登月计划的相关参与机构在完成飞船和运载火箭设计的过程中，形成了一系列系统设计与管理方法，为美国形成较为完备的航天系统工程体系奠定了坚实的基础，并将系统工程方法推向成熟。以"阿波罗"及后续航天任务为代表的系统工程是以文档为中心的工作方法，其设计过程存在于大量的文档中。

21 世纪初，NASA 在实施"星座"计划期间，利用基于模型的系统工程方法，开展 Altair 月面着陆器以及宇航服的全过程系统设计工作，建立支持快速方案设计的架构体系，开展需求论证、功能分析、架构设计、多方案比较等系统设计工作，使得研制效率、研制水平得到全方位的提高。因此，NASA 在"星座"计划经验总结中明确指出：将大力推动基于模型的系统工程方法的研究，并拓展应用到今后各个航空航天项目中。

基于模型的系统工程（Model‐Based System Engineering，MBSE）方法，可以定义为"用模型表达和驱动的方式来支持系统的需求、设计、分析、验证和确认活动，这些活动开始于概念设计阶段并持续到整个开发和以后的寿命周期阶段"。MBSE 是对多学科、大规模复杂系统研制的一种有效方法。主要体现在：

1）规范化的设计数据描述，可减少不必要的人工重复劳动，提高协同工作效率。基于标准化的模型，系统总体与各分系统之间的数据交换规范，利用计算机进行自动处理，减少"基于文档的协同"过程中设计师需要人工进行的参数挑选、复制、格式转换等数据文件处理工作，降低了人为出错的概率，提高工作效率和质量。

2）统一数据源保证了设计数据源的唯一性和相互依赖关系，提高各子系统之间的数据一致性，进一步保障设计质量。以统一的模型作为唯一的数据来源，以主模型结构揭示设计数据模型之间的谱系关系。设计工具以规范的方式访问系统模型数据；对数据技术状态的演化进行记录，上游数据变化自动提醒下游。降低了格式转换错误或技术状态不一致错误的概率，设计质量多了一层保障。

3）规范化的设计数据能够有效地揭示设计规律、形成知识积累。以文档形式保存的设计数据难以检索和利用，而且只包含设计结果数据。将基于模型的系统工程方法应用于航天型号系统总体的设计，对包括设计问题、设计方法和设计结果的设计全信息进行规范化建模，有利于设计知识积累，形成实用的航天模型库。结合经验知识与设计工具，还可以组建智能化的设计辅助系统，实现设计能力的跨越式提升。

4）基于模型的系统工程方法能够提升方案论证的深度和广度。符合设计问题本质规律的模型，能够以通用化方法描述同类设计问题。例如，方案论证过程中数量众多的构型可以用统一的模型定义，利用模型驱动的工具进行批量自动化分析和优化，大幅提升方案论证的速度，最终能够提升方案探索的广度和深度。

7.3.2　运载火箭基于模型的系统工程

基于模型的系统工程（MBSE）关键在于设计信息的数字化表达及其相关仿真模型精度的不断提升和多领域多学科耦合仿真试验。运载火箭基于模型的系统工程研制流程如图 7-3 所示。如何在系统工程各阶段建立、完善和管控数字化模型及其相关仿真模型是基于模型的系统工程需要解决的关键问题。在基于模型的系统工程中，首先需要开展基于模型的设计定义及设计要求下发，包括基于模型的总体设计定义及分系统设计要求下发、分系统设计定义及部段、单机、软件设计要求下发以及基于模型的产品定义及制造要求下发；其次是基于模型集成的虚拟试验（即多领域多学科耦合仿真试验），在数字化设计模型的基础上可以演化出各类仿真模型，通过仿真模型的集成实现更精细化的系统功能演示和系统性能预示；在系统工程的后期，可以运用数字孪生技术将数字化模型和仿真模型与实物产品试验进行关联，通过实物产品试验校验提升数字化模型及其相关仿真模型的精度，从而实现对实物对象行为或性能更为准确的预测。数字主线是基于模型的系统工程主线，它将系统工程过程中建立的数字化模型有机地关联起来，利用强大的数据库技术实现信息的关联管控和自动化处理。

7.3.2.1　数字化模型的协同构建

根据设计特点相似性，运载火箭的设计可分为系统设计和产品设计两大类，系统设计又可以按系统层次分为总体设计、分系统设计和单机设计，产品设计一般可以分为结构产品设计、电子产品设计和软件产品设计。因此，数字化模型的构建也需要根据设计的不同特点，构造不同的数字化模型。数字化模型构建是否成功取决于数字化模型是否充分、详实地描述了便于计算机自动处理的设计信息，并且易于被人们理解、接受和沟通。总体设计的特性表现为对运载火箭总体设计参数和性能参数的描述，一般包括：总长，总重，运载能力，发射轨道高度以及环境参数等；分系统设计的特性表现为对系统组成、接口、功

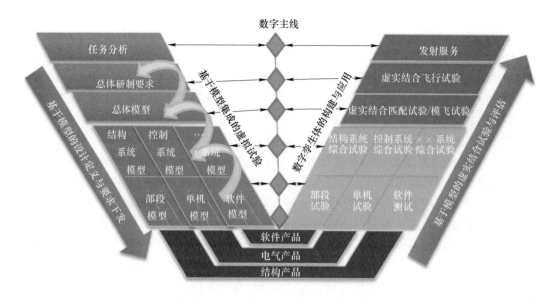

图 7 - 3　运载火箭基于模型的系统工程

能和性能参数的描述。一般来说，系统是结构产品、电气产品和软件产品的集成产物，它的组成和接口表现为结构接口、电气接口和软件接口。系统的功能和性能则是系统涌现性的表现，不仅仅是其组成部分简单相加，而是其组成部分综合作用后的独特表现。运载火箭的数字化模型必须将这些所有的信息都以数字化模型的方式完整表达。运载火箭是复杂产品的典型代表，运载火箭数字化模型的构建也需要遵循系统工程方法，按照系统工程的分工分层分级协同构建，并按系统层级向上反馈，实现基于模型集成的虚拟试验验证。

7.3.2.2　数字化模型的传递

在基于文档的系统工程时期，所有的设计要求均以文件的形式传递，并基于文件进行设计状态管控。基于模型的系统工程必须要解决数字化模型的传递和基于数字化模型的技术状态管控问题。产品数据管理（PDM）技术为我们提供了一条可行的途径，安全网络和数据库技术是实现数字化模型高效传递和管理的基础。

7.3.2.3　数字化模型与性能仿真模型的结合

运载火箭数字化模型只是对运载火箭设计信息的数字化描述，基于运载火箭数字化模型可以建立用于预测运载火箭性能的仿真模型，打通数字化模型与性能仿真模型的接口，实现性能仿真模型对数字化模型的实时驱动，才能构建真正的运载火箭数字样机。

7.3.2.4　数字化模型的利用与转化

数字化模型实现了对设计信息的数字化描述，这一模型必须得到充分的利用，并可高效地转化为可以用于开展功能仿真或制造的模型，才能最大化地发挥数字化的作用。比如，三维结构设计数字化模型，不仅可以表达设计信息，同时可以附加上制造要求，代替图纸下发到工厂，工厂可以从三维数字化模型自动提取加工、装配需要的信息形成工艺数字化模型，工艺数字化模型可以直接进入加工或装配制造装备，实现自动化加工或装配，从而提高数字化设计信息的利用效率，减少重复劳动，提升制造效率。

7.3.3　数字孪生

"孪生（Twin）"的概念最早可追溯到美国国家航空航天局（NASA）的"阿波罗"计划。NASA 同时制造了两个完全一样的空间飞行器，留在地球上的飞行器被称为"模拟器"或"孪生体"。孪生体用来反映正在执行任务的空间飞行器的状态，通过在孪生体中进行仿真试验，从而辅助太空轨道上的航天员在紧急情况下做出最正确的决策。"数字孪生"的概念最早是在 NASA 的组织下由美国密歇根大学的 Michael Grieves 教授于 2003年提出，并在 2014 年撰写的白皮书中进行了详细的阐述。数字孪生是利用数字技术对物理实体对象的特征、行为、形成过程和性能等进行描述和建模的过程和方法，用以映射和预测相对应的"物理孪生"生命周期的活动及性能。数字孪生的三大要素为数字建模、仿真和交互。数字孪生技术以全生命周期的多分辨率模型为载体，从物理产品概念设计阶段构建模型，设计模型分别面向制造、试验、保障场景，进行更新、演化和精细化，形成数字孪生体；数字孪生技术以多领域融合、高精确度的仿真技术为核心，基于反馈的实际数据和不断修正的仿真模型，真实反映出物理产品的运行状态，通过实时仿真计算、分析评估，实现对实物产品运行状态及性能的预示，并为设计优化提供更准确的数据支持；数字孪生强调物理空间与虚拟空间的交互能力；在物理空间修正数字孪生体，提升数字孪生体对物理产品识别、跟踪和监控能力；在虚拟空间，进行预测及分析、故障诊断及预警、问题定位及记录。

7.3.3.1　数字孪生示例

美国空军研究实验室提出一种数字孪生机体概念，它具有超写实性。在物理空间，通过传感器，可实时采集飞机飞行过程中的参数来修正试验数字孪生体，利用降阶模型监控实物试验；在虚拟空间，数字孪生机体能在实际飞机起飞前进行大量虚拟飞行，发现非预期失效模式以修正设计。

美国海军针对"宙斯盾"作战系统等构建"数字林肯"，可在硬件系统交付之前利用系统数字模型进行测试、评估系统性能，从而增加系统可靠性和网络安全度，并减少作战人员使用过程中可能出现的问题。

德国弗劳恩霍夫技术经济数学研究所基于车体设计虚拟模型构建轴耦合乘用车悬架试验和轮胎耦合厢式货车或轻型卡车整车试验数字孪生体。在物理空间，将实物试验路面荷载数据映射到试验数字孪生体，使虚拟试车场更接近于实际情况；在虚拟空间，获得组件引起疲劳失效的局部应力和应变，考察汽车性能，从而进一步判断汽车零部件的设计合理性。

美国喷气推进实验室（JPL）结合设计虚拟模型，开发了软着陆数字化试验与评价系统。在物理空间，将实物试验相关数据映射到试验数字孪生体；在虚拟空间，开展试验预示分析工作，JPL 工程师基于"探路号"数字孪生体，在发射之前进行智能化预判，修改了技术方案，保证了登陆火星计划的成功实施。

美军在战斗机设计虚拟模型的基础上，构建自主式保障系统（Autonomic Logistics），使基于状态的保障策略进一步加强，贯彻融合先进保障理念，形成"联合一体化自主式保障"模式。在物理空间，将与战斗机相关的实测数据、使用数据和维护数据等关联映射至虚拟空间的保障数字孪生体，对战斗机状态进行实时监控；在虚拟空间，实现自主地做出复杂的使用、维修和保障决策。

德国西门子建成机床数字孪生体，用于培训相关人员，并指导相关操作。在物理空间，将机床实测数据传递到机床保障数字孪生体，对数字孪生体进行修正，跟踪并监控机床使用状态。在虚拟空间，利用机床保障数字孪生体和操作平台，对机床操作者进行培训，使机床操作者熟悉操作，掌握机床配置和功能的各项细节。

通用电气（GE）在电力领域，基于发电产品设计虚拟模型，建成先进的、功能强大的发电厂保障数字孪生体，在物理空间，在实际发电厂内布置了 3000～5000 个传感器，将测量的震动、温度和压力等参数实时上传到保障数字孪生体，对发电厂保障数字孪生体进行修正，对实际发电厂运行状态进行监控；在虚拟空间，利用保障数字孪生体，预测设备的健康状态、磨损情况和性能。

在航空领域，在民用涡扇发动机和先进涡桨发动机（ATP）设计虚拟模型基础上进行扩展，实现预测性维修服务。在物理空间，根据飞行过程中传感器收集到的大量飞行数据、环境和其他数据，通过仿真可完整透视实际飞行中的发动机实际运行情况；在虚拟空间，利用发动机保障数字孪生体，判断磨损情况和预测合理的维修时间，实现故障前预测和监控。

7.3.3.2　空射运载火箭数字孪生体构建

运载火箭数字化模型为构建各类数字孪生体奠定了基础。对空射运载火箭而言，因为需要与载机联合工作，其数字孪生体的构建就显得尤其重要。空射运载火箭数字孪生体的构建主要在于以下几个方面：

1）试验数字孪生体，用于预测实物产品的试验过程，确保试验过程顺利进展；构建试验数字孪生体的关键在于面向试验目标的性能数字孪生体的构建及仿真参数的辨识，如：对新型结构静力试验而言，首先需要构建基于有限元的精细化性能数字孪生体，通过实物试验获得的数据辨识出仿真所需要的结构参数，继而才能实现对于后续试验结果的准确预示，并可根据预示情况调整试验状态，达到尽早规避风险，确保试验过程顺利进行的目的。

2）总装数字孪生体，用于跟踪和监视产品总装过程，及时发现和规避风险；精细化的结构几何模型是实现总装数字孪生体应用目标的关键，三维设计为在设计过程中自然构建出精细化的总装数字孪生提供了保证，三维扫描与模型重构技术为我们准确识别实物与设计模型的差别提供了有效的方法。基于实物数据修正后的模型开展的虚拟装配，可以更早地发现和规避风险。虚拟装配与实物装配的互联，可以更好地预示装配过程，避免工作反复。

3）飞行数字孪生体，用于预测飞行过程，辅助正确决策；运载火箭的飞行过程充满挑战和风险，系统之间的耦合作用和对飞行环境的适应性，很多都只能在飞行试验中才能考核。飞行数字孪生体构建的关键在于模拟系统之间的耦合作用及对飞行环境的适应性检验。如何将飞行动力学模型与系统功能模型、性能预测模型等进行耦合仿真，是需要解决的关键问题之一。

4）运维数字孪生体，在挂飞过程中尤其需要重视对连接关键部位的观察、测试和寿命预测，对关键部位零部件进行及时维护。空射运载火箭区别于其他运载火箭的关键在于其长时间的空中挂飞环节，同时，严酷的飞行环境也会对运载火箭本身造成伤害。经过多次长时间飞行后的运载火箭是否还能够正常工作，如何能够准确地预测产品的性能和关键连接件的寿命是至关重要的问题。运维数字孪生体的构建为我们提供了一条解决问题的途径。

7.3.4　多物理场耦合仿真

新一代火箭和飞行器在飞行过程中承受着气动力热、噪声、流体脉动、控制力等引起的多种载荷和复杂环境的共同影响，多物理场耦合效应突出。

多物理场耦合是由两个或两个以上的场通过交互作用而形成的物理现象，在客观世界和工程应用中广泛存在。多物理场已迅速发展为横跨许多科学和工程学科的热门研究和应用领域。多物理场耦合仿真已经成为数值仿真的重要发展方向，相比单物理场仿真，多物理场耦合仿真更能真实地反映实际的物理状态。如不同环境的耦合、环境与载荷的耦合、不同载荷（应力）的耦合，比较常见的典型情况如下：

1）结构与气动力的气-固耦合，如气动弹性问题、颤振、抖振、热噪声问题；

2）结构与液体的液-固耦合，如管路的啸叫、POGO；

3）不同环境的耦合，如热振、温湿振、温-声-高-振、离心＋振动等；

4）多种环境与载荷（应力）的耦合，如热-力、低温-静力等；

5）环境与工作应力的耦合，如可靠性中的温-湿-振-电耦合；

6）结构与控制的耦合，如伺服弹性问题；

7）热-气动-结构-控制多场耦合，如热气动伺服弹性问题；

8）电-磁-结构多场耦合，如电磁激振器工作抖动问题。

多物理场耦合现象可以用偏微分方程来描述，如热、电、力等，单物理场是一个偏微分方程，而多物理场的本质上也是偏微分方程组。数值模拟的本质是将偏微分方程组离散成代数方程组进行求解，常见的方法包括有限差分方法（FDM）、有限元方法（FEM）、有限体积法（FVM）。

在研究多物理场耦合仿真分析问题过程中，出于对分析精度、效率以及目标问题的多重考虑，衍生出了多样化的多物理场耦合仿真分析方法。各种多物理场耦合仿真分析方法各有优劣，不同的耦合平台，由于发展质心及研究方向的不同，其采用的多场耦合仿真分析方法也各不相同。根据耦合算法分类，多物理场耦合仿真分析通常可以分为强耦合方法（Strong Coupling Method）和弱耦合方法（Weak Coupling Method）。强耦合方法将各物理场的方程进行装配，组成耦合方程组，通过求解非线性耦合方程组获得耦合系统的变量向量，同步更新耦合系统内的所有变量向量，界面耦合条件通过直接进行隐式耦合迭代求解得到满足，即同时求解多物理场耦合方程组，同步更新耦合系统内的所有参数。强耦合方法多用于求解非线性较强的双向耦合问题。弱耦合方法则是分别求解每一个物理场，耦合条件通过不同场之间的数据传递来得到满足。弱耦合方法多用于求解单向耦合问题，以及耦合体系非线性不强的双向耦合问题。

过去，由于计算资源的匮乏，多物理场模拟仅仅停留在理论阶段，仿真分析建模一般也局限于对单个物理场的模拟，最常见的也就是对固体/结构力学、传热、流体以及电磁场的模拟。经过数十年的努力，计算科学的发展提供了更加灵巧、简洁而又快速的算法，更强劲的硬件配置，使得对多物理场的仿真模拟成为可能。这种趋势使得我们可以扩展并联合多种仿真的方法，发展多物理场耦合求解计算仿真技术，从而可以提高我们解决复杂科学和工程问题的水平。

随着数字化建模技术的发展，构建全数字化运载火箭已经成为可能，我们可以在构建物理系统之前在数字世界对运载火箭进行测试、试验、调整和优化。因此，在虚拟试验的策划上可以采取能力渐进式思路，边实施边改进，逐步实现虚拟试验能力的递进、递增，通过虚实结合，更好地解决天地一致性的问题。

参 考 文 献

[1] 李福昌. 运载火箭工程 ［M］. 北京：中国宇航出版社，2002.

[2] 鲁宇. 航天工程技术风险管理方法与实践 ［M］. 北京：中国宇航出版社，2014.

[3] 陈建伟，肖进，唐俊杰. MBSE 技术研究与应用实践 ［C］. 北京：一院科技委仿真与虚拟试验专业组 2020 年学术研讨会主题报告，2020.

[4] 聂蓉梅. 对 MBSE 与数字孪生的技术关系及研究方向的思考 ［C］. 北京：一院科技委仿真与虚拟试验专业组 2021 年学术研讨会，2021.

[5] 肖振，王国梁，潘红九，陈敏. 多物理场耦合的虚拟飞行试验系统研究 ［J］. 系统仿真学报，2017，29（1）：75 - 81.

[6] 李伯虎，柴旭东，朱文海，等. 现代建模与仿真技术发展中的几个焦点 ［J］. 系统仿真学报，2004，16（9）：1871 - 1878.

[7] 铁鸣，吴旭生，毕敬，等. 高超声速飞行器总体性能虚拟飞行试验验证系统 ［J］. 系统工程与电子技术，2013，35（9）：2004 - 2010.

[8] 刘杰，彭晓源，刘丽. 飞行器动力学虚拟样机技术研究 ［J］. 北京航空航天大学学报，2003，29（7）：602 - 606.

[9] 杜平安，于德江，岳萍，等. 虚拟样机技术的技术与方法体系研究 ［J］. 系统仿真学报，2007，19（15）：3447 - 3451.

[10] 陈星阳，郑鹍鹏. 风洞虚拟飞行试验控制系统设计 ［J］. 弹箭与制导学报，2013，33（6）：129 - 132.

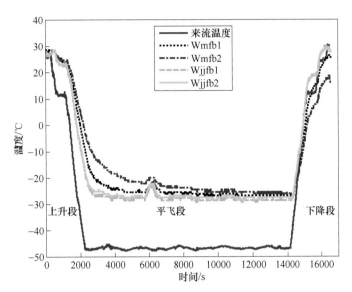

图 2-5 舱壁面（内、外）温度及来流温度（P22）

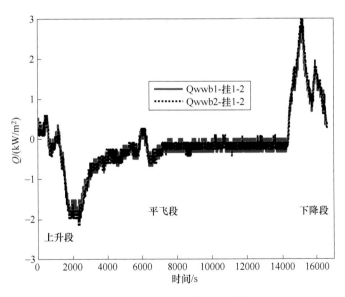

图 2-6 火箭外壁热流传感器测量结果（P23）

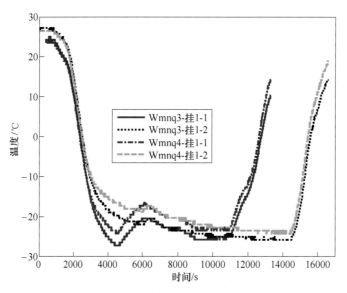

图 2 - 7　火箭舱内空气温度（P23）

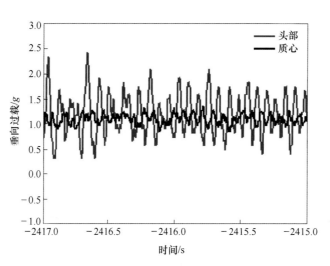

图 2 - 17　地面滑跑段过载曲线（P36）

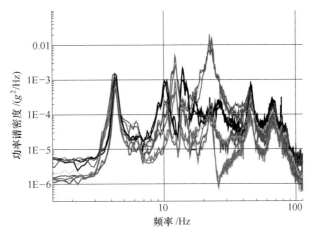

图 2-18　挂飞过程中典型测点的功率谱密度曲线(P36)

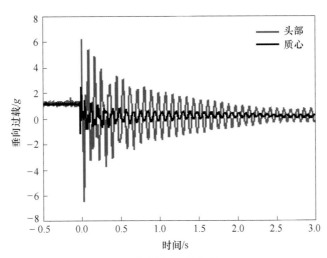

图 2-19　投放段过载曲线(P37)

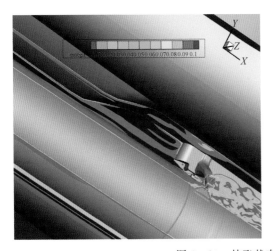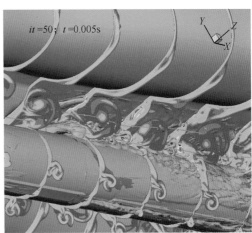

图 2-20　挂飞状态非定常流场(P37)

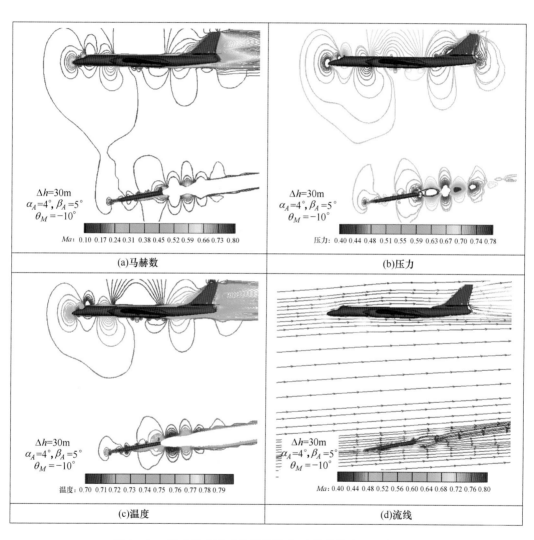

图 3-13 发动机喷流对载机的影响(火箭俯仰角-10°,P57)

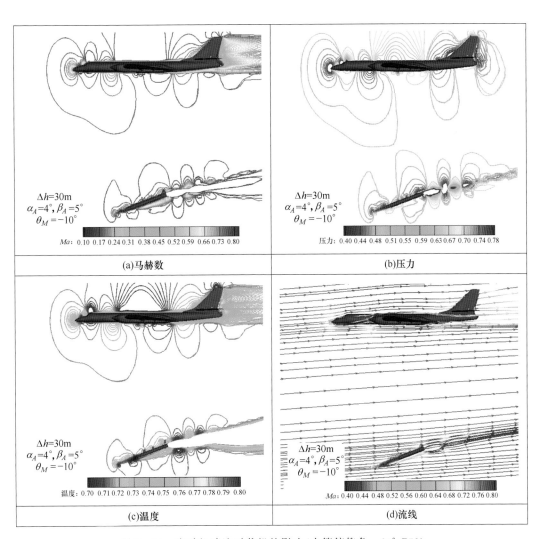

图 3-14　发动机喷流对载机的影响(火箭俯仰角－20°,P58)

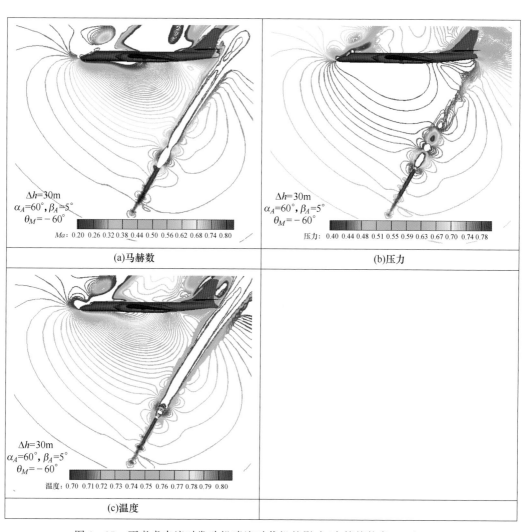

图 3-15　不考虑来流时发动机喷流对载机的影响（火箭俯仰角－60°，P59）

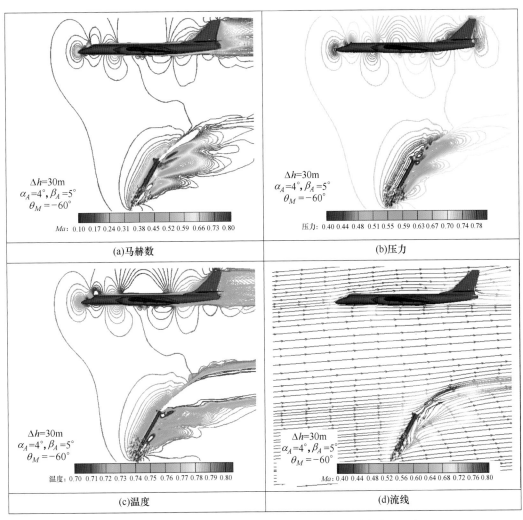

图 3-16　考虑来流时发动机喷流对载机的影响(火箭俯仰角−60°,P60)

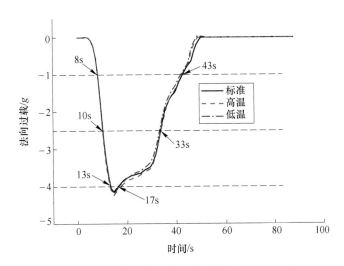

图 3-18　一级飞行法向过载曲线示意图(P62)

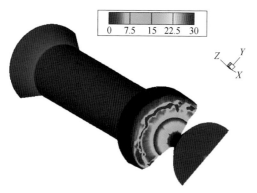

图 3-20　法向过载为 1g 时浓度分布(P63)

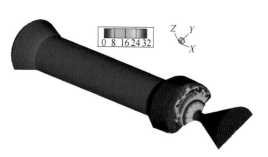

图 3-21　法向过载为 2g 时浓度分布(P63)

图 3-22　法向过载为 3g 时的浓度分布云图(P64)

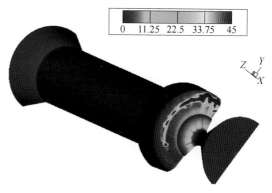

图 3-23　法向过载为 4g 时的浓度分布云图(P64)

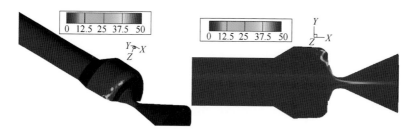

(a)粒子浓度分布云图

(b)粒子浓度分布局部云图

图 3-24　法向过载为 5g 时的粒子浓度分布云图(P64)

(a)8s粒子浓度分布图

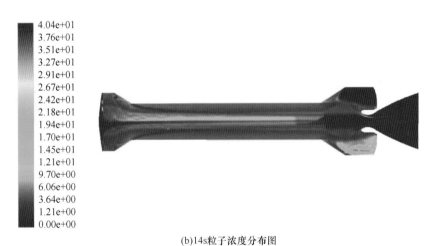

(b)14s粒子浓度分布图

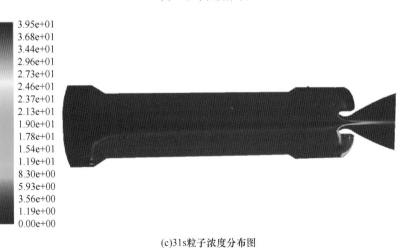

(c)31s粒子浓度分布图

图 3-25　不同工况下粒子浓度分布示意图(P65~P66)

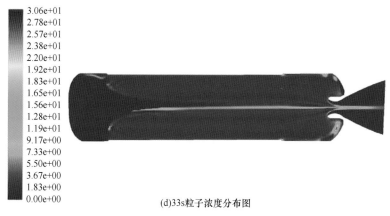

3.06e+01
2.78e+01
2.57e+01
2.38e+01
2.20e+01
1.92e+01
1.83e+01
1.65e+01
1.56e+01
1.28e+01
1.19e+01
9.17e+00
7.33e+00
5.50e+00
3.67e+00
1.83e+00
0.00e+00

(d)33s粒子浓度分布图

图 3-25 不同工况下粒子浓度分布示意图(续,P65~P66)

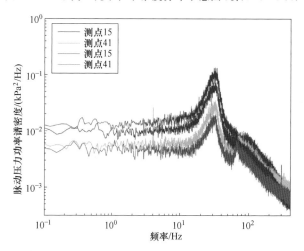

图 3-35 挂飞试验尾舵脉动测量结果(频域,P75)

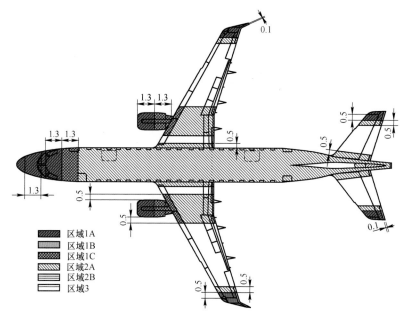

图 3-38 飞机雷电附着区示意图(P80)

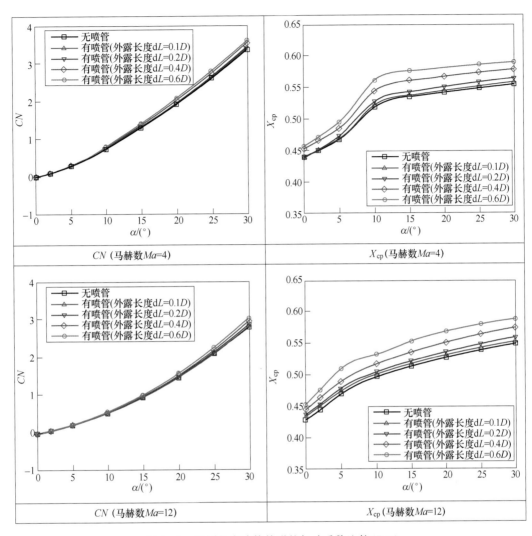

图 4 - 6　不同长度喷管外形的气动系数比较（P99）

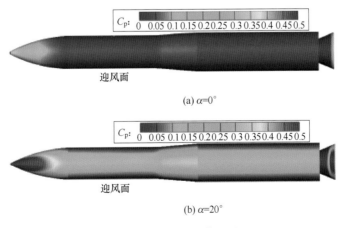

(a) α=0°

(b) α=20°

图 4 - 7　火箭表面压力系数云图（P100）

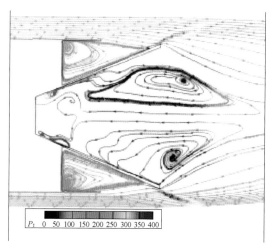

(a) $\alpha=0°$

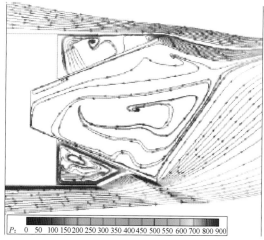

(b) $\alpha=20°$

图 4-8　火箭喷管附近流线图($Ma=4$,P101)

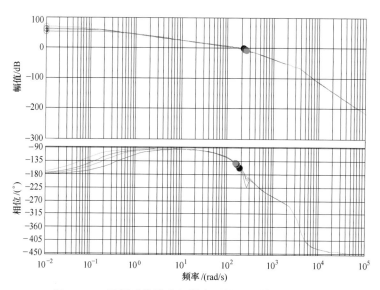

图 4-19　不同反操纵力矩梯度下的开环伯德图(P117)

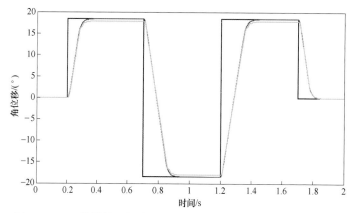

图 4-20　正操纵情况暂态特性(力矩 1400N·m,超调 0%,P117)

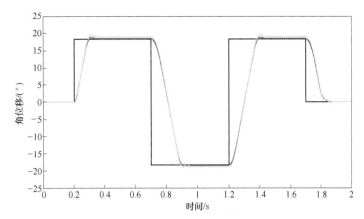

图 4-21　反操纵情况暂态特性(力矩 1400N・m,超调 2.3%,P118)

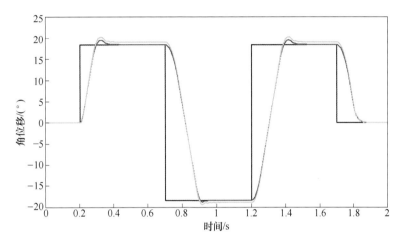

图 4-22　反操纵情况暂态特性(力矩 1550N・m,超调 6.3%,P118)

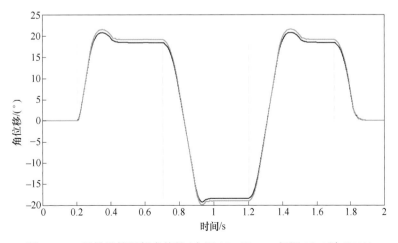

图 4-23　反操纵情况暂态特性(力矩 1700N・m,超调 12.8%,P118)

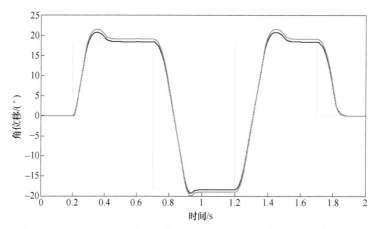

图 4-24　反操纵情况暂态特性（力矩 1747N・m，超调 18.8％，P119）

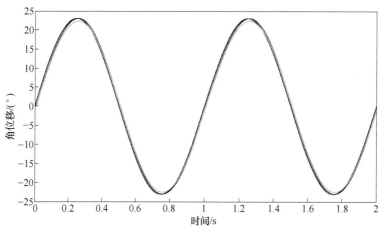

图 4-25　正操纵情况位置特性（力矩 1400N・m，P119）

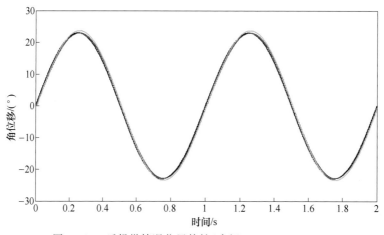

图 4-26　反操纵情况位置特性（力矩 1400N・m，P119）

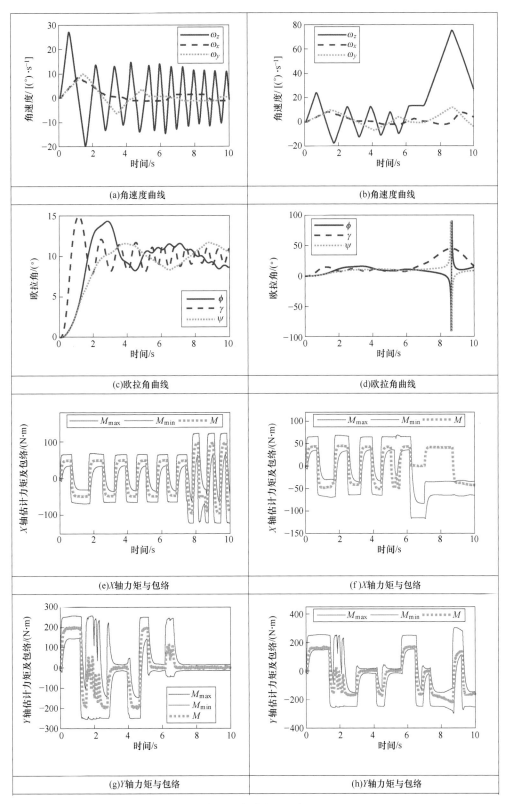

图 4 - 30　故障检测仿真情况(续,P128~P129)

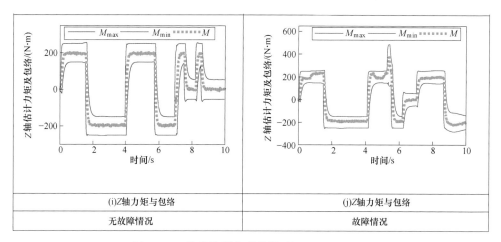

图 4 - 30　故障检测仿真情况(续,P128~P129)

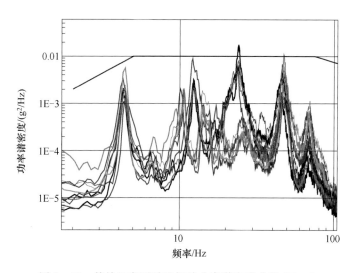

图 5 - 11　某挂飞实测随机振动功率谱密度曲线(P145)

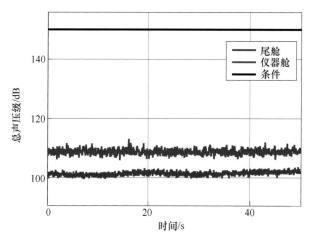

图 5 - 14　某运载火箭挂机飞行段总声压级曲线(P148)

图 5-16 端框连接局部结构变形情况(P149)

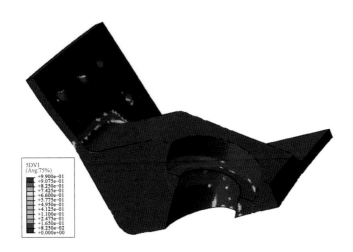

图 5-17 铝合金嵌块应力强度仿真结果(P149)

图 5-18 复合材料端框应力强度仿真结果(P149)

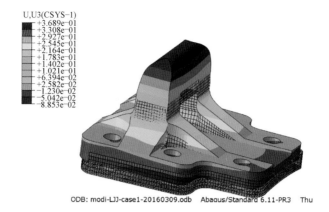

图 5 - 24　吊耳轴向位移分布(P154)

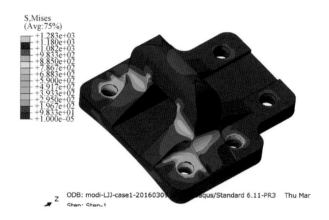

图 5 - 25　吊耳 mises 应力分布(P154)

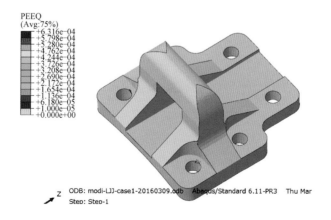

图 5 - 26　吊耳塑性应变分布(P155)

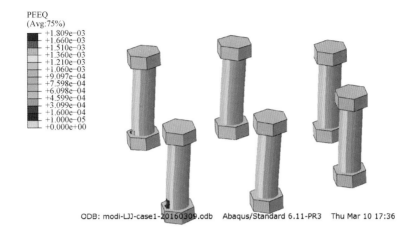

图 5 - 27　吊耳连接螺栓塑性应变分布（P155）

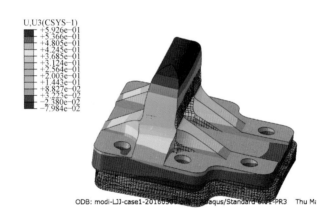

图 5 - 28　吊耳轴向位移分布（P155）

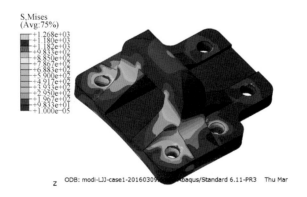

图 5 - 29　吊耳 mises 应力分布（P156）

图 5 - 30　吊耳塑性应变分布(P156)

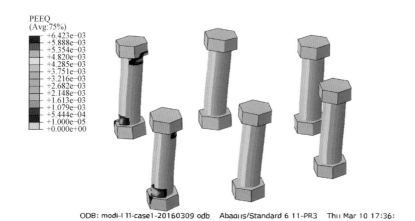

图 5 - 31　吊耳链接螺栓塑性应变分布(P156)

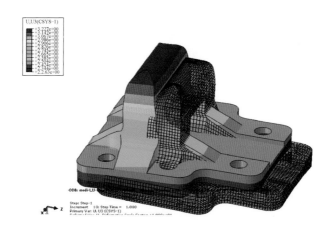

图 5 - 32　吊耳轴向位移分布(P157)

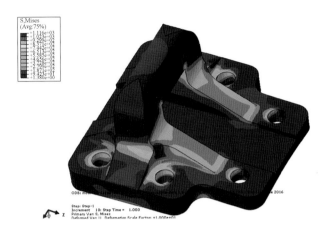

图 5 - 33　吊耳 mises 应力分布(P157)

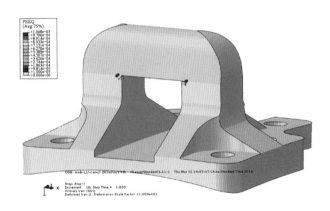

图 5 - 34　吊耳塑性应变分布(P157)

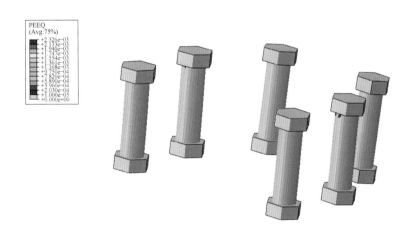

图 5 - 35　吊耳连接螺栓塑性应变分布(P158)

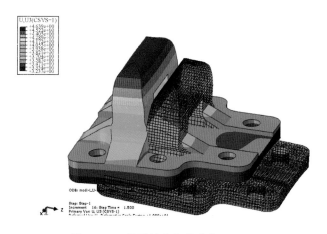

图 5-36 吊耳轴向位移分布(P158)

图 5-37 吊耳 mises 应力分布(P159)

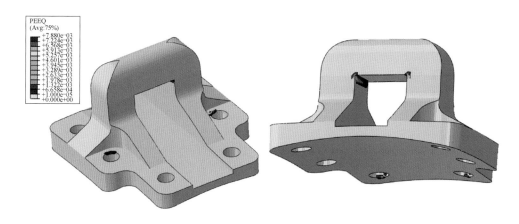

图 5-38 吊耳塑性应变分布(P159)

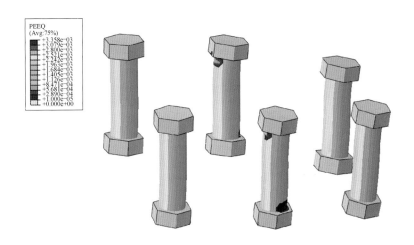

图 5 - 39　吊耳连接螺栓塑性应变分布(P159)

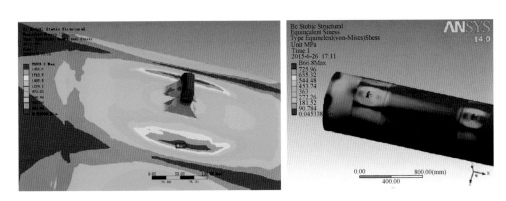

图 5 - 41　固体发动机上吊耳应力分布示意图(P160)

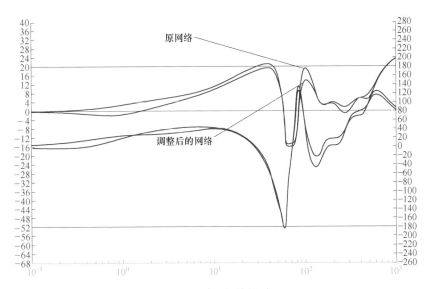

图 6 - 8　俯仰通道幅频特性对比(P175)

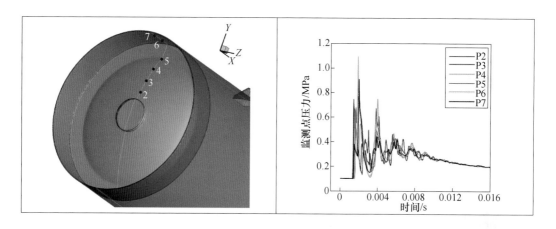

图 6-14　地面试验状态 CFD 计算结果（一级发动机前封头表面压力，P178）

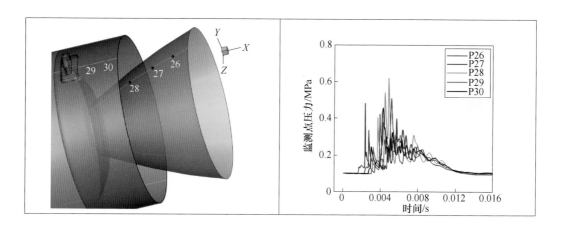

图 6-15　地面试验状态 CFD 计算结果（级间段分离面以上压力，P178）

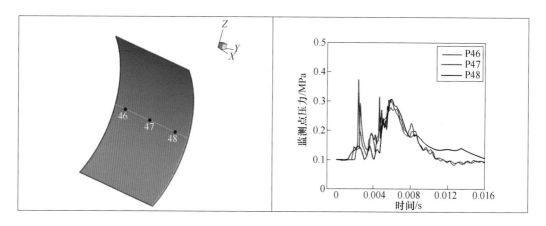

图 6-16　地面试验状态 CFD 计算结果（级间段分离面以下内壁压力，P179）

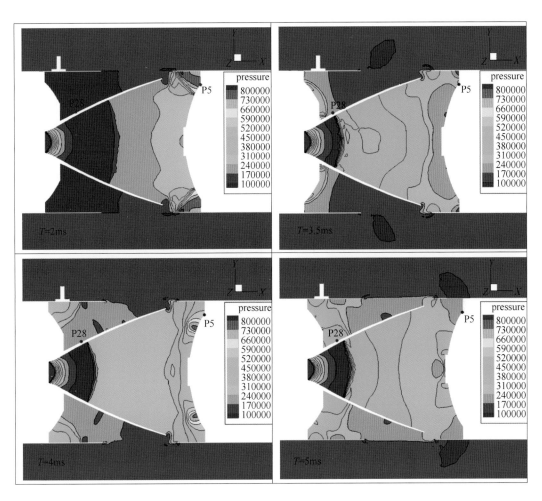

图 6 - 18　地面热分离试验状态 CFD 计算结果(典型时刻压力云图,P180)

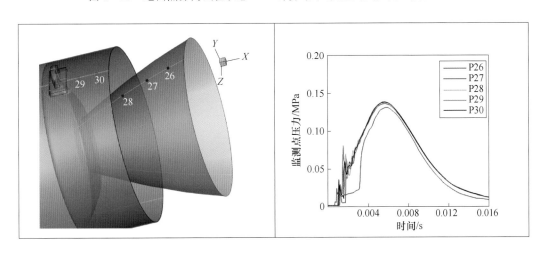

图 6 - 19　飞行状态 CFD 计算结果(级间段分离面以上压力,P181)

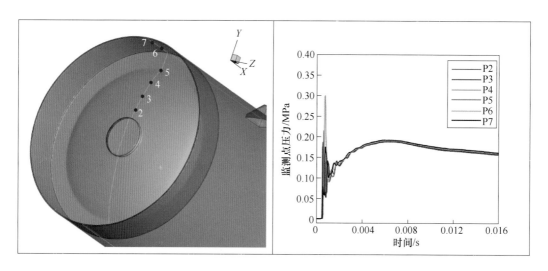

图 6-20　飞行状态 CFD 计算结果(一级发动机面前封头表面压力,P181)

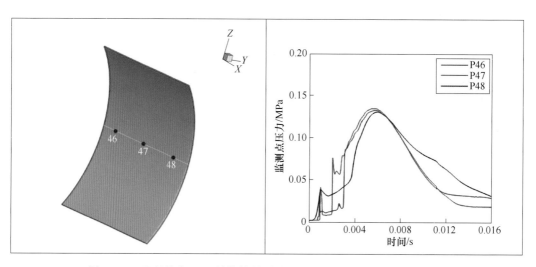

图 6-21　飞行状态 CFD 计算结果(级间段分离面以下内壁压力,P181)

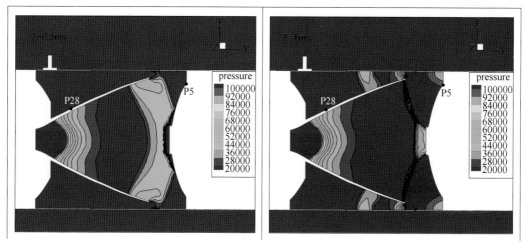

图 6-23　飞行状态 CFD 计算结果(典型时刻压力云图,P182~P183)

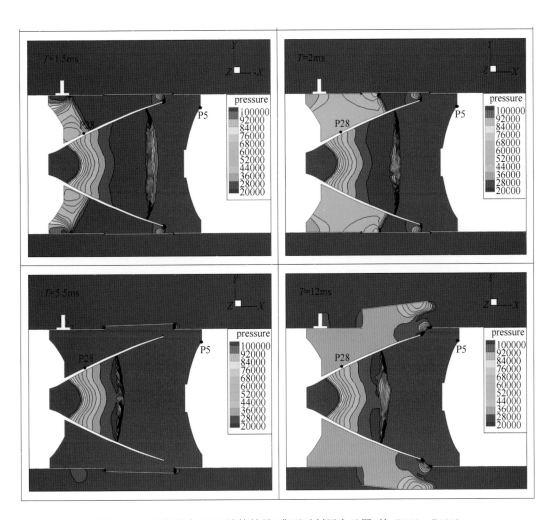

图 6-23　飞行状态 CFD 计算结果（典型时刻压力云图，续，P182～P183）

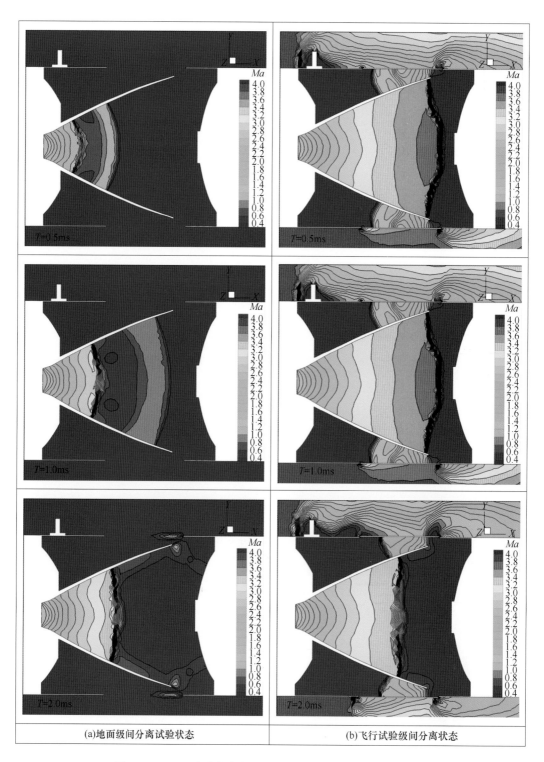

(a)地面级间分离试验状态   (b)飞行试验级间分离状态

图 6-25　地面试验状态与飞行试验状态仿真结果比较(P184)

图 6 - 31 打保险状态钢索拉脱过程应力云图(注:图中显示结果隐藏钢环,P187)

图 6 - 32 打保险状态钢索拉脱过程等效塑性应变云图(P188)

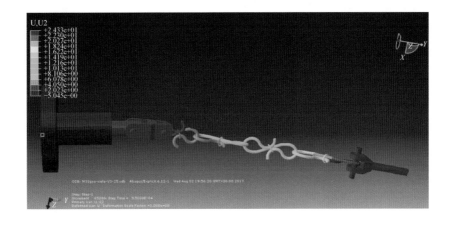

图 6 - 33 芯杆拉出 3mm 的位移云图(P188)

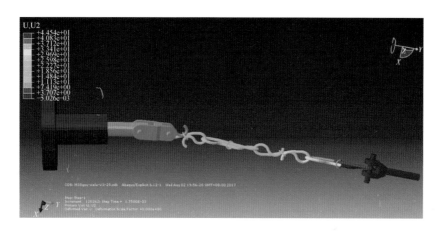

图 6-34　芯杆拉出 12mm 的位移云图（P188）

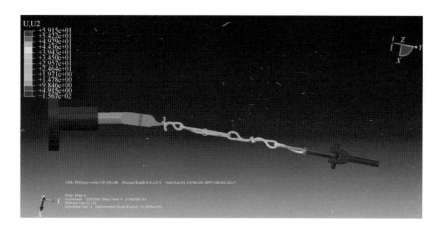

图 6-35　钢索拉脱状态的位移云图（P189）

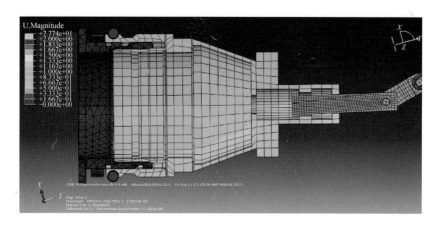

图 6-36　电连接器分离计算模型（P189）

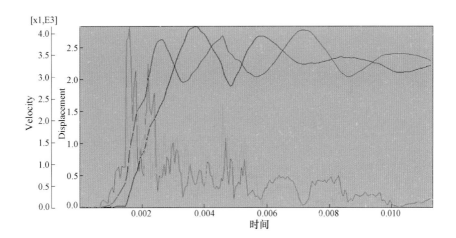

图 6 - 37 插头速度和位移曲线(P190)